Spring Cloud 开发从入门到实战

王 勇 编著

·北京·

内 容 提 要

《Spring Cloud开发从入门到实战》以Spring Cloud微服务架构为中心，全面系统地介绍了Spring Cloud常用组件的应用，以及微服务涉及的相关技术。本书内容包括：微服务介绍、微框架Spring Boot、服务注册与发现、服务的提供者与消费者、模板引擎、服务的雪崩与熔断、分布式配置中心、API网关、Cloud Foundry、消息驱动、单点登录、Activity工作流、ElasticSearch、ELK Stack、多线程、Redis缓存技术、微服务监控、API文档、持续集成和金丝雀部署，最后以Spring Cloud实战案例来进一步演练Spring Cloud的微服务解决方案。

《Spring Cloud开发从入门到实战》语言简练，内容通俗易懂，实用性强，结构清晰，层层剥茧式分析、全流程实例讲解Spring Cloud核心组件应用与微服务开发。实战案例可以拿来就用，帮助初学者快速上手。本书内容全面，读者不但可以系统地学习Spring Cloud的相关知识，而且还可以全面掌握微服务架构应用的设计、开发、部署和运维等知识。

《Spring Cloud开发从入门到实战》适合Spring Cloud的入门读者阅读，也适合致力于互联网开发和Java编程开发的进阶读者阅读。对微服务架构有兴趣的运维人员及数据库管理人员亦可选择此书阅读。本书也可以作为相关培训机构的教材使用。

图书在版编目（CIP）数据

Spring Cloud 开发从入门到实战 / 王勇编著 . — 北京：中国水利水电出版社 , 2020.6

ISBN 978-7-5170-8439-6

Ⅰ. ① S… Ⅱ. ①王… Ⅲ. ①互联网络—网络服务器 Ⅳ. ① TP368.5

中国版本图书馆 CIP 数据核字 (2020) 第 035063 号

书　　名	Spring Cloud 开发从入门到实战 Spring Cloud KAIFA CONG RUMEN DAO SHIZHAN
作　　者	王勇　编著
出版发行	中国水利水电出版社 （北京市海淀区玉渊潭南路 1 号 D 座 100038） 网址：www.waterpub.com.cn E-mail：zhiboshangshu@163.com 电话：（010）62572966-2205/2266/2201（营销中心）
经　　售	北京科水图书销售中心（零售） 电话：（010）88383994、63202643、68545874 全国各地新华书店和相关出版物销售网点
排　　版	北京智博尚书文化传媒有限公司
印　　刷	三河市鑫淼淼印装有限公司
规　　格	190mm×235mm　16 开本　17.5 印张　416 千字
版　　次	2020 年 6 月第 1 版　2020 年 6 月第 1 次印刷
印　　数	0001—5000 册
定　　价	69.80 元

前　言

Spring 全家桶在 Java 世界的地位很重要，它不仅为 Java 开发者证明了基于注解开发、AOP（面向切面编程）开发以及面向接口开发能够给程序带来极大的灵活性，而且带来了依赖注入、声明式事务、统一的异常处理、模块自动化加载、更简单的 Maven 管理、更简单的单元测试等优秀的开发实践。

本书采用大量的代码与案例分析，行文深入浅出、图文并茂，将枯燥生硬的理论知识用诙谐幽默、浅显直白的口语娓娓道来。本书抛开深奥的理论化条文，除了必备的基础理论知识介绍外，绝不贪多求全，特别强调实务操作、快速上手，绝不囿于示意与演示，更注重实战展示——从如何创建Spring Boot、如何注册服务，到调用服务、服务熔断、案例分析。随着本书的介绍，您的Spring Cloud学习之旅一定会成为一种难忘的体验。

因作者水平有限，本书难免存有疏漏和不当之处，敬请指正。

本书特色

● 本书内容实用、详略得当，讲解符合初学者的认知规律，示例通俗易懂，且易于构建、运行和测试，能够让读者在学习微服务架构时快速进入实战。

● 本书内容丰富，不仅涵盖Spring Cloud的核心组件，还介绍了如何通过Spring Boot搭建微服务，并介绍了Kafka、Docker和Redis等流行技术。

本书内容及体系结构

本书共21章，首先从微服务基础框架Spring Boot讲起；其次重点讲述了Spring Cloud中的核心组件；最后介绍了微服务涉及的相关技术。

第1章　什么是微服务：从面向服务的架构（SOA）讲到微服务原则与优势，最后以Spring Cloud与Dubbo对比的方式，阐明微服务Spring Cloud的优势。

第2章　微框架Spring Boot：Spring Boot是一个Spring框架模块，它为Spring框架提供RAD（快速应用程序开发）功能，它高度依赖启动器模板功能，该功能非常强大且完美无缺。Spring Boot同样也是Spring Cloud的重要组成部分。

第3章　从服务注册与发现说起：在微服务中，消费者为了完成一次服务请求，需要知道具体服务的详细地址（IP和端口）。传统应用都运行在物理服务器上，服务实例的网络位置都是相对固定的。怎样从一个经常变更的配置中读取网络位置显得尤为重要。

第4章 服务提供者与服务消费者的关系：什么是服务提供者和服务消费者？服务提供者是指服务的被调用方，即为其他服务提供服务的服务；服务消费者是指服务的调用方，即依赖其他服务的服务。

第5章 模板引擎：为了使用户页面和业务数据相互分离而产生，它将从后台返回的数据生成特定格式的文档。用于网站的模板引擎就是生成HTML文档。

第6章 服务的雪崩与熔断：典型的分布式系统由许多协作在一起的服务组成，这些服务容易出现故障或延迟响应。如果服务失败，可能会影响性能的其他服务，并可能使应用程序的其他部分无法访问，或者在最坏情况下会导致整个应用程序崩溃。

第7章 分布式配置中心：随着服务/业务的越来越多，配置文件更是眼花缭乱，每次不知道因为部署/安装问题浪费多少时间，更不知道因为配置问题出过多少问题。如果采用分布式的开发模式，需要的配置文件将会随着服务增加而不断增多。某一个基础服务信息变更，都会引起一系列的更新和重启，导致运维人员苦不堪言，并且也容易出错。配置中心便是解决此类问题的灵丹妙药。

第8章 API网关：API网关是微服务架构中很重要的一个部分，是发起每个请求的入口，也可以在网关上做协议转换、权限控制、请求统计和限流等其他工作。

第9章 Cloud Foundry：Cloud Foundry是一个开源平台即服务（PaaS），提供云、开发人员框架和应用程序服务的选择。它是开源的，由Cloud Foundry Foundation管理。最初的Cloud Foundry由VMware开发，目前由GE、EMC和VMware的合资公司Pivotal管理。

第10章 消息驱动：Spring Cloud Stream是一个用来为微服务应用构建消息驱动能力的架构，为一些供应商的消息中间件产品提供个性化的自动化配置实现，并且引入了发布—订阅、消费组以及分区三个核心概念。

第11章 单点登录：单点登录 (Single Sign On，SSO)就是把多个系统的登录验证整合在一起，这样，无论用户登录任何一个应用，都可以直接以登录过的身份访问其他应用，不必每次都访问其他系统再登录。

第12章 Activity工作流：Activity实现了工作流程的自动化，提高了企业运营的效率、改善了企业资源的利用、提高了企业运作的灵活性和适应性、提高了量化考核业务处理的效率、减少了浪费。流程图就像流水线一样，张三请完假，相应地李四就会收到张三的任务审批申请，若通过，则流程结束；若不通过，就会通知张三，张三可以再次发起申请。

第13章 ElasticSearch：ElasticSearch是一个基于Lucene的搜索服务器。它提供了一个分布式多用户能力的全文搜索引擎，基于RESTful Web接口。ElasticSearch是用Java开发的，并作为Apache许可条款下的开放源码发布，是当前流行的企业级搜索引擎。其设计用于云计算中，能够实现实时搜索，不仅稳定、可靠、快速，而且安装使用方便。

第14章 ELK Stack：通过使用微服务，我们已经能够解决许多遗留问题，并且它允许创建稳定的分布式应用程序，并对代码、团队规模、维护、发布周期、云计算等进行所需的控制。但它也引入了一些挑战，如分布式日志管理、查看在许多服务中分布的完整事务的日志与一般的分布式调试的能力。ElasticSearch、Logstash和Kibana一起称为ELK Stack，它们用于实时搜索、分析和可视化日志数据。

第15章　多线程：多线程是指从软件或者硬件上实现多线程并发执行的技术。具有多线程能力的计算机因有硬件支持而能够在同一时间执行多于一个线程，进而提升整体处理性能。线程可以获得更大的吞吐量，但是开销很大，如线程栈空间的大小开销、切换线程需要的时间开销，所以通过线程池进行重复利用，当线程使用完毕之后，就放回线程池，避免创建与销毁的开销。

第16章　Redis缓存技术：Redis基于内存，也可以基于磁盘持久化NoSQL数据库，使用C语言开发。Redis开创了一种新的数据存储思路，使用Redis，不用在面对功能单调的数据库时把精力放在处理如何将大象放进冰箱这样的问题上，而是利用Redis灵活多变的数据结构和数据操作为不同的大象构建不同的冰箱。

第17章　微服务监控：由于在微服务体系下，各种服务众多，仅靠人力维护服务不现实，成本极高，因此微服务监控很有必要。

第18章　API文档：随着微服务架构的日益普及，服务与服务直接对接也变得日益密切起来，REST风格变得大势所趋。Swagger是为了描述一套标准的而且是和语言无关的REST API的规范。对于外部调用者来说，只通过Swagger文档即可清楚Server端提供的服务，而不需要阅读源码或接口文档说明。官网上有关于Swagger的丰富的资源，包括Swagger Editor、Swagger UI以及Swagger为各种开发语言提供的SDK。这些资源为REST API的提供者以及调用者提供了极大的便利。

第19章　持续集成：介绍微服务为什么会谈到自动化部署？“互联网+”的需要。在信息越来越繁杂的互联网时代，公司运行的项目越来越多，项目相关服务繁多，服务之间存在复杂的依赖关系，运维与管理任务越来越繁重，手工交付需要花费很多的人力与时间，且安全性和时效性均无法保证。随着企业对版本上线质量和速度的要求越来越高，敏捷开发、Devops的接受度越来越高。传统的交付方式因为项目之间缺少依赖、环境不一致、版本不一致、人为操作失误等情况，使得项目交付过程中问题不断，而互联网企业发展节奏快、版本发布频率高，上线出故障影响面广、影响度高，因而企业对敏捷开发、持续集成、自动发布都有强烈的需求。

第20章　金丝雀部署：每次部署到生产环境时，我们都会担心更改将会影响用户体验。无论使用什么技术或策略进行部署，可能出错的事情都会出错，这是墨菲定律。

第21章　Spring Cloud实战：项目选用Spring Cloud微服务解决方案，框架的搭建基于Spring Boot，使用到的技术有Feign、Hystrix、Ribbon、Eureka、Cloud-Config、OAuth2.0、ES。

本书读者对象

本书适用于所有Java语言的编程开发人员，所有对Spring Boot感兴趣并希望使用Spring Boot开发框架进行开发的人员，已经使用过Spring Boot框架但希望更好地使用Spring Boot的开发人员，以及系统设计师、架构师等设计人员均可选择本书学习。同时，本书对运维人员和DBA（数据库管理者）等也具有一定的参考价值。

本书资源的获取及联系方式

使用手机微信扫描下面的二维码，获取本书配套资源（本书配套资源包）、与作者交流本书的技术问题（在线答疑），或者付费与作者进行技术拓展问答（付费技术拓展）。

致谢

本书能够顺利出版，是作者、编辑和所有审校人员共同努力的结果，在此表示深深的感谢。同时，祝福所有读者在职场一帆风顺。

编　者

目　录

第1章　什么是微服务

微服务是业界最新的流行语，每个人似乎都在以这种或那种方式谈论它或者使用它。

1.1　面向服务的架构

面向服务的架构（SOA）是一种软件体系结构，应用程序的不同组件通过网络上的通信协议向其他组件提供服务。通信可以是简单的数据传递，也可以是两个或多个服务彼此协调连接。

SOA架构中主要有两个角色：服务提供者（Provider）和服务使用者（Consumer）。软件代理可以扮演这两个角色。Consumer层是用户（人、应用程序或第三方的其他组件）与SOA交互的点，Provider层由SOA架构内的所有服务构成。

1.2　微　服　务

微服务是SOA之后越来越流行的体系结构模式之一。如果您关注行业趋势，就会发现，如今商业机构不再像几年前那样，开发大型应用程序，来管理端到端之间的业务功能，而是选择快速灵活的微服务。

微服务有助于打破大型应用程序的界限，并在系统内部构建逻辑上独立的小型系统。例如，使用Amazon AWS，可以轻松构建云应用程序，这是微服务一个很好的例子，如图1.1所示。

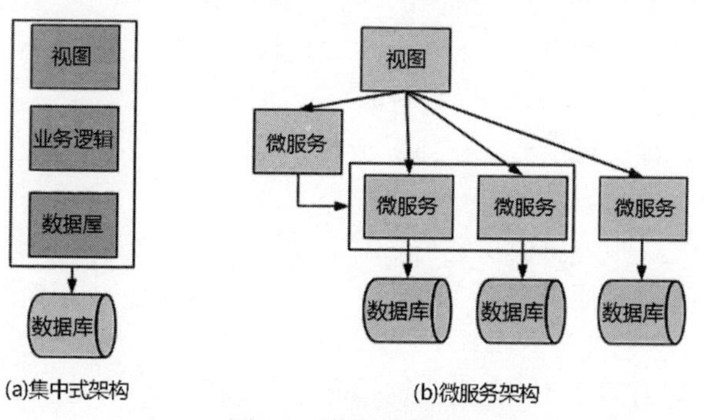

图1.1　微服务架构

每个微服务都有自己的业务层和数据库。在生产环境中，任意微服务的崩溃都不会影响其他微服务正常使用。

1.3 微服务的原则

微服务的原则如下。

1. 单一服务原则

一个单元(一个类、函数或者微服务)应该有且只有一个职责。无论如何，一个微服务不应该包含多于一个职责。

2. 围绕业务建模

根据业务定义的接口，比根据技术框架定义的接口更稳定，不仅可以帮助我们形成更稳定的接口，也能确保我们能够更好地反映业务流程的变化。

3. 自动化集成

想做到“微”，只能把服务拆到细，怎么有效管理大量的服务，给运维带来了挑战。持续集成、自动化测试、持续交付、容器技术等自动化元素也就势在必行。

4. 去中心化

构建微服务不仅要从技术的角度去思考，更得从团队的角度入手。去中心化使得参与设计研发工作的所有人都可以进行分布式决策。

5. 独立性

保障每个微服务都可以独立开发、独立发布，一旦某个微服务出现服务阻塞，不会影响全盘服务。完全独立的微服务组件有助于实现自由装配的服务设计。

1.4 微服务的优势

通过微服务，架构师和开发人员可以选择适合每个微服务(多语言架构)的目的架构和技术，这样可以灵活地以更具成本效益的方式设计更合适的解决方案。

由于服务相当简单且规模较小，因此企业可以负担新流程、算法、业务逻辑等的实验。它使企业能够通过提供快速实验和失败的能力进行颠覆性创新。

微服务能够实现选择性、可扩展性，即每个服务可以独立地按比例放大或缩小，并且缩放成本相对小于单片方法。

微服务是独立的，独立地部署模块，当第二个微服务不能按照我们的需要执行时，能够用另一个类似的微服务替换一个微服务。它有助于采取正确的购买与构建决策，这通常是许多企业面临的挑战。

微服务帮助我们构建有机系统(有机系统是通过向其添加越来越多的功能，而在一段时间内横向增长的系统)。由于微服务都是关于可独立管理的服务，它可以在需要时添加越来越多的服务，同时对现有服务的影响最小。

技术变革是软件开发的障碍之一。使用微服务，可以单独更改或升级每项服务的技术，而不是升级整个应用程序。

由于微服务将服务运行时环境与服务本身打包在一起，因此可以使多个版本的服务在同一环境中共存。

最后，微服务还使小型、专注的敏捷团队能够进行开发。团队将根据微服务的界限进行组织。

1.5　Dubbo与Spring Cloud

Dubbo是阿里开源的一个 SOA 服务治理解决方案，文档丰富，在国内的使用度非常高。作为新一代的服务框架，Spring Cloud 提出的口号是开发面向云环境的应用程序，它为微服务架构提供了一站式的配套技术。

Dubbo与Spring Cloud对比见表1.1。

表1.1　Dubbo与Spring Cloud对比

性　　能	Dubbo	Spring Cloud
服务注册与发现	ZooKeeper	Eureka
服务调用方式	RPC	REST API
服务监控	Dubbo-moitor	Admin
服务熔断	不完善	Hystrix
服务网关	—	Zuul
服务配置	—	Config
服务跟踪	—	Sleuth
服务总线	—	Bus
数据流	—	Stream
批量任务	—	Task

服务调用方式:Spring Cloud抛弃了Dubbo的RPC通信，采用的是基于HTTP的REST方式。严格来说，这两种方式各有优劣。虽然一定程度上来说，REST牺牲了服务调用的性能，但却比RPC更灵活，服务提供方和调用方的依赖只依靠一纸契约，不存在代码级别的强依赖，这在强调快速演化的微服务环境下显得更加合适。

第2章 微框架Spring Boot

Spring Boot是一个Spring框架模块，它为Spring框架提供RAD（快速应用开发）功能。它高度依赖于启动器模板功能，该功能非常强大且完美无缺。Spring Boot同样也是Spring Cloud的重要组成部分。

2.1 Spring Boot概述

Spring Boot是由Pivotal团队提供的全新框架，其设计目的是用来简化新Spring应用的初始搭建以及开发过程。该框架使用了特定的方式进行配置，从而使开发人员不再需要定义样板化的配置。通过这种方式，Spring Boot致力于在蓬勃发展的快速应用开发领域(rapid application development)成为领导者。

Spring Boot提供了一个强大的一键式Spring的集成开发环境，能够单独进行一个Spring应用的开发，其中：

（1）集中式配置（application.properties）+注解，大大简化了开发流程。

（2）内嵌的Tomcat和Jetty容器，可直接打成jar包启动，无须提供Java war包以及烦琐的Web配置。

（3）提供了Spring各个插件的基于Maven的pom模板配置，开箱即用，便利无比。

（4）可以在任何您想自动化配置的地方实现。

（5）提供更多的企业级开发特性，如系统监控、健康诊断、权限控制。

（6）无冗余代码生成和XML强制配置。

（7）提供支持强大的RESTful风格的编码，非常简洁。

2.2 Spring Boot快速搭建

集成开发环境（IDE）：IntelliJ IDEA；Spring Boot版本：1.5.2。操作步骤如下。

（1）在Eclipse中，选择File → New Project选项，并选择Maven → Maven Project选项，如图2.1所示。

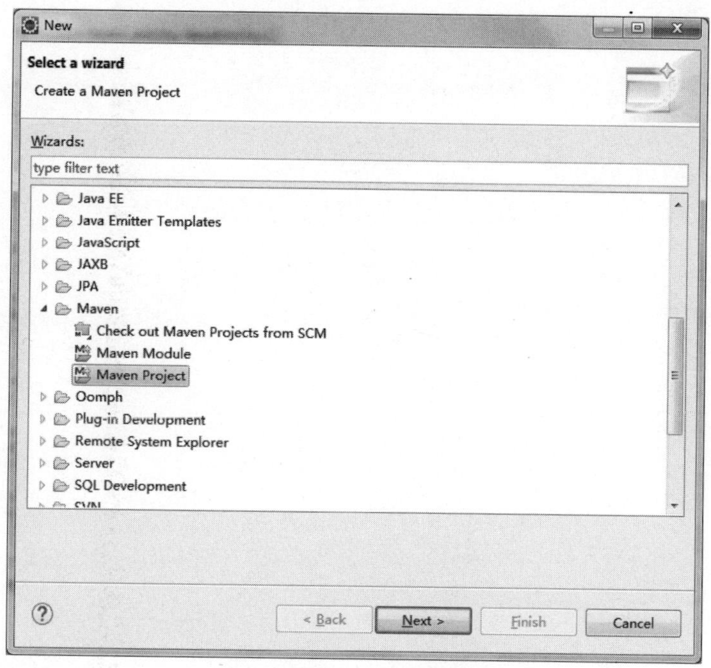

图2.1　选择一个Maven项目

（2）选择新Maven项目的架构类型，如选择maven-archetype-quickstart，如图2.2所示。

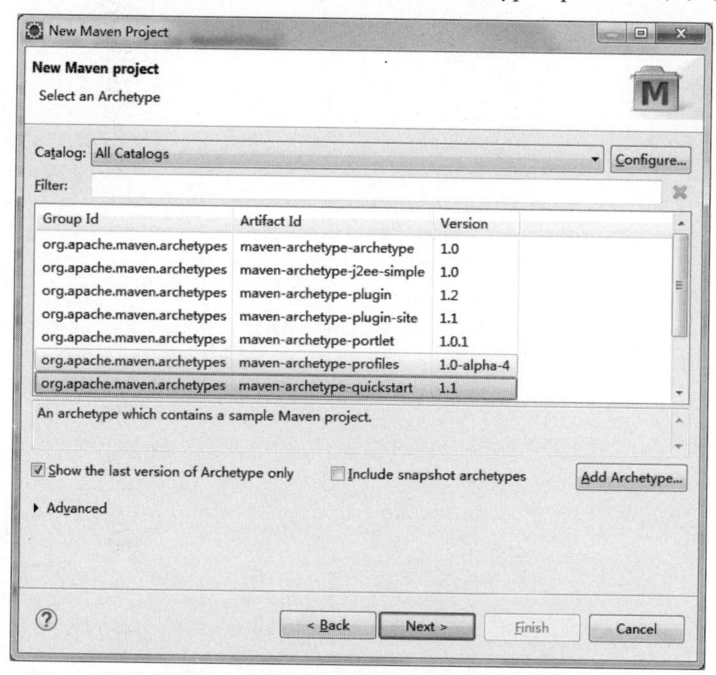

图2.2　选择maven-archetype-quickstart

（3）输入设置，如图2.3所示。

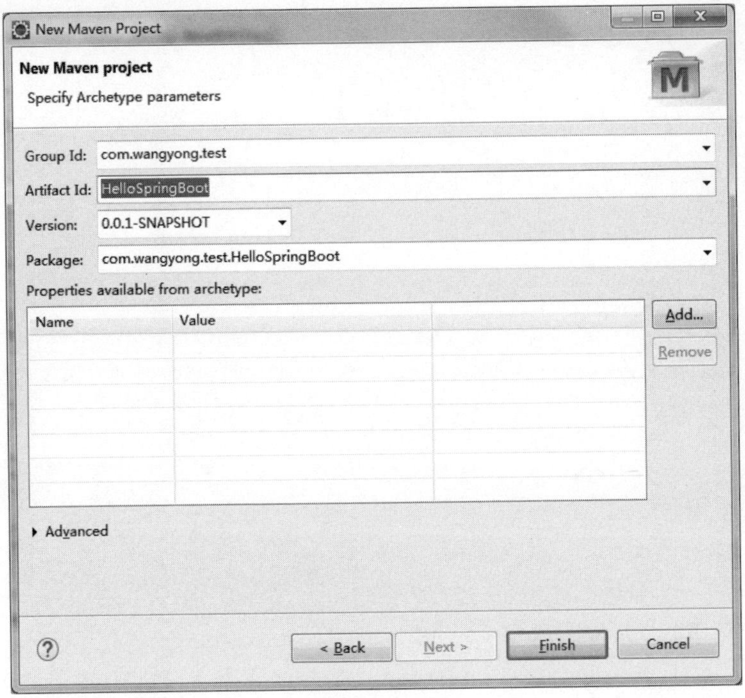

图2.3　输入设置

（4）单击Finish按钮创建该项目。

（5）修改创建项目的POM文件，具体如下。

```
<projectxmlns="http://maven.apache.org/POM/4.0.0" xmlns:xsi="http://www.w3.org/2001/XMLSchema-instance"
    xsi:schemaLocation="http://maven.apache.org/POM/4.0.0 http://maven.apache.org/xsd/maven-4.0.0.xsd">
    <modelVersion>4.0.0</modelVersion>
    <groupId>com.wangyong.test</groupId>
    <artifactId>HelloSpringBoot</artifactId>
    <version>1.0-SNAPSHOT</version>
    <packaging>jar</packaging>
    <name>HelloSpringBoot</name>
    <url>http://maven.apache.org</url>
    <properties>
     <project.build.sourceEncoding>UTF-8</project.build.sourceEncoding>
    </properties>
    <!--<parent> 元素，它指定了 Spring Boot 父 POM，并包含常见组件的定义，不需要手动配置这些组件。 -->
    <parent>
```

```
<groupId>org.springframework.boot</groupId>
<artifactId>spring-boot-starter-parent</artifactId>
<version>1.5.9.RELEASE</version>
</parent>
<dependencies>
<!-- spring-boot-starter-web Spring Boot starter 上的 <dependency>。它们告诉
Spring Boot，该应用程序是 Web 应用程序。Spring Boot 会相应地形成自己的观点。-->
<dependency>
<groupId>org.springframework.boot</groupId>
<artifactId>spring-boot-starter-web</artifactId>
</dependency>
</dependencies>
<dependency>
<groupId>org.springframework.boot</groupId>
<artifactId>spring-boot-starter-test</artifactId>
</dependency>
<properties>
<java.version>1.8</java.version>
</properties>
<build>
<!-- 使用 spring-boot-maven-plugin 插件生成该 Spring Boot 应用程序。 -->
<plugins>
<plugin>
<groupId>org.springframework.boot</groupId>
<artifactId>spring-boot-maven-plugin</artifactId>
</plugin>
</plugins>
</build>
<repositories>
<repository>
<id>spring-releases</id>
<url>https://repo.spring.io/libs-release</url>
</repository>
</repositories>
<pluginRepositories>
<pluginRepository>
<id>spring-releases</id>
<url>https://repo.spring.io/libs-release</url>
</pluginRepository>
</pluginRepositories>
</project>
```

（6）开发HelloSpringBoot接口，如图2.4所示。

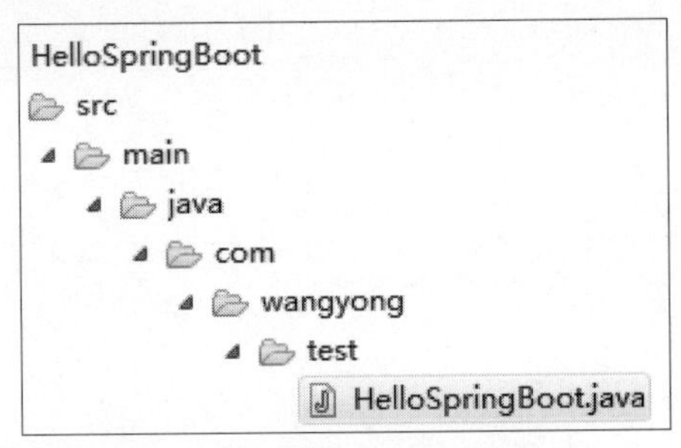

图2.4　HelloSpringBoot接口

HelloSpringBoot接口的代码如下：

```
@RestController
public class BootController {
    //请求
    @RequestMapping("/helloworld",method = {RequestMethod.POST,RequestMethod.
    GET})
    public String helloWorld() {
        return "hello,world!";
    }
}
```

（7）Application启动类，如图2.5所示。

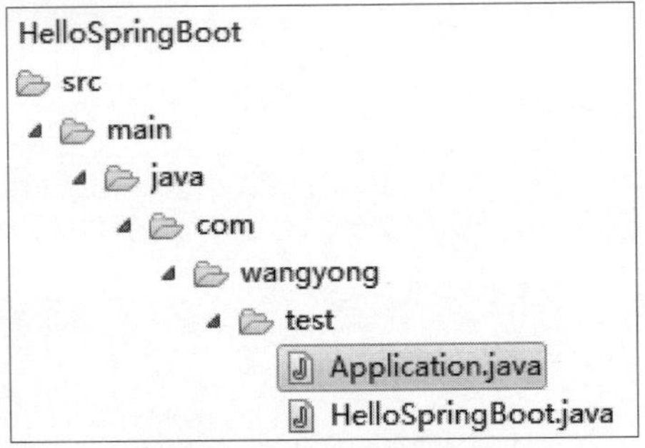

图2.5　Application启动类

Application启动类的代码如下：

```
@SpringBootApplication
public class Application {
    public static void main(String[] args) {
        //启动方式
        SpringApplication.run(Application.class, args);
    }
}
```

注意：启动类的位置 Application需要放在所有Controller的根节点上，保证能够正常访问定义的Controller，否则会出现一些异常，如Controller无法访问。

（8）通过IDE运行服务，如图2.6所示。

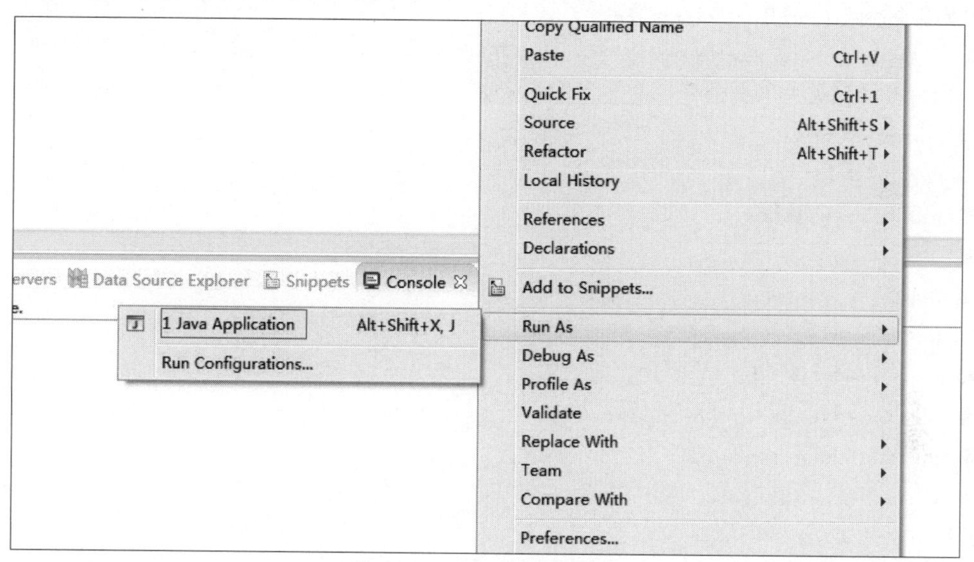

图2.6　通过IDE运行服务

（9）启动日志，如图2.7所示。

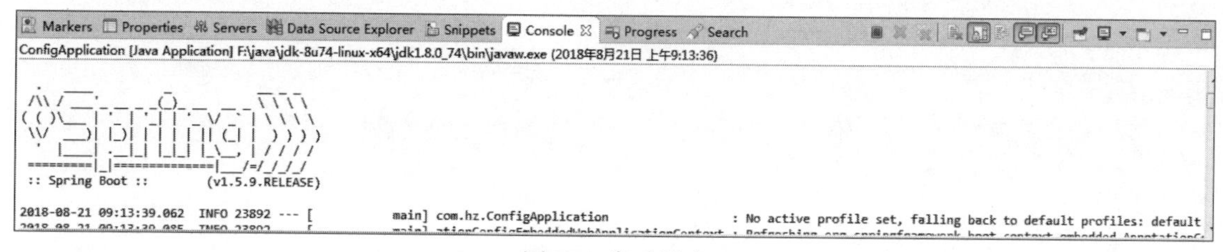

图2.7　启动日志

（10）访问服务，如图2.8所示。

192.168.154.105:7075/helloworld

hello,world!

图2.8　访问服务

2.3 Spring Boot REST API

首先，创建一个简单的Maven Web项目，并更新pom.xml文件中的Spring Boot依赖项。重要的依赖关系是spring-boot-starter-parent和spring-boot-starter-web。Starter Web依赖关系可以传递，进而包含更多依赖关系来构建Web应用程序，例如：

- spring-webmvc。
- spring-web。
- hibernate-validator。
- tomcat-embed-core。
- tomcat-embed-el。
- tomcat-embed-websocket。
- jackson-databind。
- jackson-datatype-jdk8。
- jackson-datatype-jsr310。
- jackson-module-parameter-names。

Maven依赖如下。

```
<?xml version="1.0" encoding="UTF-8"?>
<project xmlns="http://maven.apache.org/POM/4.0.0"
 xmlns:xsi="http://www.w3.org/2001/XMLSchema-instance"
 xsi:schemaLocation="http://maven.apache.org/POM/4.0.0 http://maven.apache.
org/xsd/maven-4.0.0.xsd">
<!-- 指定了 Maven 工程版本 -->
 <modelVersion>4.0.0</modelVersion>
<!--
打包本身项目指定版本号
-->
 <groupId>com.cto7.demo</groupId>
 <artifactId>springbootdemo</artifactId>
 <version>0.0.1-SNAPSHOT</version>
<!-- 打包方式
   jar 或者 war
-->
 <packaging>jar</packaging>
<!--
打包项目名称以及描述
-->
 <name>SpringBootDemo</name>
 <description>Spring BootREST API </description>
```

```
<parent>
<!--引入 spring-bootparent 父级依赖
      这样当前的项目就是 Spring Boot 项目了。
      spring-boot-starter-parent 是一个特殊的 starter,
      用来提供相关的 Maven 默认依赖。使用它之后，常用的包依赖可以省去 version 标签。
 -->
 <groupId>org.springframework.boot</groupId>
 <artifactId>spring-boot-starter-parent</artifactId>
 <version>2.0.5.RELEASE</version>
 <relativePath />
</parent>
<properties>
<!--设置编码
    统一整个项目字符集编码，防止出现项目乱码状况
 -->
 <project.build.sourceEncoding>UTF-8</project.build.sourceEncoding>
 <project.reporting.outputEncoding>UTF-8</project.reporting.outputEncoding>
 <java.version>1.8</java.version>
</properties>
<dependencies>
<!--Spring Boot Web 模块
        spring-boot-starter-web 默认使用嵌套式的 Tomcat 作为 Web 容器对外提供 HTTP
服务，默认端口 8080 对外监听和提供服务。
    同样可以使用 spring-boot-starter-jetty 或者 spring-boot-starter-undertow 作
为 Web 容器。
    想改变默认的配置端口，可以在 application.properties 中指定：
    server.port = 9000(the port number you want)
 -->
 <dependency>
  <groupId>org.springframework.boot</groupId>
  <artifactId>spring-boot-starter-web</artifactId>
 </dependency>
<!--提供单元测试
测试 Spring Boot applications 包含 JUnit、Hamcrest、Mockito
 -->
 <dependency>
  <groupId>org.springframework.boot</groupId>
  <artifactId>spring-boot-starter-test</artifactId>
  <scope>test</scope>
 </dependency>
</dependencies>
```

```
    <!-- 添加该插件后，当运行 mvn package 进行打包时，会打包成一个可以直接运行的 JAR 文件，
使用 Java -jar 命令就可以直接运行。这很大程度上简化了应用的部署，需要安装 JRE 才可以运行。-->
     <build>
      <plugins>
       <plugin>
        <groupId>org.springframework.boot</groupId>
        <artifactId>spring-boot-maven-plugin</artifactId>
       </plugin>
          <plugin>
    <groupId>org.apache.maven.plugins</groupId>
    <artifactId>maven-compiler-plugin</artifactId>
    <version>2.0.2</version>
    <configuration>
    <!--<source>${java.version}</source>: 源代码编译版本;
          <target>${java.version}</target>: 目标平台编译版本; -->
    <source>${java.version}</source>
    <target>${java.version}</target>
    <encoding>${project.build.sourceEncoding}</encoding>
    </configuration>
        </plugin>
      </plugins>
     </build>
    </project>
```

2.3.1 Spring Boot REST API控制器

在Spring中，一个能够提供REST API请求的控制器类称为REST控制器，它应该使用@RestController注释。

资源uris在@RequestMapping注释中指定，它可以在类级别和方法级别应用。添加类级别路径和方法级别路径后，将解析API的完整URI。我们应该总是编写产生和消耗属性来指定API的mediatype属性，永远不要回答假设。

在给定的控制器中有两种API方法，根据不同需求添加更多方法。

- HTTP GET /employees：返回员工列表。
- HTTP POST /employees：在employees集合中添加员工。

编写EmployeeController.java文件，代码如下：

```
package com.cto7.rest.controller;
 /* @Controller + @ResponseBody*/
@RestController
@RequestMapping(path = "/employees")
```

```
    public class EmployeeController
    {
    @Autowired
        private EmployeeDAO employeeDao;
        @GetMapping(path="/", produces = "application/json")
        public Employees getEmployees()
        {
            return employeeDao.getAllEmployees();
        }
         // 如果是提交数据，建议用 @PostMapping
        @PostMapping(path= "/", consumes = "application/json", produces =
"application/json")
        public ResponseEntity<Object>addEmployee(@RequestBody Employee
employee)
        {
            Integer id = employeeDao.getAllEmployees().getEmployeeList().size()
+ 1;
            employee.setId(id);
            employeeDao.addEmployee(employee);
            URI location = ServletUriComponentsBuilder.fromCurrentRequest()
            .path("/{id}")
            .buildAndExpand(employee.getId())
            .toUri();
            return ResponseEntity.created(location).build();
        }
    }
```

2.3.2 @SpringBootApplication

REST API框架已准备就绪。现在需要配置Spring检测其他控制器(使用自动扫描)并在嵌入式tomcat服务器中部署apis。值得庆幸的是，Spring Boot通过使用自动配置的概念使所有事情变得非常简单。

自动配置尝试猜测和配置您可能需要的Bean。自动配置类通常基于应用程序类路径中的jar和我们在@Configuration类中另外定义的Bean应用。

在这种情况下，它会做以下几方面事情。

- 检测spring-webmvc，因此配置默认的Spring MVC应用程序Bean。它有助于扫描和配置@RestController以及类似的注释。
- 检测嵌入式tomcat jar，为我们配置嵌入式tomcat。
- 检测JSON jar，以便为API提供JSON支持。

编写SpringBootDemoApplication.java文件，代码如下：

```
package com.cto7.rest;
@SpringBootApplication
public class SpringBootDemoApplication {
    public static void main(String[] args) {
        SpringApplication.run(SpringBootDemoApplication.class, args);
    }
}
```

模型类和DAO，编写Employee.java文件，代码如下：

```
package com.cto7.rest.model;
public class Employee {
    public Employee() {
    }
    public Employee(Integer id, String firstName, String lastName, String
email) {
        super();
        this.id = id;
        this.firstName = firstName;
        this.lastName = lastName;
        this.email = email;
    }
    private Integer id;
    private String firstName;
    private String lastName;
    private String email;
    //获取与写入
    @Override
    public String toString() {
        return "Employee [id=" + id + ", firstName=" + firstName + ",
                lastName=" + lastName + ", email=" + email + "]";
    }
}
```

编写Employees.java文件，代码如下：

```
package com.cto7.rest.model;
import java.util.ArrayList;
import java.util.List;
public class Employees
{
    private List<Employee> employeeList;
```

```
    public List<Employee>getEmployeeList() {
    if(employeeList == null) {
            employeeList = new ArrayList<>();
        }
        return employeeList;
    }
    public void setEmployeeList(List<Employee> employeeList) {
        this.employeeList = employeeList;
    }
}
```

DAO类使用静态列表存储数据，这里我们需要实现实际的数据库交互。编写EmployeeDAO.java文件，代码如下：

```
package com.cto7.rest.dao;
import org.springframework.stereotype.Repository;
import com.cto7.rest.model.Employee;
import com.cto7.rest.model.Employees;
@Repository
public class EmployeeDAO
{
    private static Employees list = new Employees();
    static
    {
        list.getEmployeeList().add(new Employee(1, "Lokesh", "Gupta", 
"cto7@gmail.com"));
        list.getEmployeeList().add(new Employee(2, "Alex", "Kolenchiskey", 
"abc@gmail.com"));
        list.getEmployeeList().add(new Employee(3, "David", "Kameron", 
"titanic@gmail.com"));
    }
    public Employees getAllEmployees()
    {
        return list;
    }
    public void addEmployee(Employee employee) {
        list.getEmployeeList().add(employee);
    }
}
```

2.3.3 Spring Boot REST演示

要启动应用程序，需要main()在SpringBootDemoApplication类中运行该方法。它将启动嵌入式tomcat服务器：

```
HTTP GET /employees
```

服务器启动后，使用某个REST客户端访问API，如图2.9所示。

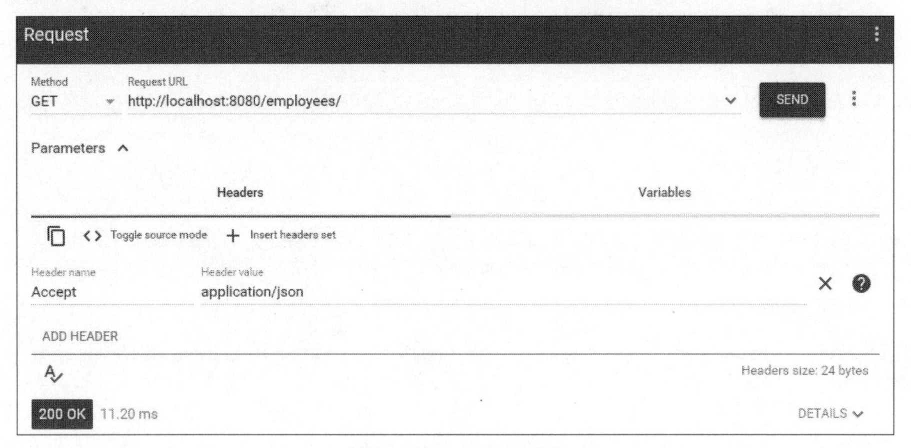

图2.9 REST客户端

API响应，返回码如下：

```
{
"employeeList": [
    {
        "id": 1,
        "firstName": "wang",
        "lastName": "yong",
        "email": "wontter@gmail.com"
    },
    {
        "id": 2,
        "firstName": "wang",
        "lastName": "zhi",
        "email": "wz@gmail.com"
    }
    ],
}
```

2.3.4　HTTP POST /employees

Spring Boot REST HTTP POST响应，如图2.10所示。

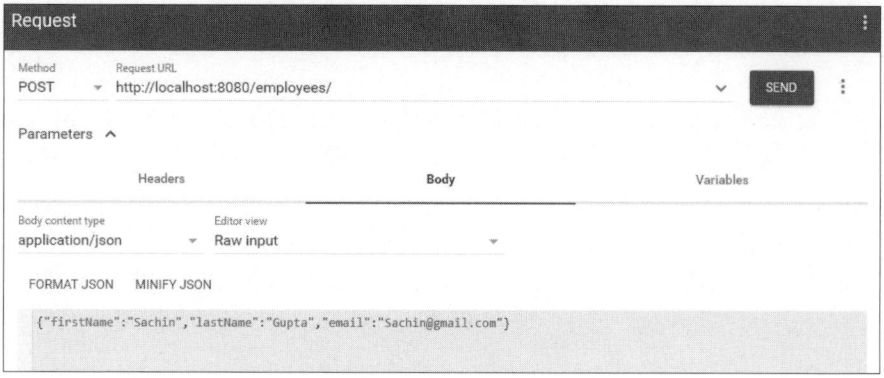

图2.10　HTTP POST响应

2.4　Spring Boot JUnit

JUnit是Java语言的一个单元测试框架，被开发者用于实施对应用程序的单元测试，加快程序编制速度，同时提高编码的质量。JUnit 5在Java EE开发中与很多框架集成，使得开发很方便。

2.4.1　Maven依赖

确保项目中具有spring-boot-starter-test依赖项，以便能够执行单元测试。

```
<dependency>
<groupId>org.springframework.boot</groupId>
<artifactId>spring-boot-starter-test</artifactId>
<scope>test</scope>
</dependency>
```

2.4.2　Spring引导JUnit Test Class

Spring启动应用程序中的JUnit测试类，代码如下：

```
@RunWith(SpringRunner.class)
@SpringBootTest(webEnvironment=WebEnvironment.RANDOM_PORT)
public class SpringBootDemoApplicationTests
{
    @LocalServerPort
```

```
    int randomServerPort;
    @Test
    public void testGetEmployeeListSuccess() throws URISyntaxException
    {
    }
}
```

注意：

@RunWith（SpringRunner.class）：告诉JUnit使用Spring的测试支持运行。SpringRunner是新名称SpringJUnit4ClassRunner。它支持在测试中使用Bean的Spring上下文加载的依赖注入。

@SpringBootTest：可以在运行基于Spring Boot的测试类上使用指定的注释。它提供了启动在任何已定义或随机端口上侦听的完全运行的Web服务器的功能。

webEnvironment：使请求和响应能够通过网络传输，并且不涉及模拟servlet容器。

@LocalServerPort：注入在运行时分配的HTTP端口。

2.4.3 Spring引导JUnit示例

在下面给出的示例中，首先编写其余的API代码，然后单元测试调用其余的API并验证API响应。HTTP GET API，返回列表中所有员工的列表，代码如下：

```
@GetMapping(path="/employees", produces = "application/json")
public Employees getEmployees()
{
    return employeeDao.getAllEmployees();
}
```

JUnit测试，RestTemplate用于调用上述API的JUnit测试并验证API响应代码以及响应正文，代码如下：

```
@Test
public void testGetEmployeeListSuccess() throws URISyntaxException
{
    RestTemplate restTemplate = new RestTemplate();
    final String baseUrl = "http://localhost:" + randomServerPort + "/
employees";
    URI uri = new URI(baseUrl);
    ResponseEntity<String> result = restTemplate.getForEntity(uri, String.
class);
    //验证请求成功
    Assert.assertEquals(200, result.getStatusCodeValue());
    Assert.assertEquals(true, result.getBody().contains("employeeList"));
}
```

HTTP POST API，将员工添加到员工集合中，代码如下：

```
    @PostMapping(path= "/employees",
                    consumes = "application/json",
                    produces = "application/json")
    public ResponseEntity<Object> addEmployee
    (
        @RequestHeader(name = "X-COM-PERSIST", required = true) String
headerPersist,
        @RequestHeader(name = "X-COM-LOCATION", defaultValue = "ASIA") String
headerLocation,
        @RequestBody Employee employee
    )   throws Exception
    {
        //生成资源 id
        Integer id = employeeDao.getAllEmployees().getEmployeeList().size() + 1;
    employee.setId(id);
        //添加资源
        employeeDao.addEmployee(employee);
        //生成资源地址
        URI location = ServletUriComponentsBuilder.fromCurrentRequest()
        .path("/{id}")
        .buildAndExpand(employee.getId())
        .toUri();
        //响应发送地址
        return ResponseEntity.created(location).build();
    }
```

JUnit测试成功案例:RestTemplate用于调用上述API的JUnit测试并验证API响应代码以及响应正文。代码如下：

```
    @Test
    public void testGetEmployeeListSuccess() throws URISyntaxException
    {
        RestTemplate restTemplate = new RestTemplate();
        final String baseUrl = "http://localhost:" + randomServerPort + "/
employees";
        URI uri = new URI(baseUrl);
        ResponseEntity<String> result = restTemplate.getForEntity(uri, String.
class);
        //验证请求成功
        Assert.assertEquals(200, result.getStatusCodeValue());
        Assert.assertEquals(true, result.getBody().contains("employeeList"));
```

```
    }
```

JUnit测试错误案例：当请求中缺少标头时，会发生错误。代码如下：

```
    @Test
    public void testAddEmployeeMissingHeader() throws URISyntaxException
    {
        RestTemplate restTemplate = new RestTemplate();
        final String baseUrl = "http://localhost:"+randomServerPort+"/
employees/";
        URI uri = new URI(baseUrl);
        Employee employee = new Employee(null, "Adam", "Gilly", "test@email.
com");
        HttpHeaders headers = new HttpHeaders();
        HttpEntity<Employee> request = new HttpEntity<>(employee, headers);
        try
        {
            restTemplate.postForEntity(uri, request, String.class);
            Assert.fail();
        }
    catch(HttpClientErrorException ex)
        {
            //验证错误的请求和丢失的标头
            Assert.assertEquals(400, ex.getRawStatusCode());
            Assert.assertEquals(true, ex.getResponseBodyAsString().
contains("Missing request header"));
        }
    }
```

2.4.4 执行JUnit测试

将该类作为JUnit测试运行并观察结果，如图2.11所示。

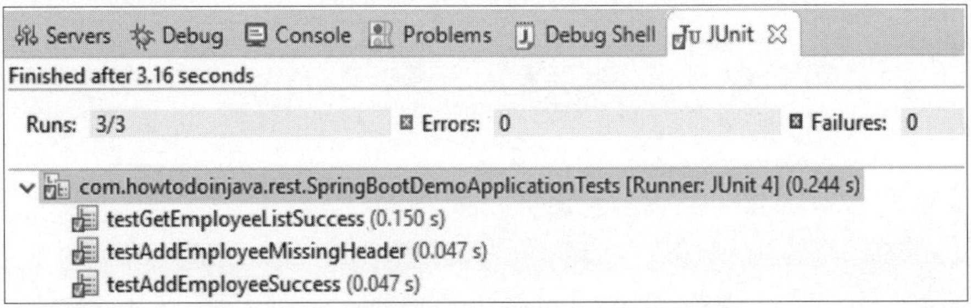

图2.11 JUnit测试结果

2.5 Spring Boot BasicAuth

要在RestTemplate中为传出的休眠请求启用基本身份验证，应将CredentialsProvider配置为HttpClient API。RestTemplate使用此HttpClient将HTTP请求发送到后端REST API。

在RestTemplate基本身份验证过程中，我们使用了依赖项，代码如下：

```
<parent>
<groupId>org.springframcwork.boot</groupId>
<artifactId>spring-boot-starter-parent</artifactId>
<version>2.0.5.RELEASE</version>
<relativePath />
</parent>
<dependencies>
<dependency>
<groupId>org.springframework.boot</groupId>
<artifactId>spring-boot-starter-web</artifactId>
</dependency>
<dependency>
<groupId>org.springframework.boot</groupId>
<artifactId>spring-boot-starter-security</artifactId>
</dependency>
<dependency>
<groupId>org.springframework.boot</groupId>
<artifactId>spring-boot-starter-test</artifactId>
<scope>test</scope>
</dependency>
<dependency>
<groupId>org.apache.httpcomponents</groupId>
<artifactId>httpclient</artifactId>
<version>4.5.3</version>
</dependency>
</dependencies>
```

在RestTemplate中启用BasicAuth。我们创建了一个JUnit测试，它调用了一个基本的REST API安全验证，代码如下：

```
package com.cto7.rest;
@RunWith(SpringRunner.class)
@SpringBootTest(webEnvironment=WebEnvironment.RANDOM_PORT)
public class SpringBootDemoApplicationTests
{
```

```
    @LocalServerPort
    int randomServerPort;
    //超时值(ms)
    int timeout = 10_000;
    public RestTemplate restTemplate;
    @Before
    public void setUp()
    {
        restTemplate = new RestTemplate(getClientHttpRequestFactory());
    }
    private HttpComponentsClientHttpRequestFactory getClientHttpRequestFactory()
    {
        HttpComponentsClientHttpRequestFactory clientHttpRequestFactory
                        = new HttpComponentsClientHttpRequestFactory();
        clientHttpRequestFactory.setHttpClient(httpClient());
        return clientHttpRequestFactory;
    }
    private HttpClient httpClient()
    {
        CredentialsProvider credentialsProvider = new BasicCredentialsProvider();
        credentialsProvider.setCredentials(AuthScope.ANY,new UsernameP
                                        asswordCredentials("admin",
                                        "password"));
        HttpClient client = HttpClientBuilder
        .create()
        .setDefaultCredentialsProvider(credentialsProvider)
        .build();
        return client;
    }
    @Test
    public void testGetEmployeeList_success() throws URISyntaxException
    {
        final String baseUrl = "http://localhost:"+randomServerPort+"/
employees/";
        URI uri = new URI(baseUrl);
        ResponseEntity<String> result = restTemplate.getForEntity(uri,
String.class);
        //Verify request succeed
        Assert.assertEquals(200, result.getStatusCodeValue());
        Assert.assertEquals(true, result.getBody().contains("employeeList"));
    }
```

```
}
```

RestTemplate基本认证，编写一个简单的Rest API，代码如下：

```
@RestController
@RequestMapping(path = "/employees")
public class EmployeeController
{
    @Autowired
    private EmployeeDAO employeeDao;
    @GetMapping(path="/", produces = "application/json")
    public Employees getEmployees()
    {
        return employeeDao.getAllEmployees();
    }
}
```

Rest API安全配置，全局配置安全性，代码如下：

```
@Configuration
public class SecurityConfig extends WebSecurityConfigurerAdapter
{
    @Override
    protected void configure(HttpSecurity http) throws Exception
    {
        http
        .csrf().disable()
        .authorizeRequests().anyRequest().authenticated()
         .and()
        .httpBasic();
    }
    @Autowired
    public void configureGlobal(AuthenticationManagerBuilder auth)
            throws Exception
    {
        auth
        .inMemoryAuthentication()
        .withUser("admin")
        .password("{noop}password")
        .roles("USER");
    }
}
```

通过执行JUnit测试访问Rest API。当执行JUnit测试时，它会启动应用程序并在其端点上部署其余的API，然后调用其余的API，并在获得401错误时执行基本身份验证。

可以通过设置，验证应用程序日志整个认证过程'logging.level.org.apache.http=DEBUG'中的application.properties文件，代码如下：

```
   o.a.http.impl.auth.HttpAuthenticator      : Authentication required
   o.a.http.impl.auth.HttpAuthenticator      : localhost:54770 requested
authentication
   o.a.h.i.c.TargetAuthenticationStrategy    : Authentication schemes in the
order of preference: [Negotiate, Kerberos, NTLM, Digest, Basic]
   o.a.h.i.c.TargetAuthenticationStrategy    : Challenge for Negotiate
authentication scheme not available
   o.a.h.i.c.TargetAuthenticationStrategy    : Challenge for Kerberos
authentication scheme not available
   o.a.h.i.c.TargetAuthenticationStrategy    : Challenge for NTLM
authentication scheme not available
   o.a.h.i.c.TargetAuthenticationStrategy    : Challenge for Digest
authentication scheme not available
   o.a.http.impl.auth.HttpAuthenticator      : Selected authentication options:
[BASIC [complete=true]]
   org.apache.http.wire                      : http-outgoing-0 <<"0[\r][\n]"
   org.apache.http.wire                      : http-outgoing-0 <<"[\r][\n]"
   o.a.http.impl.execchain.MainClientExec    : Executing request GET /
employees/ HTTP/1.1
   o.a.http.impl.execchain.MainClientExec    : Target auth state: CHALLENGED
   o.a.http.impl.auth.HttpAuthenticator      : Generating response to an
authentication challenge using basic scheme
   o.a.http.impl.execchain.MainClientExec    : Proxy auth state: UNCHALLENGED
   org.apache.http.headers                   : http-outgoing-0 >> GET /
employees/ HTTP/1.1
   org.apache.http.headers                   : http-outgoing-0 >> Accept: text/
plain, application/json, application/*+json, */*
   org.apache.http.headers                   : http-outgoing-0 >> Host:
localhost:54770
   org.apache.http.headers                   : http-outgoing-0 >> Connection:
Keep-Alive
   org.apache.http.headers                   : http-outgoing-0 >> User-Agent:
Apache-HttpClient/4.5.3 (Java/1.8.0_171)
   org.apache.http.headers                   : http-outgoing-0 >> Accept-
Encoding: gzip,deflate
   org.apache.http.headers                   : http-outgoing-0 >>
Authorization: Basic YWRtaW46cGFzc3dvcmQ=
```

```
    org.apache.http.wire                          : http-outgoing-0 >>"GET /
employees/ HTTP/1.1[\r][\n]"
    org.apache.http.wire                          : http-outgoing-0 >>"Accept: text/
plain, application/json, application/*+json, */*[\r][\n]"
    org.apache.http.wire                          : http-outgoing-0 >>"Host:
localhost:54770[\r][\n]"
    org.apache.http.wire                          : http-outgoing-0 >>"Connection:
Keep-Alive[\r][\n]"
    org.apache.http.wire                          : http-outgoing-0 >>"User-Agent:
Apache-HttpClient/4.5.3 (Java/1.8.0_171)[\r][\n]"
    org.apache.http.wire                          : http-outgoing-0 >>"Accept-
Encoding: gzip,deflate[\r][\n]"
    org.apache.http.wire                          : http-outgoing-0
>>"Authorization: Basic YWRtaW46cGFzc3dvcmQ=[\r][\n]"
    org.apache.http.wire                          : http-outgoing-0 >>"[\r][\n]"
    org.apache.http.wire                          : http-outgoing-0 <<"HTTP/1.1 200
[\r][\n]"
    org.apache.http.wire                          : http-outgoing-0 <<"Set-Cookie:
JSESSIONID=A54891F86FEF06160BDAFC78CE631C4E; Path=/; HttpOnly[\r][\n]"
    org.apache.http.wire                          : http-outgoing-0 <<"X-Content-
Type-Options: nosniff[\r][\n]"
    org.apache.http.wire                          : http-outgoing-0 <<"X-XSS-
Protection: 1; mode=block[\r][\n]"
    org.apache.http.wire                          : http-outgoing-0 <<"Cache-
Control: no-cache, no-store, max-age=0, must-revalidate[\r][\n]"
    org.apache.http.wire                          : http-outgoing-0 <<"Pragma: no-
cache[\r][\n]"
    org.apache.http.wire                          : http-outgoing-0 <<"Expires:
0[\r][\n]"
    org.apache.http.wire                          : http-outgoing-0 <<"X-Frame-
Options: DENY[\r][\n]"
    org.apache.http.wire                          : http-outgoing-0 <<"Content-Type:
application/json;charset=UTF-8[\r][\n]"
    org.apache.http.wire                          : http-outgoing-0 <<"Transfer-
Encoding: chunked[\r][\n]"
    org.apache.http.wire                          : http-outgoing-0 <<"Date: Thu, 18
Oct 2018 17:54:26 GMT[\r][\n]"
    org.apache.http.wire                          : http-outgoing-0 <<"[\r][\n]"
    org.apache.http.wire                          : http-outgoing-0 <<"101[\r][\n]"
    org.apache.http.wire                          : http-outgoing-0 <<"{"employee
List":[{"id":1,"firstName":"Lokesh","lastName":"Gupta","email":"cto7@gmail.com"},
```

```
{"id":2,"firstName":"Alex","lastName":"Kolenchiskey","email":"abc@gmail.com"},
{"id":3,"firstName":"David","lastName":"Kameron","email":"titanic@gmail.com"}]}
[\r][\n]"
   org.apache.http.headers                   : http-outgoing-0 << HTTP/1.1 200
```

访问REST API时通过Authorization标头传递基本身份验证。它分两步完成：第一步是配置所需的依赖关系，如spring-boot-starter-web和httpclient；第二步是配置RestTemplate和添加auth详细信息。

第3章　从服务注册与发现说起

在微服务中，消费者为了完成一次服务请求，需要知道具体服务的详细地址（IP和端口）。传统应用都运行在物理服务器上，服务实例的网络位置都是相对固定的。怎样从一个经常变更的配置中读取网络位置尤为重要。

3.1　Eureka

Eureka是Spring Cloud Netflix微服务套件中的一部分，可以与Spring Boot构建的微服务很容易地整合起来。Eureka是一个基于REST的服务，主要在AWS云中使用，包含服务器端和客户端组件。服务器端也被称作服务注册中心，用于提供服务的注册与发现，如图3.1所示。

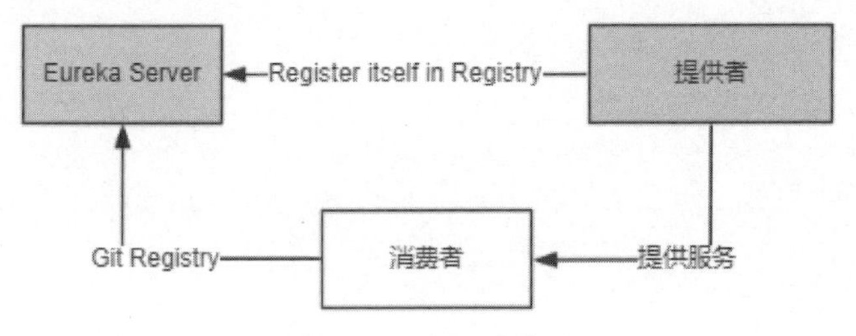

图3.1　服务调用关系

- 服务生产者启动时，向服务注册中心注册自己提供的服务。
- 服务消费者启动时，在服务注册中心订阅自己需要的服务。
- 注册中心返回服务提供者的地址（IP、端口）列表信息。
- 服务消费者从提供者中调用服务。

3.1.1　创建Eureka服务

创建Spring Cloud Eureka服务，只创建一个空的Maven工程，并引入Spring Boot的相关starter即可。运行环境如下：

```
Java 1.8
Eclipse IDE
Spring boot
```

```
Maven
```

在项目pom .xml文件中添加Eureka Maven GAV相关坐标，代码如下：

```
<dependencies>
 <dependency>
  <groupId>org.springframework.cloud</groupId>
  <artifactId>spring-cloud-starter</artifactId>
 </dependency>
 <dependency>
  <groupId>org.springframework.cloud</groupId>
  <artifactId>spring-cloud-starter-eureka-server</artifactId>
 </dependency>
 <dependency>
  <groupId>org.springframework.boot</groupId>
  <artifactId>spring-boot-starter-test</artifactId>
  <scope>test</scope>
 </dependency>
</dependencies>
```

实现Application，并在@EnableEurekaServer类上添加如下注释：

```
@EnableEurekaServer
@SpringBootApplication
public class EurekaServer {
 public static void main(String[] args) {
  new SpringApplicationBuilder(EurekaServer.class).web(true).run(args);
 }
}
```

在src\main\resources目录中创建application.properties配置文件，添加如下属性：

```
spring.application.name=eureka-server
server.port=7070
# 是否将自己注册到 Eureka Server，默认为 true
eureka.client.register-with-eureka=false
# 是否从 Eureka Server 获取注册信息，默认为 true
eureka.client.fetch-registry=false
# 设置与 Eureka Server 交互的地址，查询服务和注册服务都需要依赖这个地址，默认是 http://
localhost:7070/eureka ；多个地址可使用 ， 分隔
eureka.client.serviceUrl.defaultZone=http://localhost:${server.port}/eureka
```

启动Eureka服务。打开浏览器并转到http://localhost:7070/，可看到如图3.2所示的Eureka服务器主页。

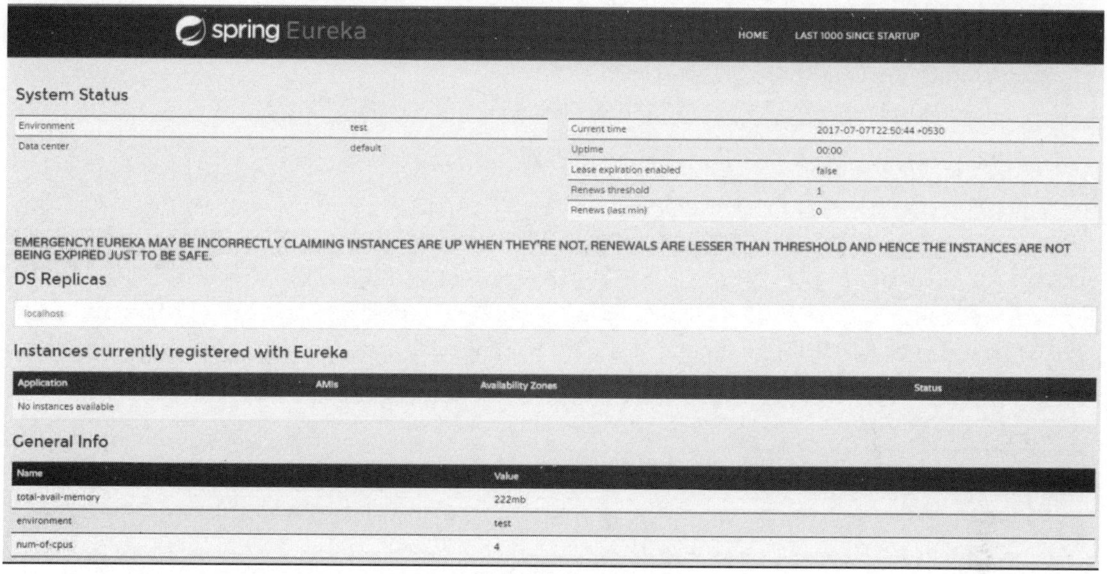

图3.2　Eureka服务器主页(1)

注意: 此时未发现注册任何服务，一旦启动客户服务，Eureka将自动更新客户服务的详细信息。

3.1.2　Eureka集群

Eureka作为Spring Cloud的服务发现与注册中心，在整个微服务体系中处于核心位置。单一的Eureka服务显然不能满足高可用的实际生产环境，所以它提供了高可用的配置，当集群中有分片出现故障时，Eureka就会转入自动保护模式，它允许分片故障期间继续提供服务的发现和注册，当故障分片恢复正常时，集群中的其他分片会把它们的状态再次同步回来。

创建配置文件application-peer1.properties:

```
spring.application.name=eureka-server
server.port=1111
eureka.instance.hostname=peer1
eureka.client.serviceUrl.defaultZone=http://peer2:1112/eureka/
```

注意: eureka.client.serviceUrl.defaultZone指向的是peer2。

创建配置文件application-peer2.properties:

```
spring.application.name=eureka-server
server.port=1112
eureka.instance.hostname=peer2
eureka.client.serviceUrl.defaultZone=http://peer1:1111/eureka/
```

若需修改，则在hosts文件中添加如下代码:

```
127.0.0.1 peer1
```

```
127.0.0.1 peer2
```

注意: Linux环境的hosts位置为/etc/hosts。

Windows环境的hosts位置为C:\Windows\System32\drivers\etc\hosts。

通过Jenkins打包启动服务，并上传Linux服务器，执行如下命令：

```
[root@wonter~]#nohupjava-Xms2048m-Xmx4096m-XX:PermSize=256m-XX:MaxPermSize=512m-XX:MaxNewSize=512m -Dfile.encoding=UTF8 -Duser.timezone=GMT+08 -jar ./eureka.jar --spring.profiles.active=peer1 > ./logs/eureka1.ut 2>&1 &
[root@wonter~]#nohup:java-Xms2048m-Xmx4096m-XX:PermSize=256mXX:MaxPermSize=512m-XX:MaxNewSize=512m-Dfile.encoding=UTF8-Duser.timezone=GMT+08-jar ./eureka.jar --spring.profiles.active=peer2 > ./logs/eureka2.out 2>&1 &
```

注意:

-vmargs-Xms128M-Xmx512M -XX:PermSize=64M-XX:MaxPermSize=128M。

-vmargs说明后面是VM的参数，所以后面的其实都是JVM的参数。

-Xms128M表示JVM初始分配的堆内存。

-Xmx512M表示JVM最大允许分配的堆内存，按需分配。

-XX:PermSize=64M表示JVM初始分配的非堆内存。

-XX:MaxPermSize=128M表示JVM最大允许分配的非堆内存，按需分配。

打开浏览器并转到http://localhost:1111/，可看到Eureka服务器主页，如图3.3所示。

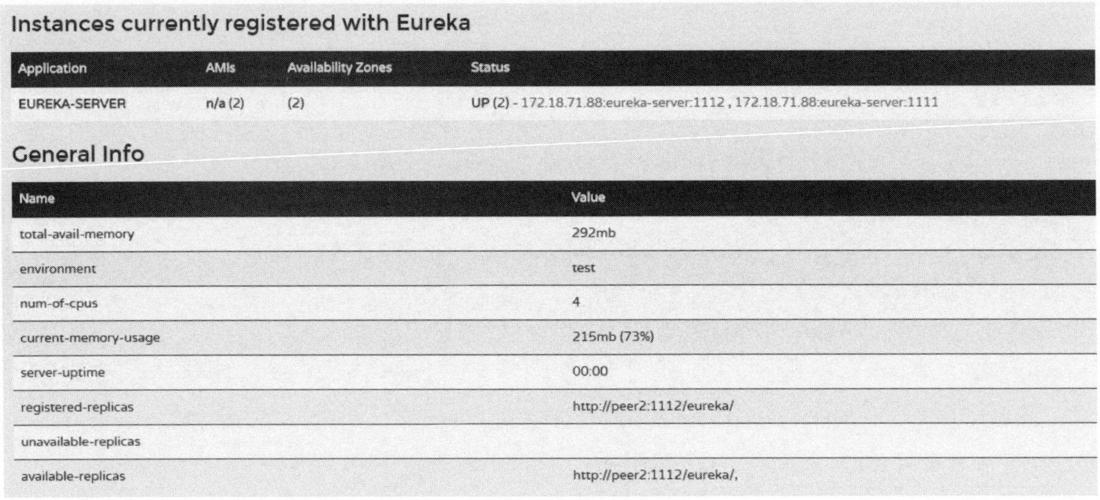

Instances currently registered with Eureka

Application	AMIs	Availability Zones	Status
EUREKA-SERVER	n/a (2)	(2)	UP (2) - 172.18.71.88:eureka-server:1112 , 172.18.71.88:eureka-server:1111

General Info

Name	Value
total-avail-memory	292mb
environment	test
num-of-cpus	4
current-memory-usage	215mb (73%)
server-uptime	00:00
registered-replicas	http://peer2:1112/eureka/
unavailable-replicas	
available-replicas	http://peer2:1112/eureka/,

图3.3 Eureka服务器主页(2)

peer1的注册中心DS Replicas已经有了peer2的相关配置信息，并且出现在available-replicas中。手动停止peer2观察发现，peer2会移动到unavailable-replicas栏中，表示peer2不可用，如图3.4所示。

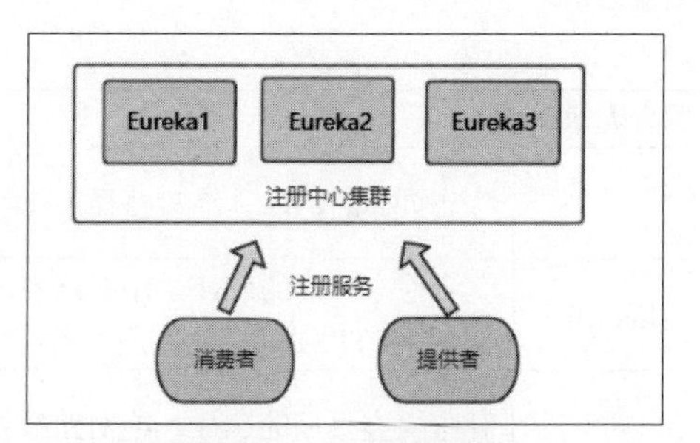

图3.4　Eureka集群

我们的服务是向集群中的任意一个注册中心注册，即可被所有注册中心共享，任意一个注册中心崩溃，都不会影响这个服务被调用。

3.1.3　Eureka常用配置说明

Eureka常用配置见表3.1。

表3.1　Eureka常用配置

配置参数	默认值	说　明
服务注册中心配置		Bean类:org.springframework.cloud.netflix.eureka.server.EurekaServerConfigBean
eureka.server.enable-self-preservation	false	关闭注册中心的保护机制，Eureka 会统计15min内心跳失败的比例低于85%将会触发保护机制，不剔除服务提供者，如果关闭服务注册中心，会将不可用的实例正确剔除
服务实例类配置		Bean类:org.springframework.cloud.netflix.eureka.instance.EurekaInstanceConfigBean
eureka.instance.prefer-ip-address	false	不使用主机名定义注册中心的地址，而使用IP地址的形式，如果设置了eureka.instance.ip-address 属性，则使用该属性配置的IP，否则自动获取除环路IP外的第一个IP地址
eureka.instance.ip-address		IP地址
eureka.instance.hostname		设置当前实例的主机名称
eureka.instance.appname		服务名，默认取 spring.application.name 配置值，如果没有，则为 unknown
eureka.instance.lease-renewal-interval-in-seconds	30	定义服务续约任务(心跳)的调用间隔，单位为s
eureka.instance.lease-expiration-duration-in-seconds	90	定义服务失效的时间，单位为s
eureka.instance.status-page-url-path	/info	状态页面的URL，相对路径，默认使用 HTTP 访问，如果使用 HTTPS，则需要使用绝对路径配置

续表

配置参数	默认值	说　明
eureka.instance.status-page-url		状态页面的URL，绝对路径
eureka.instance.health-check-url-path	/health	健康检查页面的URL，相对路径，默认使用 HTTP 访问，如果使用 HTTPS, 则需要使用绝对路径配置
eureka.instance.health-check-url		健康检查页面的URL，绝对路径
服务注册类配置		Bean类:org.springframework.cloud.netflix.eureka.client.EurekaClientConfigBean
eureka.client.service-url		指定服务注册中心地址，类型为 HashMap，并设置一组默认值，默认的Key为 defaultZone; 默认的Value为 http://localhost:8761/eureka，当服务注册中心为高可用集群时，多个注册中心地址以逗号分隔。 如果服务注册中心加入了安全验证，这里配置的地址格式为http://<username>:<password>@localhost:8761/eureka，其中<username> 为安全验证的用户名; <password> 为该用户的密码
eureka.client.fetch-registery	true	检索服务
eureka.client.registery-fetch-interval-seconds	30	从Eureka服务器端获取注册信息的间隔时间，单位为s
eureka.client.register-with-eureka	true	启动服务注册
eureka.client.eureka-server-connect-timeout-seconds	5	连接 Eureka Server 的超时时间，单位为s
eureka.client.eureka-server-read-timeout-seconds	8	读取 Eureka Server 信息的超时时间，单位为s
eureka.client.filter-only-up-instances	true	获取实例时是否过滤，只保留UP状态的实例
eureka.client.eureka-connection-idle-timeout-seconds	30	Eureka服务器端连接空闲关闭时间，单位为s
eureka.client.eureka-server-total-connections	200	从Eureka 客户端到所有Eureka服务器端的连接总数
eureka.client.eureka-server-total-connections-per-host	50	从Eureka客户端到每台Eureka服务主机的连接总数

3.2　Consul

Consul提供多种功能，如服务发现、配置管理、健康检查和键值存储等。我们将开发以下组件来构建分布式Eco系统，其中每个组件以某种方式彼此依赖，但它们非常松散地耦合，当然还有容错。

- Consul Agent：在本地主机上运行，提供服务发现/注册功能。
- 学生微服务：根据学生实体提供一些功能。
- 学校微服务：与学生服务相同的类型，仅增加的功能是使用服务查找机制调用学生服务。

我们不会使用学生服务的绝对URL与该服务进行交互，将使用Consul发现功能，并在调用之前使用它查找学生服务实例。

3.2.1　在本地工作站中配置Consul

下载Consul并解压缩到所要安装的位置。在本地工作站中启动Consul Agent，解压缩的Zip文件只有一个.exe文件——consul.exe被调用，在此处启动命令提示符并使用以下命令启动代理程序：

```
    consul agent -server -bootstrap-expect=1 -data-dir=consul-data -ui
-bind=192.168.6.1
```

查看启动日志，如图3.5所示。

```
C:\Windows\system32\cmd.exe - consul agent -server -bootstrap-expect=1 -data-dir=consul-data -ui -bind=192.168.6.1

F:\Study\installations\consul_0.9.0_windows_amd64>consul agent -server -bootstrap-expect=1 -data-dir=consul-data -ui  -bind=192.168.6.1
==> WARNING: BootstrapExpect Mode is specified as 1; this is the same as Bootstrap mode.
==> WARNING: Bootstrap mode enabled! Do not enable unless necessary
==> Starting Consul agent...
==> Consul agent running!
           Version: 'v0.9.0'
           Node ID: 'f8db8d09-ac67-e997-9306-aeb20e4ecd3e'
         Node name: 'Sajal-HP'
        Datacenter: 'dc1'
            Server: true (bootstrap: true)
       Client Addr: 127.0.0.1 (HTTP: 8500, HTTPS: -1, DNS: 8600)
      Cluster Addr: 192.168.6.1 (LAN: 8301, WAN: 8302)
    Gossip encrypt: false, RPC-TLS: false, TLS-Incoming: false

==> Log data will now stream in as it occurs:

    2017/07/20 13:31:42 [INFO] raft: Initial configuration (index=1): [{Suffrage:Voter ID:192.168.6.1:8300 Address:192.168.6.1:8300}]
    2017/07/20 13:31:42 [INFO] raft: Node at 192.168.6.1:8300 [Follower] entering Follower state (Leader: "")
    2017/07/20 13:31:42 [INFO] serf: EventMemberJoin: Sajal-HP.dc1 192.168.6.1
    2017/07/20 13:31:42 [WARN] serf: Failed to re-join any previously known node
    2017/07/20 13:31:42 [INFO] serf: EventMemberJoin: Sajal-HP 192.168.6.1
    2017/07/20 13:31:42 [INFO] consul: Handled member-join event for server "Sajal-HP.dc1" in area "wan"
    2017/07/20 13:31:42 [INFO] consul: Adding LAN server Sajal-HP (Addr: tcp/192.168.6.1:8300) (DC: dc1)
    2017/07/20 13:31:42 [WARN] serf: Failed to re-join any previously known node
    2017/07/20 13:31:42 [INFO] agent: Started DNS server 127.0.0.1:8600 (udp)
    2017/07/20 13:31:42 [INFO] agent: Started DNS server 127.0.0.1:8600 (tcp)
    2017/07/20 13:31:42 [INFO] agent: Started HTTP server on 127.0.0.1:8500
    2017/07/20 13:31:49 [ERR] agent: failed to sync remote state: No cluster leader
    2017/07/20 13:31:49 [ERR] http: Request GET /v1/catalog/services?wait=2s&index=169, error: No cluster leader from=127.0.0.1:53785
    2017/07/20 13:31:50 [ERR] http: Request GET /v1/catalog/services, error: No cluster leader from=127.0.0.1:53789
    2017/07/20 13:31:51 [ERR] http: Request GET /v1/catalog/services, error: No cluster leader from=127.0.0.1:53792
    2017/07/20 13:31:52 [WARN] raft: Heartbeat timeout from "" reached, starting election
    2017/07/20 13:31:52 [INFO] raft: Node at 192.168.6.1:8300 [Candidate] entering Candidate state in term 66
    2017/07/20 13:31:52 [INFO] raft: Election won. Tally: 1
    2017/07/20 13:31:52 [INFO] raft: Node at 192.168.6.1:8300 [Leader] entering Leader state
    2017/07/20 13:31:52 [INFO] consul: cluster leadership acquired
    2017/07/20 13:31:52 [INFO] consul: New leader elected: Sajal-HP
    2017/07/20 13:31:52 [WARN] agent: Check 'service:student-service-9099' is now critical
    2017/07/20 13:31:52 [WARN] agent: Check 'service:student-service-9097' is now critical
    2017/07/20 13:31:54 [INFO] agent: Synced check 'service:student-service-9097'
    2017/07/20 13:31:54 [INFO] agent: Synced check 'service:school-service-8098'
    2017/07/20 13:31:54 [INFO] agent: Synced check 'service:student-service-9099'
    2017/07/20 13:31:54 [INFO] agent: Synced check 'service:student-service-9098'
```

图3.5　启动日志

测试Consul Server是否正在运行。Consul在默认端口上运行，一旦代理成功启动，浏览http://localhost:8500/ui。控制台屏幕如图3.6所示。

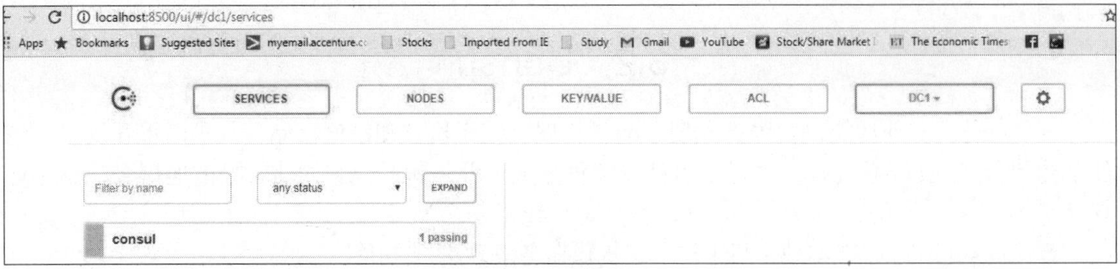

图3.6　控制台屏幕

我们在本地机器中配置了Consul，并且Consul代理正在成功运行。现在需要创建客户端，并测试服务注册表和发现部分。

3.2.2　创建学生项目

@org.springframework.cloud.client.discovery.EnableDiscoveryClient在src文件夹中的Spring启动应用程序类中添加注释，代码如下：

```
package com.example.cto7.springcloudconsulstudent;
import org.springframework.boot.SpringApplication;
import org.springframework.boot.autoconfigure.SpringBootApplication;
import org.springframework.cloud.client.discovery.EnableDiscoveryClient;
@SpringBootApplication
@EnableDiscoveryClient
public class SpringCloudConsulStudentApplication {
    public static void main(String[] args) {
        SpringApplication.run(SpringCloudConsulStudentApplication.class, args);
    }
}
```

服务配置，打开application.properties并添加如下属性：

```
server.port=9098
spring.application.name: student-service
management.security.enabled=false
```

- server.port=9098：在默认的9098端口启动服务。
- spring.application.name: student-service：使用student-service标签在Consul服务器中注册自己，并且其他服务将使用此名称本身查找此服务。
- management.security.enabled=false：该配置属性用于设置是否需要授权才能访问。

添加使用学生服务的REST API，并添加一个RestController，代码如下：

```
package com.example.cto7.consul;
import java.util.ArrayList;
import java.util.HashMap;
```

```
    import java.util.List;
    import java.util.Map;
    import org.springframework.web.bind.annotation.PathVariable;
    import org.springframework.web.bind.annotation.RequestMapping;
    import org.springframework.web.bind.annotation.RequestMethod;
    import org.springframework.web.bind.annotation.RestController;
    import com.example.cto7.consul.domain.Student;
    @RestController
    public class StudentServiceController {
        private static Map<String, List<Student>> schooDB = new HashMap<String,
List<Student>>();
        static {
            schooDB = new HashMap<String, List<Student>>();
            List<Student> lst = new ArrayList<Student>();
            Student std = new Student("Sajal", "Class IV");
            lst.add(std);
            std = new Student("Lokesh", "Class V");
            lst.add(std);
            schooDB.put("abcschool", lst);
            lst = new ArrayList<Student>();
            std = new Student("Kajal", "Class III");
            lst.add(std);
            std = new Student("Sukesh", "Class VI");
            lst.add(std);
            schooDB.put("xyzschool", lst);
        }
        @RequestMapping(value="/getStudentDetailsForSchool/{schoolname}",method
=RequestMethod.GET)
        public List<Student>getStudents(@PathVariable String schoolname) {
            System.out.println("Getting Student details for " + schoolname);
            List<Student> studentList = schooDB.get(schoolname);
            if (studentList == null) {
                studentList = new ArrayList<Student>();
                Student std = new Student("Not Found", "N/A");
                studentList.add(std);
            }
            return studentList;
        }
    }
```

Student.java模型，代码如下：

```java
package com.example.cto7.springcloudconsulstudent.domain;
public class Student {
    private String name;
    private String className;
    public Student(String name, String className) {
        super();
        this.name = name;
        this.className = className;
    }
}
```

验证服务，启动应用程序验证服务是否已自动在Consul服务器中注册。跳转到Consul Agent控制台并刷新页面，将在Consul Agent控制台中看到student-service服务，如图3.7所示。

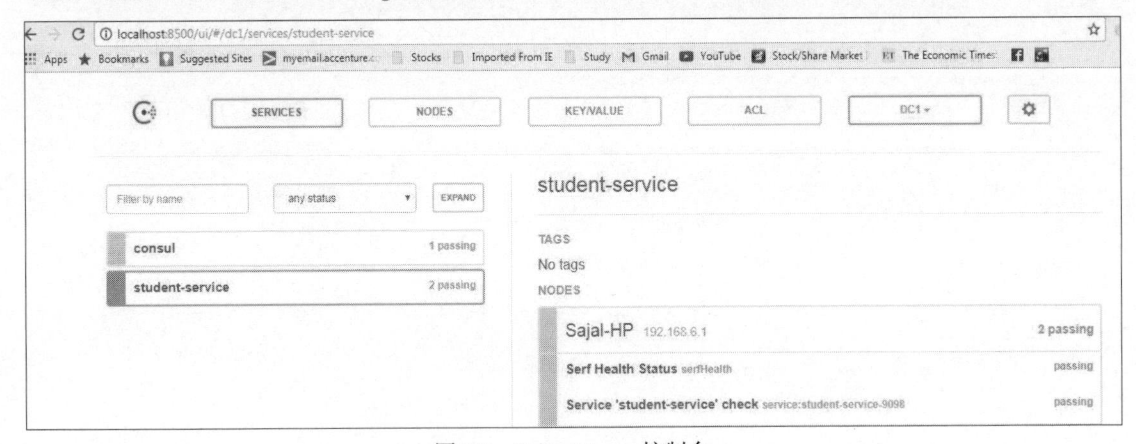

图3.7　Consul Agent控制台

验证/getStudentDetailsForSchool/{schoolname}服务是否正常。浏览器跳转到http://localhost:9098/getStudentDetailsForSchool/abcschool，显示学校abcschool的学生详细信息，如图3.8所示。

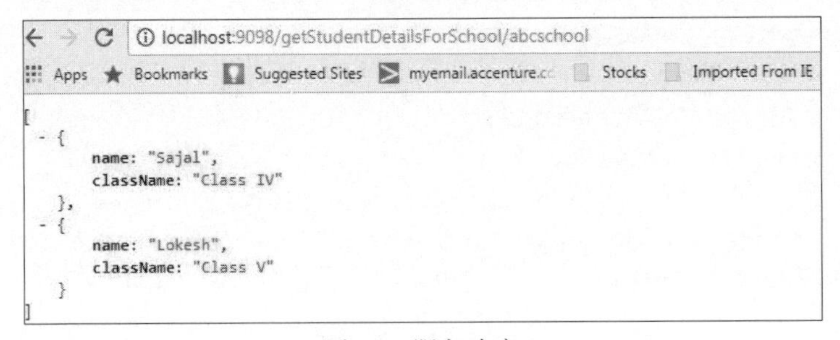

图3.8　服务响应

3.2.3　创建学校项目

@org.springframework.cloud.client.discovery.EnableDiscoveryClient在src文件夹中的Spring启

动应用程序类中添加注释，代码如下：

```
package com.example.cto7.springcloudconsulschool;
import org.springframework.boot.SpringApplication;
import org.springframework.boot.autoconfigure.SpringBootApplication;
import org.springframework.cloud.client.discovery.EnableDiscoveryClient;
@EnableDiscoveryClient
@SpringBootApplication
public class SpringCloudConsulSchoolApplication {
    public static void main(String[] args) {
        SpringApplication.run(SpringCloudConsulSchoolApplication.class, args);
    }
}
```

服务配置，打开application.properties并添加如下属性：

```
server.port=8098
spring.application.name: school-service
management.security.enabled=false
```

- server.port=8098：在默认的8098端口启动服务。
- spring.application.name: school-service：使用school-service标签在Consul服务器中注册自己。
- management.security.enabled=false：该配置属性用于设置是否需要授权才能访问。

添加使用学生服务的REST API，并添加一个RestController，代码如下：

（1）SchoolServiceController.java

```
package com.example.cto7.springcloudconsulschool.controller;
import org.springframework.beans.factory.annotation.Autowired;
import org.springframework.web.bind.annotation.PathVariable;
import org.springframework.web.bind.annotation.RequestMapping;
import org.springframework.web.bind.annotation.RequestMethod;
import org.springframework.web.bind.annotation.RestController;
import com.example.cto7.springcloudconsulschool.delegate.
StudentServiceDelegate;
@RestController
public class SchoolServiceController {
    @Autowired
    StudentServiceDelegate studentServiceDelegate;
    @RequestMapping(value= "/getSchoolDetails/{schoolname}", method =
RequestMethod.GET)
    public String getStudents(@PathVariable String schoolname)
    {
        System.out.println("Going to call student service to get data!");
```

```
        return studentServiceDelegate.callStudentServiceAndGetData
(schoolname);
    }
}
```

（2）StudentServiceDelegate.java

```
package com.example.cto7.springcloudconsulschool.delegate;
import java.util.Date;
import org.springframework.beans.factory.annotation.Autowired;
import org.springframework.cloud.client.loadbalancer.LoadBalanced;
import org.springframework.context.annotation.Bean;
import org.springframework.core.ParameterizedTypeReference;
import org.springframework.http.HttpMethod;
import org.springframework.stereotype.Service;
import org.springframework.web.client.RestTemplate;
@Service
public class StudentServiceDelegate
{
    @Autowired
    RestTemplate restTemplate;
    public String callStudentServiceAndGetData(String schoolname)
    {
        System.out.println("Consul Demo - Getting School details for " +
schoolname);
        Stringresponse=restTemplate.exchange("http://student-
service/getStudentDetailsForSchool/{schoolname}",HttpMethod.GET, null,
newParameterizedTypeReference<String>() {},schoolname).getBody();

        System.out.println("Response Received as " + response + " -  " +
new Date());
        return "School Name -  " + schoolname + " :::  Student Details " +
response + " -  " + new Date();
    }
    @Bean
    @LoadBalanced
    public RestTemplate restTemplate() {
        return new RestTemplate();
    }
}
```

在StudentServiceDelegate，RestTemplate调用学生服务并使用学生服务的URL。

```
http://student-service/getStudentDetailsForSchool/{schoolname}
```

可以在Consul找到提供的服务，@LoadBalanced如果多个实例正在为同一服务运行，也可以在此处应用负载平衡，如图3.9所示。

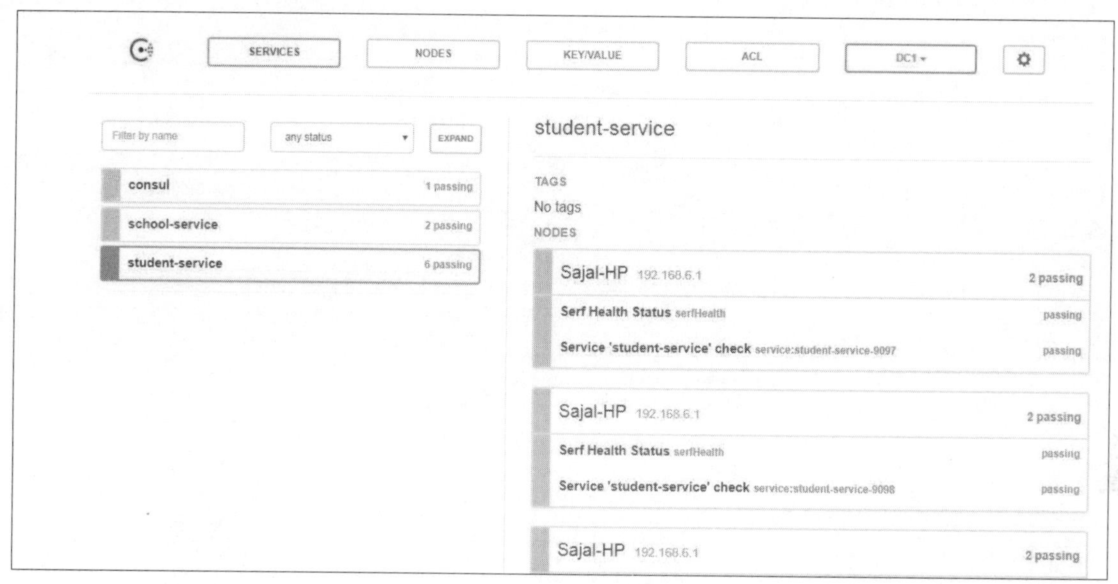

图3.9　Consul运行服务

3.3　ZooKeeper

Eureka 2.x宣布闭源的消息闹得人心惶惶，ZooKeeper作为Spring Cloud注册中心的替代方案，越来越多的人开始着手。服务提供者向ZooKeeper注册，服务消费者从ZooKeeper中发现服务提供者的相关信息，从而远程调用服务提供方。

引入相关依赖，代码如下：

```
<dependencyManagement>
 <dependencies>
  <dependency>
   <groupId>org.springframework.cloud</groupId>
   <artifactId>spring-cloud-zookeeper-dependencies</artifactId>
   <version>1.0.1.RELEASE</version>
   <type>pom</type>
   <scope>import</scope>
  </dependency>
 </dependencies>
</dependencyManagement>
<dependencies>
 <dependency>
```

```
        <groupId>org.springframework.cloud</groupId>
        <artifactId>spring-cloud-starter-zookeeper-all</artifactId>
    </dependency>
</dependencies>
```

服务端，代码如下：

```
@RestController
public class HelloController {
    private static final Logger log = LoggerFactory.getLogger(HelloController.
class);
    @RequestMapping(value = "/hello", method = RequestMethod.GET)
    public String sayHello(@RequestParam(name = "name") String name) {
        log.info("param:name->{}", name);
        return "hello: " + name;
    }
}
```

配置文件，代码如下：

```
application.properties
server.port=8800
spring.application.name=/service-zookeeper
spring.cloud.zookeeper.discovery.root=/spring-cloud-service
spring.cloud.zookeeper.connect-string=localhost:2181
```

启动服务，代码如下：

```
@SpringBootApplication
@EnableDiscoveryClient
public class App
{
    public static void main( String[] args )
    {
        SpringApplication.run(App.class, args);
    }
}
```

注意：@EnableDiscoveryClient要标注为服务发现注解。

消费者，代码如下：

```
@SpringBootApplication
@EnableDiscoveryClient
@RestController
public class AppClient {
    @Autowired
```

```
    private LoadBalancerClient loadBalancer;
    @Autowired
    private DiscoveryClient discovery;
    @RequestMapping("/discovery")
    public Object discovery() {
        System.out.println(loadBalancer.choose("tomcat"));
    return "discovery";
    }
    @RequestMapping("/all")
    public Object all() {
        System.out.println(discovery.getServices());
        return "all";
    }
    public static void main(String[] args) {
        SpringApplication.run(AppClient.class, args);
    }
}
@SpringBootApplication
@EnableDiscoveryClient
public class AppServer {
    public static void main(String[] args) {
        SpringApplication.run(AppServer.class, args);
    }
}
```

配置文件，代码如下：

```
application.properties
server.port=8810
spring.application.name=/client-zookeeper
spring.cloud.zookeeper.discovery.register=false
spring.cloud.zookeeper.discovery.root=/spring-cloud-service
spring.cloud.zookeeper.connect-string=localhost:2181
spring.cloud.zookeeper.dependencies.service-zookeeper.required=true
spring.cloud.zookeeper.dependencies.service-zookeeper.path=/service-
zookeeper
spring.cloud.zookeeper.dependencies.service-zookeeper.
loadBalancerType=ROUND_ROBIN
```

注意：由于服务提供者的应用名使用了斜杠，所以必须采用依赖关系spring.cloud.zookeeper.dependencies进行别名的选择。使用了这个配置之后要引入actuator健康监控组件，不然调用时会报错。

启动服务，代码如下：

```
@SpringBootApplication
@EnableDiscoveryClient
@EnableCircuitBreaker
@EnableFeignClients
public class App
{
    public static void main( String[] args )
    {
        SpringApplication.run(App.class,args);
    }
}
```

注意：@EnableCircuitBreaker为断路器的支持，@EnableFeignClients为Feign客户端的支持。

第4章　服务提供者与服务消费者的关系

什么是服务提供者和服务消费者？服务提供者是指服务的被调用方，即为其他服务提供服务的服务；服务消费者是指服务的调用方，即依赖其他服务的服务。

4.1　接口就是规范

返回码规范：统一6位000000表示成功。参数相关返回码预留100000~199999；系统相关返回码预留200000~299999；用户中心返回码预留310000~319999，后续项目以此类推。后续根据业务扩展情况新增操作码需要提前备案，具体如下。

- module=系统码。
- optCode=操作码。
- optDesc=操作描述。
- resultCode=结果码。
- resultDesc=结果描述。
- bizCode=业务码。
- dat =返回数据。
- 业务码=系统码+操作码+结果码。

API见表4.1。

表4.1　API

接口名称	获取用户信息		
接口描述	根据用户ID获取用户信息		
接口请求方式	GET		
接口URL	/user?id		
请求参数	字段(Field)	类型(Type)	描述(Description)
	id	number	用户唯一标识
返回成功(200)	字段(Field)	类型(Type)	描述(Description)
	username	string	用户名称
	age	int	年龄

续表

返回成功示例	成功标识(true)	HTTP/1.1 200 OK
		{
		"optCode": "STORE_ADDMSG",
		"optDesc": "数据中心新增消息",
		"resultCode": "000000",
		"resultDesc": "操作成功",
		"data": "[{
		"keywords": null,
		"tymc": "阿莫西林",
		"tyjx": "颗粒剂",
		"projectId":
		"44AFC2328D63A53EE05012AC241E3E1B",
		}]",
		"module": "HME", "success": true, "bizCode": "HME-STORE_ADDMSG-000000"
		}

	成功标识(false)	{
		"optCode": "STORE_ADDMSG",
		"optDesc": "库管中心新增消息",
		"resultCode": "330002",
		"resultDesc": "库管中心新增消息失败，添加消息到搜索引擎库异常",
		"data": "",
		"module": "HME",
		"bizCode": "TaoBao-Order_ADD-330002",
		"success": false
		}

返回失败(4xx)	字段	描述
	error	页面不存在

返回失败示例	HTTP/1.1 404 Not Found
	{
	"error": "UserNotFound"
	}	

API文档规范，服务码见表4.2。

表4.2　服务码

功　　能	业 务 码	描　　述
登录	hmd_login_000000	登录成功
	hmd_cas_200021	数据中心调用单点登录服务失败
	hmd_elsec_200003	数据中心没有权限访问电子安全服务
	hmd_elsec_200020	数据中心调用电子安全服务Session过期
	hmd_elsec_200002	电子安全服务API的请求数达到上限

结果码见表4.3。

表4.3　结果码

结 果 码	Msg	说　　明
000000	Success	成功
100001	Too many parameters	参数过多
100002	Invalid parameter	参数无效或缺失
100003	Invalid API key	API key无效到底
100004	Incorrect signature	签名无效
100005	Unsupported signature method	参数签名算法未被平台支持
100006	Parameters format error	必选参数格式错误
200000	Service temporarily unavailable	后端服务暂时不可用
200001	Unauthorized client IP address:%s	消费者的IP未被授权
200002	Request limit reached	API的调用请求数达到上限
200003	No permission to access data	没有权限访问服务
200004	No such application exists	服务不存在

4.2　抽 象 接 口

根据拆分的需求，将本轮迭代所要实现的功能接口抽象出来，代码如下所示：

```
public interface IUserInfoInterface{
    /**
    * 功能：校验用户是否绑定了手机号 <br>
    * @param account 账号（必填项），如 admin@123456
    * @return 结果视图
    * @version [0.0.1, 2016-07-12]
    */
    CommonResult<UserInfoEntity>checkHandphoneBindingByAccount(String account);
    /**
    * 校验手机号是否已被绑定
    * @param handphone 手机号，如 13999999999
```

```
    * @return 结果视图
    * @version [0.0.1, 2016-07-26]
    */
    CommonResult<UserInfoEntity>checkHandphoneBinding(String handphone);
}
```

4.3 构建项目至Nexus

在分布式开发中，为了让接口jar包可以同时被服务提供者和服务消费者依赖，需要先用Jenkins构建项目，通过Maven命令deploy托管jar包到Nexus，如图4.1所示。

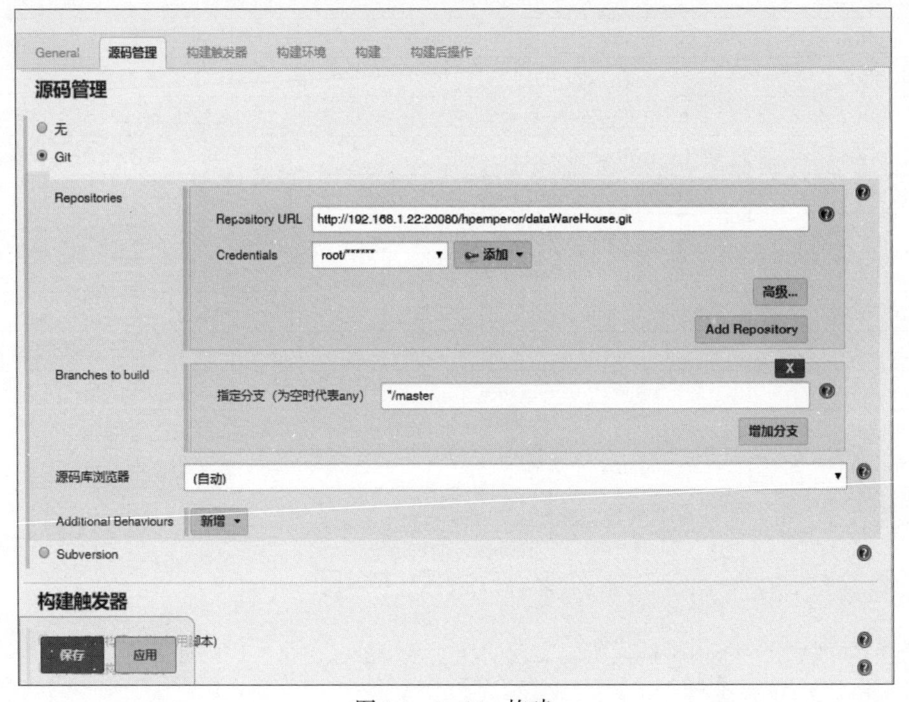

图4.1 Jenkins构建

4.4 服务提供者

服务提供者pom.xml引入interface项目jar包：

```
<groupId>com.cnblogs</groupId>
<artifactId>user-interfaces</artifactId>
<version>1.1.2-SNAPSHOT</version>
```

服务提供者实现接口，代码如下：

```
@Service("UserInfoService")
public class UserInfoServiceimpl implements UserInfoService{
    @Override
    public CommonResult<UserInfoEntity>login(Stringaccount,Stringpassword,
String identifyingCode,String loginChannel){
        CommonResult<UserInfoEntity> cr = new EsiResult<>();
        //账户非空校验
        if(StringUtils.isEmpty(account)){
            cr.setResult(ResultCode.ACCOUNT_EMPTY_CODE);
            return cr;
        }
        try{
            UserInfoEntity userInfoEntity_account =
getUserInfoEntityByAccount(account);
            //校验账户是否存在
            if(userInfoEntity_account == null){
                cr.setResult(EsiResultCode.ACCOUNT_NOT_EXISTS_CODE);
                return cr;
            }catch(Exception e){
                log.error("登录校验发生错误", e);
                cr.setResult(ResultCode.UNKNOWN);
                return cr;
            }
            return cr;
        }
```

@RequestMapping暴露接口，代码如下：

```
@Api(tags = "用户管理",description = "operation about user")
@RestController
public class TestController {
    @Autowired
    private IBaseRoleInterface baseRoleInterface;
    @Autowired
    private RedisUtil redis;
    @ApiOperation(value="获取角色信息", notes="根据url的id获取角色的详细信息")
    @ApiImplicitParam(name = "id", value = "角色ID", required = true, dataType
= "Long", paramType = "query")
    @RequestMapping(value= "/query" ,method = {RequestMethod.POST,RequestMethod.GET})
    public CommonResult<BaseRole>testQuery(@RequestParam Long id) {
        redis.set("id", id);
        System.out.println(redis.get("id"));
```

```
        return baseRoleInterface.queryRole(id);
    }
}
```

4.5 服务消费者之Ribbon

Ribbon是一个客户端负载均衡器，可以让您对HTTP和TCP客户端的行为进行管理与控制。它可以通过在客户端中配置ribbonServerList设置服务器端列表去轮询访问，以达到均衡负载的作用。例如，连接超时、重试、重试算法等，内置了可插拔和可自定义的负载平衡组件。

依赖管理：通过在pom.xml中添加以下依赖项，可以将Netflix Ribbon 添加到项目中。

```
<dependency>
<groupId>org.springframework.cloud</groupId>
<artifactId>spring-cloud-starter-ribbon</artifactId>
</dependency>
```

为了了解Ribbon的工作原理，使用SpringRestTemplate构建了一个示例微服务应用程序。我们使用Ribbon的负载平衡策略WeightedResponseTimeRule之一，在应用程序中启用两台服务器之间的客户端负载平衡，这两台服务器在配置文件中的命名客户端下定义。

Ribbon使我们能够配置负载均衡器的以下组件。

- Rule：逻辑组件，指定在应用程序中使用的负载平衡规则。
- Ping：一个组件，指定用于实时确定服务器可用性的机制。
- ServerList：可以是动态的，也可以是静态的。在例子中我们使用静态服务器列表，因此直接在应用程序配置文件中定义它们。

代码如下：

```
public class RibbonConfiguration {
    @Autowired
    IClientConfig ribbonClientConfig;
    @Bean
    public IPing ribbonPing(IClientConfig config) {
        return new PingUrl();
    }
    @Bean
    public IRule ribbonRule(IClientConfig config) {
        return new WeightedResponseTimeRule();
    }
}
```

注意：如何使用WeightedResponseTimeRule规则确定服务器和PingUrl机制，以实时确定服务器的可用性。根据这个规则，每台服务器根据其平均响应时间给予权重，响应时间越短，权重越小。此规则随机选择服务器，其中可能性由服务器的权重确定。PingUrl将平均每个URL来确定服务器的可用性。

下面是为此示例应用程序创建的application.yml配置文件：

```
spring:
  application:
    name: spring-cloud-ribbon
server:
  port: 8888
ping-server:
  ribbon:
    eureka:
      enabled: false
    listOfServers: localhost:9092,localhost:9999
    ServerListRefreshInterval: 15000
```

在上面的文件中，我们指定：

- 应用名称。
- 应用程序的端口号。
- 服务器列表的命名客户端为ping-server。
- 已禁用Eureka服务发现组件，方法是将eureka:enabled设置为false。
- 定义了可用于负载平衡的服务器列表，在本例中为两台服务器。
- 使用ServerListRefreshInterval配置服务器刷新率。

RibbonClient代码如下：

```
@SpringBootApplication
@RestController
@RibbonClient(
  name = "ping-a-server",
  configuration = RibbonConfiguration.class)
public class ServerLocationApp {
    @LoadBalanced
    @Bean
    RestTemplate getRestTemplate() {
        return new RestTemplate();
    }
    @Autowired
    RestTemplate restTemplate;
    @RequestMapping("/server-location")
    public String serverLocation() {
        return this.restTemplate.getForObject("http://ping-server/locaus",
String.class);
```

```
    }
    public static void main(String[] args) {
        SpringApplication.run(ServerLocationApp.class, args);
    }
}
```

注意：用注释@RestController定义了一个控制器类；还使用名称和配置类的@RibbonClient对类进行了注释。在此定义的配置类与之前定义的类相同，我们为此应用程序提供了所需的Ribbon 配置。除此之外，我们还使用@LoadBalanced对RestTemplate进行了注释，这表明我们希望这是负载平衡的。

4.6 服务消费者之Feign

Feign是从Netflix中分离出来的轻量级项目，能够在类接口上添加注释，成为一个REST API 客户端。Spring Cloud对Feign进行了封装，使其支持了Spring MVC标准注解和HttpMessageConverters。Feign可以与Eureka和Ribbon组合使用，以支持负载均衡。

1.在pom.xml中添加依赖

```
<!-- 引入 eureka Server 依赖 -->
<dependency>
<groupId>org.springframework.cloud</groupId>
<artifactId>spring-cloud-starter-eureka</artifactId>
</dependency>
<!-- 引入 Feign 依赖 -->
<dependency>
<groupId>org.springframework.cloud</groupId>
<artifactId>spring-cloud-starter-feign</artifactId>
</dependency>
```

2.修改配置服务

```
server:
  port: 7078
spring:
  application:
    name: feignT
eureka:
  client:
    serviceUrl:
      defaultZone: http://localhost:7070/eureka/
  instance:
```

```
    preferIpAddress: true
```

3.注解启用Feign

```
import org.springframework.boot.SpringApplication;
import org.springframework.boot.autoconfigure.SpringBootApplication;
import org.springframework.cloud.client.circuitbreaker.EnableCircuitBreaker;
import org.springframework.cloud.client.discovery.EnableDiscoveryClient;
import org.springframework.cloud.netflix.feign.EnableFeignClients;
@SpringBootApplication
@EnableFeignClients
@EnableDiscoveryClient
@EnableCircuitBreaker
public class FeignHystrixApplication {
  public static void main(String[] args) {
    SpringApplication.run(FeignHystrixApplication.class, args);
  }
}
```

4.定义装配接口

```
import org.springframework.cloud.netflix.feign.FeignClient;
import org.springframework.web.bind.annotation.RequestMapping;
import org.springframework.web.bind.annotation.RequestParam;
@FeignClient(name = "Service")
public interface TestFeignClient {
  @RequestMapping("/count")
  public String add(@RequestParam("a") Integer a,@RequestParam("b") Integer b);
}
```

注意：其中@FeignClient指定服务名，Spring MVC注解绑定具体的REST接口及请求参数。定义参数绑定时，@RequestParam、@RequestHeader等注解的value不能省略，Spring MVC会将参数名作为默认值，但Feign中必须通过value指定。

5.编写Controller，对外暴露接口

```
import org.springframework.beans.factory.annotation.Autowired;
import org.springframework.web.bind.annotation.RequestMapping;
import org.springframework.web.bind.annotation.RequestMethod;
import org.springframework.web.bind.annotation.RequestParam;
import org.springframework.web.bind.annotation.RestController;
@RestController
public class FeignController {
  @Autowired
```

```
    private TestFeignClient testFeignClient;
    @RequestMapping(value = "/count" , method = RequestMethod.GET)
    public String add(@RequestParam Integer a,@RequestParam Integer b) {
        String string = this.testFeignClient.add(a,b);
        return string;
    }
}
```

最后依次启动Eureka、Service、Feign，访问http://localhost:7078/count，观察Feign服务是如何消费Service服务的/count接口的，并且也可以通过启动多个Eureka服务观察其负载均衡的效果。

第5章　模板引擎

模板引擎是为了使用户页面和业务数据相互分离而衍生出来的，它将从后台返回的数据生成特定格式的文档，用户页面通过模板引擎根据特定的格式渲染页面。

5.1　Beetl简介

Beetl是Bee Template Language的缩写。它绝不是简单的另外一种模板引擎，而是新一代的模板引擎。它功能强大，性能良好，超过当前流行的模板引擎，而且还易学、易用。

Beetl相对于其他Java模板引擎，其功能齐全、语法直观、性能超高，开发和维护模板有很好的体验，是新一代的模板引擎。总的来说，它的特性如下。

（1）功能完备。同主流的Java模板引擎相比，Beetl具有的大部分功能能够适用于各种应用场景，从对响应速度有很高要求的大网站到功能繁多的CMS管理系统都适用。Beetl本身还具有很多独特的功能可完成模板编写和维护，这是其他模板引擎不具有的。

（2）非常简单。类似于JavaScript语法和习俗，只要半小时就能通过掌握用法拒绝其他模板引擎那种非人性化的语法和习俗。

（3）超高的性能。Beetl远超过主流Java模板引擎性能，如5或6倍于FreeMarker，2倍于传统JSP技术，而且消耗较低的CPU。

（4）易于整合。Beetl能很容易地与各种Web框架整合，如Spring MVC、Jfinal、Struts、Nutz、Jodd、Servlet等。

（5）支持模板单独开发和测试。即在MVC架构中，即使没有M和C部分，也能开发和测试模板。

（6）扩展和个性化。Beetl支持自定义方法、格式化函数、虚拟属性、标签和HTML标签，同时，Beetl也支持自定义占位符和控制语句起始符号，还支持使用者打造适合自己的工具包。

5.2　Beetl示例

创建Spring Boot项目，代码如下：

```
<parent>
<groupId>org.springframework.boot</groupId>
```

```
<artifactId>spring-boot-starter-parent</artifactId>
<version>1.5.9.RELEASE</version>
<relativePath/>
</parent>
```

添加Beetl模板依赖，代码如下：

```
<dependency>
<groupId>com.ibeetl</groupId>
<artifactId>beetl</artifactId>
<version>2.8.5</version>
</dependency>
```

Beetl模板配置，代码如下：

```
/**
 * @Author cto7
 * @Description Beetl 模板配置
 * @Date 2018/9/29 16:25
 * @Param
 * @return
 **/
 @Bean(initMethod = "init", name = "beetlConfig")
public BeetlGroupUtilConfiguration getBeetlGroupUtilConfiguration
(HttpServletRequest request) {
        BeetlGroupUtilConfiguration beetlGroupUtilConfiguration = null;
    try {
            beetlGroupUtilConfiguration = new BeetlGroupUtilConfiguration();
            ClasspathResourceLoader classpathResourceLoader=new
ClasspathResourceLoader();
            beetlGroupUtilConfiguration.setResourceLoader
(classpathResourceLoader);
            beetlGroupUtilConfiguration.setFunctionPackages
(BeetlRegisterFunctionPackageMap.beetlFunctionPackageMap());
        } catch (Exception e) {
            logger.error("****************加载Beetl模板异常{}",e.getMessage());
    }
    logger.info("********************** 加载 Beetl 模板成功
**********************");
    logger.info("********************** 加载 Beetl 模板成功
**********************");
    logger.info("********************** 加载 Beetl 模板成功
**********************");
    return beetlGroupUtilConfiguration;
```

```
    }
    @Bean(name = "beetlViewResolver")
    public BeetlSpringViewResolver getBeetlSpringViewResolver(@
Qualifier("beetlConfig") BeetlGroupUtilConfiguration beetlGroupUtilConfiguration) {
        BeetlSpringViewResolver beetlSpringViewResolver = new
BeetlSpringViewResolver();
        beetlSpringViewResolver.setPrefix("/templates/");// 页面所在文件夹
        beetlSpringViewResolver.setSuffix(".html");// 文件后缀
        beetlSpringViewResolver.setContentType("text/html;charset=UTF-8");
        beetlSpringViewResolver.setOrder(0);
        beetlSpringViewResolver.setConfig(beetlGroupUtilConfiguration);
        return beetlSpringViewResolver;
    }
    @Bean
    public HttpMessageConverters fastJsonHttpMessageConverters() {
        //1. 创建 FastJson 信息转换对象
        FastJsonHttpMessageConverter fastConverter=new FastJsonHttpMessageConverter();
        //2. 创建 FastJsonConfig 对象并设定序列化规则，详见 SerializerFeature 类，后
面会讲
        FastJsonConfig fastJsonConfig= new FastJsonConfig();
        fastJsonConfig.setSerializerFeatures(SerializerFeature.PrettyFormat,
SerializerFeature.WriteNonStringKeyAsString);
        //WriteNonStringKeyAsString 不是 String 类型的 key 转换成的 String 类型，
否则前台无法将 JSON 字符串转换成 JSON 对象
        //3. 中文乱码解决方案
        List<MediaType> fastMedisTypes = new ArrayList<MediaType>();
        fastMedisTypes.add(MediaType.APPLICATION_JSON_UTF8);
        // 设定 JSON 格式且编码为 utf-8
        fastConverter.setSupportedMediaTypes(fastMedisTypes);
        //4. 将转换规则应用于转换对象
        fastConverter.setFastJsonConfig(fastJsonConfig);
        return new HttpMessageConverters(fastConverter);
    }
}
```

注意：前两个Bean注入为Beetl模板引擎的配置,目前的配置足够使用，如需其他，请自行拓展；最后一个Bean注入为解决项目乱码问题，非硬性要求，自行配置。

关于Beetl自定义扩展函数，首先编写自己定义的函数类，代码如下：

```
package com.hz.sys.utils.beetlUtil;
/**
 * 自定义扩展 Beetl 函数 <br>
```

```
    * mcz<br>
    */
   public class BeetlRegisterFunc {
       private static Logger logger = LoggerFactory.getLogger(BeetlRegisterFunc.
class);
       /*
    *
    * 根据指定分隔符分隔字符串，再获取指定下标元素
    * */
       public Object getStrPosiElementByIndex(Object Str, int index, String
splitTag) {
           Object result = "";
           if (StringUtils.isNotBlank(splitTag)) {
               if (Str != null && StringUtils.isNotBlank(Str.toString())) {
                   String s = Str.toString();
                   String[] array = s.split(splitTag);
                   if (array.length - 1 >= index) {
                       result = array[index];
                   } else {
                       logger.error("下标越界---->>>>值{}，长度{}，截取下标值{}",
JSON.toJSONString(Str), array.length, index);
                   }
               } else {
                   logger.error("字符串为空");
               }
           } else {
               logger.error("字符串分隔符为空值{}，分隔符{}", JSON.toJSONString(Str),
splitTag);
           }
           return result;
       }
       /*
    * 获取数组指定下标元素
    * */
    public Object getArryElementByIndex(Object targetArray, Integer index) {
           Object result = "";
           if (targetArray.getClass().isArray()) {
               Object[] array = (Object[]) targetArray;
               int targetArraySize = array.length;
               if (targetArraySize > 0 &&index != null) {
                   if (targetArraySize - 1 >= index) {
```

```
                    result = array[index];
                } else {
                    logger.error("获取数组指定元素下标越界，数组值{}，数组长度{}，
截取下标值{}", JSON.toJSONString(array), array.length, index);
                    //throw new RuntimeException("数组下标越界");
    }
                }
            } else {
                logger.error("参数类型:{}，需要类型:{}", targetArray.getClass(),
"数组");
            }
            return result;
        }
        /*
    * 描述： 获取指定数组长度，如果数组为空，则返回 -1
    * 创建人： cto7
    * 创建时间： 10:15 2018/11/19
    * 参数： [targetArray]
    * 返回值： int
    * 异常：
    **/
    public int getArrayLength(Object targetArray) {
            int result = -1;
            if (targetArray != null) {
                if (targetArray.getClass().isArray()) {
                    Object[] array = (Object[]) targetArray;
                    result = array.length;
                } else {
                    logger.error("参数类型:{}，需要类型:{}", targetArray.getClass(),
"数组");
                }
            }
            return result;
        }
        public String ObjToJSON(Object o){
            return JSON.toJSONString(o);
        }
        public Object getJsonByKey(String jsonStr,String key){
            Object result;
            JSONObject jsonObject=new JSONObject();
            try {
```

```
if(StringUtils.isNoneBlank(jsonStr,key)){
                jsonObject=JSON.parseObject(jsonStr);
            }else{
                result="";
            }
        } catch (Exception e) {
            logger.error("Beetl 获取 JSON 指定属性异常 {}",e.getMessage() );
            result="";
        }
        result= jsonObject.getOrDefault(key, "");
        return result;
    }
}
```

然后将以上自己扩展的类注入全局Map中，代码如下：

```
package com.hz.sys.utils.beetlUtil;
import java.util.HashMap;
import java.util.Map;
/*
* 自定义函数注册包集合容器类
*
* */
public class BeetlRegisterFunctionPackageMap {
    private static final Map<String, Object> beetlFunctionPackageMap=new
HashMap<>();
    /*
    * key 是函数对象名称
    * value 是类中所有的函数集合类
    * 使用方式 key.value 中指定的函数名，如 fn.getStrPosiElementByIndex(arg0,
arg1,arg2)
  * */
    public static Map<String, Object>beetlFunctionPackageMap(){
        beetlFunctionPackageMap.put("fn", new BeetlRegisterFunc());
        return beetlFunctionPackageMap;
    }
}
```

在Beetl配置文件中加入如下代码即可生效：

```
beetlGroupUtilConfiguration.setFunctionPackages(BeetlRegisterFunctionPackage
Map.beetlFunctionPackageMap());
```

服务消费者Controller的编写与普通Spring调用Service相同，代码如下：

```
    @Autowired
     private ActOptInterface activityInterface;
    /**
     * 描述： 获取完成任务页面 <br>
     * 创建人： cto7<br>
     * 创建时间： 11:53 2019/1/8 <br>
     * 参数： [taksId, model] <br>
     * 返回值： java.lang.String <br>
     * 异常： <br>
     **/
    @RequestMapping(value = "getCompleteTaskPage/{taksId}")
    public String getCompleteTaskPage(@PathVariable(name = "taksId") String
taksId, Model model){
        try {
            Map<String, Object> objectMap=activityInterface.getVariablesByTaskId(taksId);
            model.addAttribute("objectMap", objectMap);
            model.addAttribute("taskId", taksId);
        } catch (Exception e) {
            e.printStackTrace();
        }
        return "page/completeTaskPage";
    }
```

第6章　服务的雪崩与熔断

典型的分布式系统由许多协作在一起的服务组成，这些服务容易出现故障或延迟响应。如果服务失败，可能会影响性能的其他服务，并可能使应用程序的其他部分无法访问，或者在最坏的情况下会导致整个应用程序崩溃。

6.1　服务雪崩效应

服务雪崩效应是一种因服务提供者不可用导致服务调用者不可用，并将不可用逐渐放大的过程，如图6.1所示。

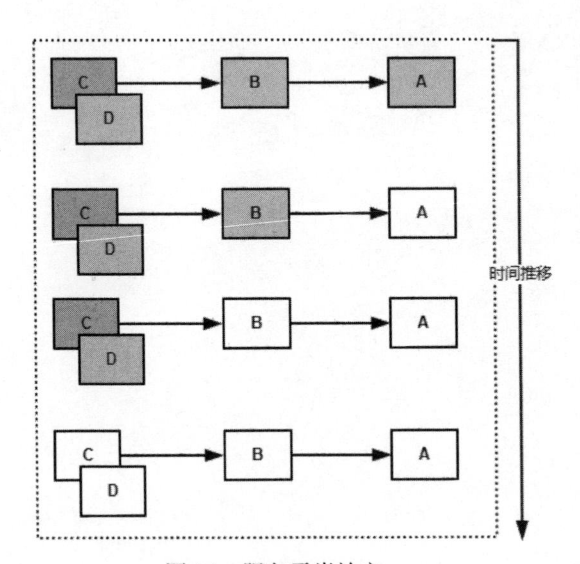

图6.1　服务雪崩效应

图6.1中，A为服务提供者，B为A的服务调用者，C和D是B的服务调用者。当A不可用，引起B不可用，并将不可用逐渐放大C和D时，服务雪崩就形成了。

服务雪崩效应形成的原因如下。

- 服务提供者不可用。
- 重试加大流量。

- 服务调用者不可用。

服务雪崩效应的每个阶段都可能由不同的原因造成，如造成服务不可用的原因如下。

- 硬件故障可能为硬件损坏造成的服务器主机死机，网络硬件故障造成的服务提供者的不可访问。
- 缓存击穿一般发生在缓存应用重启，所有缓存被清空时，以及短时间内大量缓存失效时。大量的缓存不命中，使请求直击后端，造成服务提供者超负荷运行，引起服务不可用。
- 在秒杀和大促开始前，如果准备不充分，即使用户发起大量请求，也会造成服务提供者不可用。

形成重试加大流量的原因如下。

- 在服务提供者不可用后，用户由于忍受不了界面上长时间的等待，而不断刷新页面，甚至提交表单。
- 服务的调用端会存在大量服务异常后的重试逻辑。

最后，服务调用者不可用的主要原因是当服务调用者使用同步调用时，会产生大量的等待线程占用系统资源。一旦线程资源被耗尽，服务调用者提供的服务也将处于不可用状态，于是服务雪崩效应就产生了。

Hystrix就是为了解决上述问题，提供了熔断器模式和隔离模式来解决或者缓解服务雪崩效应。这两种方案都属于阻塞发生之后的应对策略，而非预防性策略（如限流模式）。Hystrix是在服务访问失败时降低阻塞的影响范围，避免整个服务被拖垮。

6.2　熔断设计

熔断器模式定义了熔断器开关相互转换的逻辑，如图6.2所示。

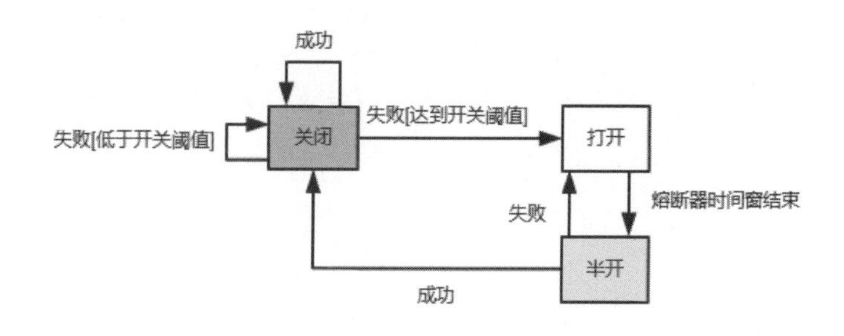

图6.2　熔断器开关相互转换的逻辑图

服务的健康状况=请求失败数/请求总数

熔断器开关由关闭到打开的状态转换是通过当前服务健康状况和设定阈值比较决定的。

（1）当熔断器开关关闭时，请求被允许通过熔断器。如果当前服务健康状况高于设定阈值，则开关继续保持关闭。如果当前服务健康状况低于设定阈值，则开关切换为打开状态。

（2）当熔断器开关打开时，请求被禁止通过。

（3）当熔断器开关处于打开状态，经过一段时间后，熔断器会自动进入半开状态，这时熔断器只允许一个请求通过。当该请求调用成功时，熔断器恢复到关闭状态。若该请求调用失败，则熔断器继续保持打开状态，接下来的请求被禁止通过。

熔断器的开关能保证服务调用者在调用异常服务时快速返回结果，避免大量的同步等待，并且熔断器能在一段时间后继续侦测请求执行结果，提供恢复服务调用的可能。

6.3 Hystrix特性与使用

Hystrix特性如下。

1.断路器机制

当Hystrix Command请求后端服务失败数量超过一定比例（默认50%），断路器会切换到开路状态（OPEN），这时所有请求会直接失败，而不会发送到后端服务。断路器保持在开路状态一段时间（默认5s）后，自动切换到半开路状态（HALF-OPEN），这时会判断下一次请求的返回情况。

如果请求成功，断路器切回闭路状态（CLOSED），否则重新切换到开路状态。Hystrix的断路器就像我们家庭电路中的保险丝，一旦后端服务不可用，断路器会直接切断请求链，避免发送大量无效请求，影响系统吞吐量，并且断路器有自我检测并恢复的能力。

2.fallback

fallback相当于降级操作，对于查询操作，我们可以实现一个fallback()方法，当请求后端服务出现异常时，可以使用fallback()方法返回的值。fallback()方法的返回值一般是设置的默认值或者来自缓存。

3.资源隔离

在Hystrix中，主要通过线程池实现资源隔离。通常，使用时我们会根据调用的远程服务划分出多个线程池。例如，调用产品服务的Command放入A线程池，调用账户服务的Command放入B线程池。这样做的主要优点是运行环境被隔离开了，就算调用服务的代码存在bug或者由于其他原因导致自己所在线程池被耗尽，也不会对系统的其他服务造成影响，但是带来的代价是维护多个线程池会对系统带来额外的性能开销。

如果是对性能有严格要求而且确信自己调用服务的客户端代码不会出问题，则可以使用Hystrix的信号模式(Semaphores)隔离资源。

Hystrix使用如下。

（1）引入Hystrix的相关starter坐标，代码如下：

```
<dependency>
<groupId>org.springframework.cloud</groupId>
<artifactId>spring-cloud-starter-hystrix</artifactId>
</dependency>
```

（2）修改相关配置文件application.yml，代码如下：

```
server:
  port: 7079
spring:
  application:
    name: feign-hystrix
eureka:
  client:
    serviceUrl:
      defaultZone: http://localhost:7070/eureka/
  instance:
  hostname:feign
  ribbon:
  eureka:
    enabled: true
```

（3）注解启动服务，代码如下：

```
import org.springframework.boot.SpringApplication;
import org.springframework.boot.autoconfigure.SpringBootApplication;
import org.springframework.cloud.client.circuitbreaker.
EnableCircuitBreaker;
import org.springframework.cloud.client.discovery.EnableDiscoveryClient;
import org.springframework.cloud.netflix.feign.EnableFeignClients;
@SpringBootApplication
@EnableFeignClients
@EnableDiscoveryClient
@EnableCircuitBreaker
public class FeignHystrixApplication {
    public static void main(String[] args) {
        SpringApplication.run(FeignHystrixApplication.class, args);
    }
}
```

（4）创建回调类。

创建HystrixClientFallback 类继承与TestFeignClient 实现回调的方法，并添加fallback属性，代码如下：

```
import org.slf4j.Logger;
import org.slf4j.LoggerFactory;
import org.springframework.cloud.netflix.feign.FeignClient;
import org.springframework.stereotype.Component;
import org.springframework.web.bind.annotation.RequestMapping;
import org.springframework.web.bind.annotation.RequestParam;
```

```
import com.feign_hystrix.feign.TestFeignClient.HystrixClientFallback;
@FeignClient(name = "Servic",fallback = HystrixClientFallback.class)
public interface TestFeignClient {
    @RequestMapping("/count")
    public String add(@RequestParam("a") Integer a,@RequestParam("b") Integer b);
    @Component
    static class HystrixClientFallback implements TestFeignClient {
        private static final Logger LOGGER = LoggerFactory.
getLogger(HystrixClientFallback.class);
        @Override
        public String add(Integer a, Integer b) {
            HystrixClientFallback.LOGGER.info("异常发生，进入 fallback() 方法，
接收的参数： {},{}",a,b);
            return "feign-hystrix";
        }
    }
}
```

（5）编写Controller，对外暴露接口。

```
import org.springframework.beans.factory.annotation.Autowired;
import org.springframework.web.bind.annotation.RequestMapping;
import org.springframework.web.bind.annotation.RequestMethod;
import org.springframework.web.bind.annotation.RequestParam;
import org.springframework.web.bind.annotation.RestController;
@RestController
public class FeignController {
    @Autowired
    private TestFeignClient testFeignClient;
    @RequestMapping(value = "/count" , method = RequestMethod.GET)
    public String add(@RequestParam("a") Integer a,@RequestParam("b") Integer b) {
        String string = this.testFeignClient.add(a,b);
        return string;
    }
}
```

（6）依次启动Eureka、Service、Feign 3个项目。

在浏览器中输入http://localhost:7079/count?a=1&b=2，返回Result is 3。

说明加入熔断相关信息后，不影响正常的访问。接下来手动停止Service项目再次测试。

在浏览器中输入http://localhost:7079/count?a=1&b=2，返回feign-hystrix。

第7章　分布式配置中心

随着服务/业务越来越多，配置文件更是眼花缭乱，每次不知道因为部署/安装问题浪费多少时间，更不知道因为配置问题出现过多少问题。如果采用分布式的开发模式，需要的配置文件随着服务增加而不断增多。

某一个基础服务信息变更，都会引起一系列的更新和重启，运维苦不堪言，也容易出错。配置中心是解决此类问题的灵丹妙药。

7.1　Config Server（Git）

Spring Cloud Config可以与任何语言结合在一起协同开发。Spring Cloud Config后端默认采用Git存储，因此我们可以轻松使用Git客户端工具管理配置信息。

构建高可用的Config Server。创建一个spring-boot项目，取名为config-server，其pom.xml文件代码如下：

```
    <projectxmlns="http://maven.apache.org/POM/4.0.0" xmlns:xsi="http://www.
w3.org/2001/XMLSchema-instance" xsi:schemaLocation="http://maven.apache.org/
POM/4.0.0 http://maven.apache.org/xsd/maven-4.0.0.xsd">
    <modelVersion>4.0.0</modelVersion>
    <parent>
    <groupId>com.ctowang</groupId>
    <artifactId>micro-service</artifactId>
    <version>0.0.1-SNAPSHOT</version>
    </parent>
    <artifactId>config-server</artifactId>
    <packaging>jar</packaging>
     <properties>
      <project.build.sourceEncoding>UTF-8</project.build.sourceEncoding>
      <java.version>1.8</java.version>
     </properties>
     <dependencies>
      <dependency>
       <groupId>org.springframework.boot</groupId>
```

```
      <artifactId>spring-boot-starter-test</artifactId>
      <scope>test</scope>
    </dependency>
    <dependency>
      <groupId>org.springframework.cloud</groupId>
      <artifactId>spring-cloud-config-server</artifactId>
    </dependency>
  </dependencies>
  <dependencyManagement>
    <dependencies>
      <dependency>
        <groupId>org.springframework.cloud</groupId>
        <artifactId>spring-cloud-dependencies</artifactId>
        <version>Camden.SR5</version>
        <type>pom</type>
        <scope>import</scope>
      </dependency>
    </dependencies>
  </dependencyManagement>
  <build>
    <plugins>
      <plugin>
        <groupId>org.springframework.boot</groupId>
        <artifactId>spring-boot-maven-plugin</artifactId>
      </plugin>
    </plugins>
  </build>
</project>
```

需要在程序中配置文件application.properties，代码如下：

```
spring.application.name=config-server
server.port=28201
eureka.client.serviceUrl.defaultZone=http://localhost:7070/eureka/
eureka.instance.prefer-ip-address=true
eureka.instance.instance-id=${spring.cloud.clien t.ipAddress}:${server.
port}
# 配置 Git 仓库地址
spring.cloud.config.server.git.uri=https://gitee.com/wonter/pro.git
# 配置仓库路径
spring.cloud.config.server.git.searchPaths=
# 配置仓库的分支
```

```
spring.cloud.config.label=master
# 用户名
spring.cloud.config.server.git.username=username
# 密码
spring.cloud.config.server.git.password=password
```

在程序的入口Application类加上@EnableConfigServer注解开启配置服务器的功能，代码如下：

```
import org.springframework.boot.autoconfigure.SpringBootApplication;
import org.springframework.boot.builder.SpringApplicationBuilder;
import org.springframework.cloud.config.server.EnableConfigServer;
@EnableConfigServer
@SpringBootApplication
public class ConfigApplication {
    public static void main(String[] args) {
        new SpringApplicationBuilder(ConfigApplication.class).web(true).run(args);
    }
}
```

注意：如果Git仓库为公开仓库，可以不填写用户名和密码；如果Git仓库为私有仓库，则需要填写用户名和密码。

在远程仓库https://gitee.com/wonter/pro.git中创建一个文件demo-wy-test.properties，代码如下：

```
from=git-test-2.0.4-wy
```

构建Config Client。新创建一个Spring Boot项目，取名为config-client，其pom.xml文件代码如下：

```
<?xml version="1.0" encoding="UTF-8"?>
<projectxmlns="http://maven.apache.org/POM/4.0.0" xmlns:xsi="http://www.
w3.org/2001/XMLSchema-instance"
 xsi:schemaLocation="http://maven.apache.org/POM/4.0.0 http://maven.apache.
org/xsd/maven-4.0.0.xsd">
 <modelVersion>4.0.0</modelVersion>
 <groupId>com.forezp</groupId>
 <artifactId>config-client</artifactId>
<!-- 指定服务版本号，SNAPSHOT 为非正式版本 -->
 <version>0.0.1-SNAPSHOT</version>
 <packaging>jar</packaging>
 <name>config-client</name>
 <description>Demo project for Spring Boot</description>
 <parent>
<!-- spring-boot-starter-parent 是 Spring Boot 的核心启动器，包含自动配置、日志和
YAML 等大量默认的配置。引入之后，相关的 starter 引入就不需要添加 version 配置，Spring Boot
会自动选择最合适的版本进行添加。 -->
  <groupId>org.springframework.boot</groupId>
```

```
        <artifactId>spring-boot-starter-parent</artifactId>
        <version>1.5.2.RELEASE</version>
        <relativePath/>
      <!-- lookup parent from repository -->
    </parent>
    <properties>
        <project.build.sourceEncoding>UTF-8</project.build.sourceEncoding>
        <project.reporting.outputEncoding>UTF-8</project.reporting.
outputEncoding>
        <java.version>1.8</java.version>
    </properties>
    <dependencies>
      <dependency>
        <!-- 配置中心 -->
        <groupId>org.springframework.cloud</groupId>
        <artifactId>spring-cloud-starter-config</artifactId>
      </dependency>
      <dependency>
    <!-- 支持 HTTP 调用方式，包含 Spring Boot 预定义的一些 Web 开发的常用依赖包 -->
        <groupId>org.springframework.boot</groupId>
        <artifactId>spring-boot-starter-web</artifactId>
      </dependency>
      <dependency>
        <groupId>org.springframework.boot</groupId>
        <artifactId>spring-boot-starter-test</artifactId>
        <scope>test</scope>
      </dependency>
    </dependencies>
    <dependencyManagement>
      <dependencies>
        <dependency>
          <!-- 使用 dependencyManagement 进行版本管理 -->
          <groupId>org.springframework.cloud</groupId>
          <artifactId>spring-cloud-dependencies</artifactId>
          <version>Dalston.RC1</version>
          <type>pom</type>
          <scope>import</scope>
        </dependency>
      </dependencies>
    </dependencyManagement>
    <build>
```

```
    <plugins>
      <plugin>
  <!-- 告诉Maven包含Spring特定的Maven插件，用于构建和部署Spring Boot应用程序。-->
        <groupId>org.springframework.boot</groupId>
        <artifactId>spring-boot-maven-plugin</artifactId>
      </plugin>
    </plugins>
  </build>
  <repositories>
    <repository>
      <id>spring-milestones</id>
      <name>Spring Milestones</name>
      <url>https://repo.spring.io/milestone</url>
      <snapshots>
        <enabled>false</enabled>
      </snapshots>
    </repository>
  </repositories>
</project>
```

编写配置文件bootstrap.properties，代码如下：

```
spring.profiles=dev
server.port=7075
spring.application.name=demo-ws-wyong
eureka.client.serviceUrl.defaultZone=http://localhost:7070/eureka/
eureka.instance.prefer-ip-address=true
eureka.instance.instance-id=${spring.cloud.client.ipAddress}:${server.port}
spring.cloud.config.discovery.enabled=true
spring.cloud.config.discovery.serviceId=config-server
spring.cloud.config.name= demo-wy-test
spring.cloud.config.failFast=true
```

写一个API“/from”，返回从配置中心读取的from变量的值，代码如下：

```
import org.springframework.beans.factory.annotation.Value;
import org.springframework.cloud.context.config.annotation.RefreshScope;
import org.springframework.web.bind.annotation.RequestMapping;
import org.springframework.web.bind.annotation.RestController;
@RefreshScope
@RestController
class TestController {
    // 获取参数
    @Value("${from}")
```

```
    private String from;
    @RequestMapping("/from")
    public String from() {
        return this.from;
    }
    public void setFrom(String from) {
        this.from = from;
    }
    public String getFrom() {
        return from;
    }
}
```

注解启动服务，代码如下：

```
import org.springframework.boot.autoconfigure.SpringBootApplication;
import org.springframework.boot.builder.SpringApplicationBuilder;
import org.springframework.cloud.client.discovery.EnableDiscoveryClient;
@EnableDiscoveryClient
@SpringBootApplication
public class A_Application {
    public static void main(String[] args) {
        new SpringApplicationBuilder(A_Application.class).web(true).run(args);
    }
}
```

访问网址http://localhost:7075/from，网页显示git-test-2.0.4-wy。

7.2 SVN示例与refresh接口

前面讲了如何通过Git管理配置信息。除Git外，是否还可以使用其他方式管理配置信息？将配置分布式抽离后，一旦配置修改，分布式各服务又该如何重新获取配置信息？

7.2.1 Config Server（SVN）

创建config-server，并引入svnkit用于类库操作SVN的相关starter，代码如下：

```
<dependencies>
 <dependency>
  <groupId>org.springframework.cloud</groupId>
  <artifactId>spring-cloud-config-server</artifactId>
 </dependency>
 <dependency>
```

```
        <groupId>org.tmatesoft.svnkit</groupId>
        <artifactId>svnkit</artifactId>
    </dependency>
</dependencies>
```

编辑配置文件，代码如下：

```
server:
  port: 8081
spring:
  cloud:
    config:
      server:
        svn:
          uri: http://172.17.0.6/svn/pro/config
          username: username
          password: password
        default-label: trunk
  profiles:
    active: subversion
  application:
name: config-server
```

注意：和Git版本对比，需要显式声明subversion。

注解启动服务，启动类没有变化，添加@EnableConfigServer激活对配置中心的支持，代码如下：

```
import org.springframework.boot.autoconfigure.SpringBootApplication;
import org.springframework.boot.builder.SpringApplicationBuilder;
import org.springframework.cloud.config.server.EnableConfigServer;
@EnableConfigServer
@SpringBootApplication
public class ConfigServerApplication {
    public static void main(String[] args) {
        SpringApplication.run(ConfigServerApplication.class, args);
    }
}
```

最后进行测试，访问网址http://localhost:8081/config-dev.properties，网页显示如下：

```
hello dev
```

7.2.2　refresh接口

Config服务端负责将Git（SVN）中存储的配置文件发布成REST接口，客户端可以从服务端

REST接口获取配置。但客户端并不能主动感知到配置的变化，从而主动去获取新的配置。客户端如何主动获取新的配置信息？ Spring Cloud已经给我们提供了解决方案，每个客户端通过POST()方法触发各自的/refresh。

修改config-client项目pom文件添加依赖，代码如下：

```
<dependency>
<groupId>org.springframework.boot</groupId>
<artifactId>spring-boot-starter-actuator</artifactId>
</dependency>
```

注意：spring-boot-starter-actuator具有监控功能，可以监控程序运行时的状态，其中包括/refresh的功能。

更新启动机制，需要给加载变量的类上加载@RefreshScope，客户端执行/refresh时就会更新此类下面的变量值，代码如下：

```
@RestController
@RefreshScope
class HelloController {
    @Value("${from}")
    private String from;
    @RequestMapping("/from")
    public String from() {
        return this.from;
    }
}
```

注意：Spring Boot 1.5.X 以上默认开通了安全认证，所以需要在配置文件application.properties中添加配置management.security.enabled=false。

采用POST请求的方式访问http://localhost:8081/refresh会更新修改后的配置文件。

第8章　API网关

API网关是微服务架构中很重要的一部分，是发起每个请求的入口，可以在网关上做协议转换、权限控制、请求统计和限流等工作。

8.1　为什么需要API Gateway

随着以API为中心的IT产品规模的增长，API网关和管理层变得越来越常见。然而，为什么我们需要一个API网关？

1. 简化客户端调用的复杂度

在微服务架构模式下，后端服务的实例数一般是动态的，对于客户端而言，很难发现动态改变的服务实例的访问地址信息。因此，在基于微服务的项目中为了简化前端的调用逻辑，通常会引入API Gateway作为轻量级网关，同时API Gateway中也会实现相关的认证逻辑，从而简化内部服务之间相互调用的复杂度，如图8.1所示。

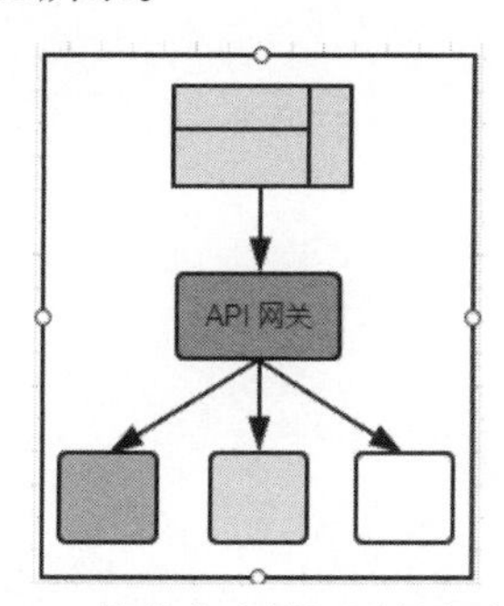

图8.1　简化客户端调用的复杂度

2. 数据裁剪和聚合

通常，不同的客户端在显示时对数据的需求是不一致的，如手机端或者Web端，又如在低延迟的网络环境或者在高延迟的网络环境。

因此，为了优化客户端的使用体验，API Gateway可以对通用性的响应数据进行裁剪，以适应不同客户端的使用需求。同时，还可以将多个API调用逻辑进行聚合，从而减少客户端的请求数，优化客户端用户体验。

3. 多渠道支持

当然，还可以针对不同的渠道和客户端提供不同的API Gateway，对于该模式的使用，另外还有一个大家熟知的方式叫Backend for front-end。在Backend for front-end模式中，可以针对不同的客户端分别创建其BFF，如图8.2所示。

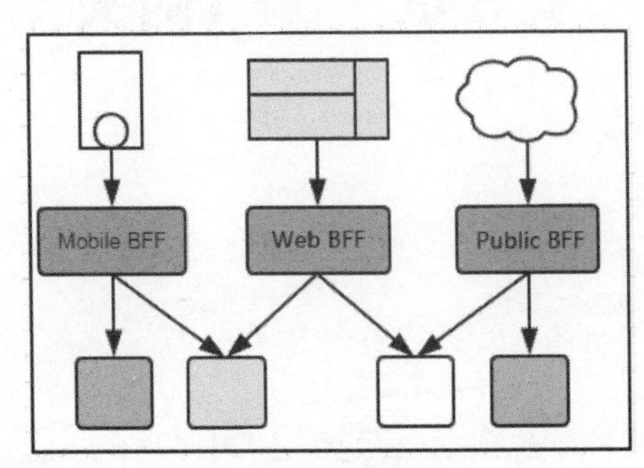

图8.2　多渠道支持

4. 遗留系统的微服务化改造

对于系统而言，进行微服务改造通常是由于原有的系统存在或多或少的问题，如技术债务、代码质量、可维护性、可扩展性等。API Gateway的模式同样适用于这一类遗留系统的改造，通过微服务化的改造逐步实现对原有系统中的问题的修复，从而提升原有业务的响应力。通过引入抽象层，逐步使用新的实现替换旧的实现，如图8.3所示。

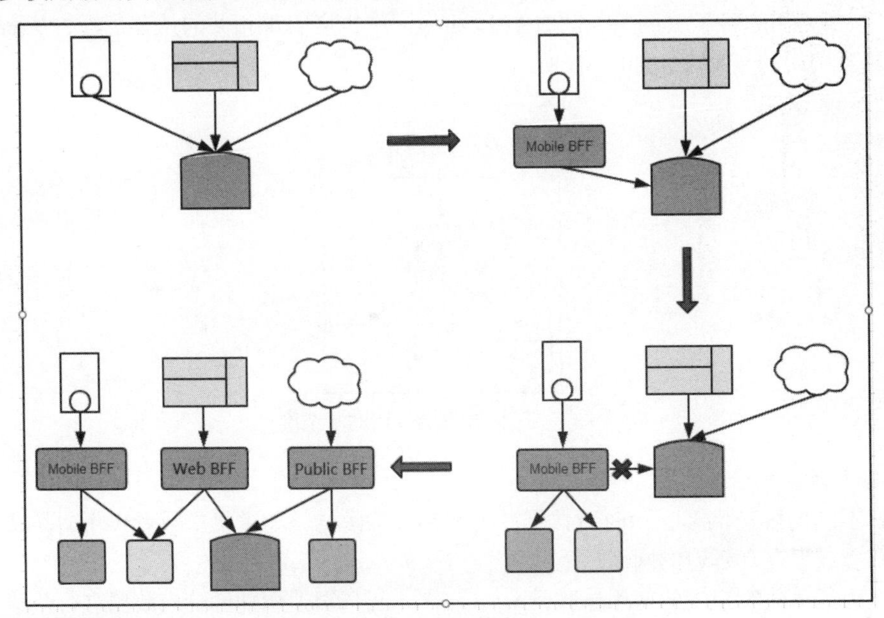

图8.3　遗留系统的微服务化改造

注意：在Spring Cloud体系中，Spring Cloud Zuul是一个提供负载均衡、反向代理、权限认证的API Gateway。

8.2　Spring Cloud Zuul

Spring Cloud Zuul路由是微服务架构不可或缺的一部分，提供动态路由、监控、弹性、安全等边缘服务。Zuul是Netflix出品的一个基于JVM路由和服务端的负载均衡器。

（1）创建一个SpringBoot项目，取名为service-zuul，修改pom.xml文件。代码如下：

```
    <projectxmlns="http://maven.apache.org/POM/4.0.0" xmlns:xsi="http://www.
w3.org/2001/XMLSchema-instance" xsi:schemaLocation="http://maven.apache.org/
POM/4.0.0 http://maven.apache.org/xsd/maven-4.0.0.xsd">
    <modelVersion>4.0.0</modelVersion>
    <parent>
    <groupId>com.lovnx</groupId>
    <artifactId>micro-service</artifactId>
    <version>0.0.1-SNAPSHOT</version>
    </parent>
    <artifactId>zuul</artifactId>
    <packaging>jar</packaging>
     <properties>
      <project.build.sourceEncoding>UTF-8</project.build.sourceEncoding>
      <java.version>1.8</java.version>
     </properties>
     <dependencies>
      <dependency>
    <!-- 引入 Zuul 依赖 -->
       <groupId>org.springframework.cloud</groupId>
       <artifactId>spring-cloud-starter-zuul</artifactId>
      </dependency>
      <dependency>
    <!-- 引入 Eureka 依赖 -->
       <groupId>org.springframework.cloud</groupId>
       <artifactId>spring-cloud-starter-eureka</artifactId>
      </dependency>
    <dependency>
    <groupId>com.marcosbarbero.cloud</groupId>
    <artifactId>spring-cloud-zuul-ratelimit</artifactId>
    <version>1.0.7.RELEASE</version>
    </dependency>
     </dependencies>
     <dependencyManagement>
      <dependencies>
```

```
      <dependency>
       <groupId>org.springframework.cloud</groupId>
       <artifactId>spring-cloud-dependencies</artifactId>
       <version>Camden.SR5</version>
       <type>pom</type>
       <scope>import</scope>
      </dependency>
     </dependencies>
    </dependencyManagement>
     <build>
     <plugins>
      <plugin>
       <groupId>org.springframework.boot</groupId>
       <artifactId>spring-boot-maven-plugin</artifactId>
      </plugin>
     </plugins>
    </build>
   </project>
```

（2）编辑配置文件application.yml。代码如下：

```
spring.application.name=zuul
server.port=8077
# routes to serviceId
zuul.routes.api-b.path=/server/**
zuul.routes.api-b.serviceId=feignT
# routes to url
zuul.routes.api-a-url.path=/url/**
zuul.routes.api-a-url.url=http://localhost:7074/
# 指定服务注册中心的地址
eureka.client.serviceUrl.defaultZone=http://localhost:7070/eureka/
```

（3）在其入口Application类加上注解@EnableZuulProxy，开启Zuul的功能。代码如下：

```
import org.springframework.boot.builder.SpringApplicationBuilder;
import org.springframework.cloud.client.SpringCloudApplication;
import org.springframework.cloud.netflix.zuul.EnableZuulProxy;
import org.springframework.context.annotation.Bean;
@EnableZuulProxy
@SpringCloudApplication
public class ZuulApplication {
    public static void main(String[] args) {
        new SpringApplicationBuilder(ZuulApplication.class).web(true).
run(args);
```

```
        }
    }
```

（4）依次启动Eureka、Config、Service、Feign、Zuul 5个工程，打开浏览器，访问http://localhost:8077/server/count?a=2&b=1。

8.3　Zuul服务过滤

Zuul不仅能路由，还能过滤。Zuul Filter就是用来实现对外服务的控制。Filter的生命周期有4个，分别是PRE、ROUTING、POST、ERROR，如图8.4所示。

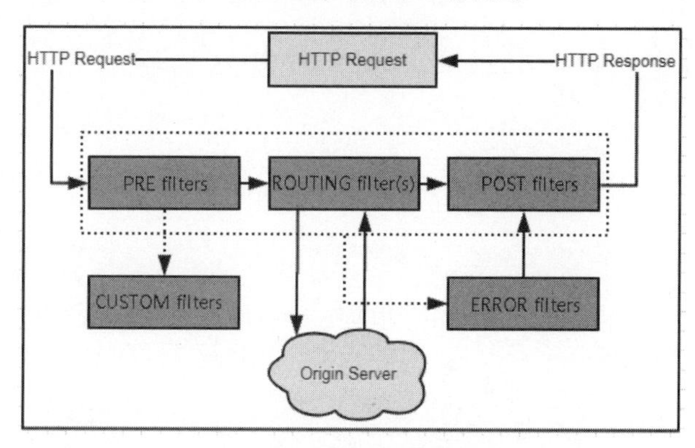

图8.4　Filter的生命周期

Zuul的大部分功能都是通过过滤器实现的，这些过滤器类型对应于请求的典型生命周期。

- PRE。在请求被路由之前调用。可利用这种过滤器实现身份验证、在集群中选择请求的微服务、记录调试信息等。
- ROUTING。请求路由到微服务。这种过滤器用于构建发送给微服务的请求，并使用Apache Http Client或Netflix Ribbon请求微服务。
- POST。在路由到微服务以后执行。这种过滤器可用来为响应添加标准的HTTP Header、收集统计信息和指标、将响应从微服务发送给客户端等。
- ERROR。在其他阶段发生错误时执行该过滤器。除了默认的过滤器类型外，Zuul还允许创建自定义的过滤器类型。例如，可以定制一种STATIC类型的过滤器，直接在Zuul中生成响应，而不将请求转发到后端的微服务。

Filter默认配置见表8.1。

表8.1　Filter默认配置

类　型	顺　序	过 滤 器	功　　能
pre	–3	ServletDetectionFilter	标记处理Servlet的类型
pre	–2	Servlet30WrapperFilter	包装HttpServletRequest请求
pre	–1	FormBodyWrapperFilter	包装请求体
route	1	DebugFilter	标记调试标志

续表

类 型	顺 序	过 滤 器	功 能
route	5	PreDecorationFilter	处理请求上下文供后续使用
route	10	RibbonRoutingFilter	serviceId请求转发
route	100	SimpleHostRoutingFilter	url请求转发
route	500	SendForwardFilter	forward请求转发
post	0	SendErrorFilter	处理有错误的请求响应
post	1000	SendResponseFilter	处理正常的请求响应

禁用Filter可以在application.yml中修改配置，代码如下：

```
zuul:
 FormBodyWrapperFilter:
  pre:
   disable: true
```

自定义Filter，代码如下：

```
import com.netflix.zuul.ZuulFilter;
import com.netflix.zuul.context.RequestContext;
import io.reactivex.netty.protocol.http.server.HttpServerResponse;
import org.slf4j.Logger;
import org.slf4j.LoggerFactory;
import javax.servlet.http.HttpServletRequest;
import javax.servlet.http.HttpServletResponse;
@Component
public class MyFilter extends ZuulFilter{
    private static Logger log = LoggerFactory.getLogger(MyFilter.class);
    @Override
    public String filterType() {
        return "pre";
    }
    @Override
    public int filterOrder() {
        return 0;
    }
    @Override
    public boolean shouldFilter() {
        return true;
    }
    @Override
    public Object run() {
        RequestContext ctx = RequestContext.getCurrentContext();
```

```
        HttpServletRequest request = ctx.getRequest();
    log.info(String.format("%s >>> %s", request.getMethod(), request.
getRequestURL().toString()));
        Object accessToken = request.getParameter("token");
    if(accessToken == null) {
    log.warn("token is empty");
    ctx.setSendZuulResponse(false);
    ctx.setResponseStatusCode(401);
            try {
                ctx.getResponse().getWriter().write("token is empty");
            }catch (Exception e){}
            return null;
        }
        log.info("ok");
        return null;
    }
}
```

注意:filterType返回一个字符串,代表过滤器的类型。Zuul中定义了4种不同生命周期的过滤器类型，具体如下。

- PRE：路由之前。
- ROUTING：路由之时。
- POST：路由之后。
- ERROR：发送错误调用。

filterOrder：过滤的顺序。

shouldFilter：可以写逻辑判断，确定是否过滤，这里为true，表示永远过滤。

run：过滤器的具体逻辑，包括查SQL、NoSQL，判断该请求到底有没有权限访问。

将MyFilter加入请求拦截队列，在启动类中添加如下代码：

```
import org.springframework.boot.builder.SpringApplicationBuilder;
import org.springframework.cloud.client.SpringCloudApplication;
import org.springframework.cloud.netflix.zuul.EnableZuulProxy;
import org.springframework.context.annotation.Bean;
import com.ctowang.filter.MyFilter;
@EnableZuulProxy
@SpringCloudApplication
public class ZuulApplication {
    public static void main(String[] args) {
        new SpringApplicationBuilder(ZuulApplication.class).web(true).run(args);
    }
    @Bean
```

```
    public MyFilter myFilter() {
        return new MyFilter();
    }
}
```

8.4 Zuul和Nginx的对比

关于API网关的选择有很多争议，针对Zuul和Nginx我们做了一个对比。下面先看一下通过Nginx代理服务的代码。

```
server {
    listen       443;
    server_name  www.ctovp.com;
    ssl on;
    ssl_certificate   cert/214960039320418.pem;
    ssl_certificate_key  cert/214960039321408.key;
    ssl_session_timeout 5m;
    ssl_ciphers ECDHE-RSA-AES128-GCM-SHA256:ECDHE:ECDH:AES:HIGH:!NULL:
!aNULL:!MD5:!ADH:!RC4;
    ssl_protocols TLSv1 TLSv1.1 TLSv1.2;
    ssl_prefer_server_ciphers on;
   location / {
        proxy_set_header  Host ctovp.com;
        proxy_redirect off;
        proxy_set_header  X-Real-IP $remote_addr;
        proxy_set_header X-Forwarded-For $remote_addr;
        proxy_pass http://192.168.0.1:8080;
   }
}
```

再看一下通过Zuul代理服务，注解启动Zuul，代码如下：

```
import org.springframework.boot.builder.SpringApplicationBuilder;
import org.springframework.cloud.client.SpringCloudApplication;
import org.springframework.cloud.netflix.zuul.EnableZuulProxy;
import org.springframework.context.annotation.Bean;
import com.lovnx.filter.ErrorFilter;
import com.lovnx.filter.ResultFilter;
@EnableZuulProxy
@SpringCloudApplication
public class ZuulApplication {
    public static void main(String[] args) {
```

```
        new SpringApplicationBuilder(ZuulApplication.class).web(true).run(args);
    }
    @Bean
    public ResultFilter resultFilter() {
        return new ResultFilter();
    }
    @Bean
    public ErrorFilter errorFilter() {
        return new ErrorFilter();
    }
}
```

定义路由，代码如下：

```
spring.application.name=zuul
server.port=7073
# routes to serviceId
zuul.routes.api-a.path=/api-a/**
zuul.routes.api-a.serviceId=service-A
# routes to url
zuul.routes.api-a-url.path=/api-a-url/**
zuul.routes.api-a-url.url=http://localhost:7074/
eureka.client.serviceUrl.defaultZone=http://localhost:7070/eureka/
```

对比Nginx和Zuul，首先准备两台阿里云服务器资源，见表8.2。

表8.2 阿里云服务器资源

系 统	CentOS 7.2
CPU	8线程
内存	8GB内存

性能对比见表8.3。

表8.3 性能对比

并 发	Nginx	Zuul
5000	3.5/s	7.2/s
10000	7.1/s	15.5/s

在两者参数没有调优的情况下，Nginx的性能比Zuul强一倍多。

第9章　Cloud Foundry

Cloud Foundry是一个开源平台即服务（PaaS），提供云、开发人员框架和应用程序服务。它是开源的，由Cloud Foundry Foundation管理。Cloud Foundry最初由VMware开发，目前由GE、EMC和VMware的合资公司Pivotal管理。

现在，由于Cloud Foundry是开源产品，许多流行组织目前单独提供此平台。下面是当前认证提供商的列表。

- Pivotal Cloud Foundry。
- IBM Bluemix。
- HPE Helion Stackato 4.0。
- Atos Canopy。
- CenturyLink App Fog。
- GE Predix。
- Huawei FusionStage。
- SAP Cloud Platform。
- Swisscom Application Cloud。

9.1　Cloud Foundry部署

首先安装和配置Cloud Foundry命令行界面（CLI），操作如下。

（1）下载Cloud Foundry Windows安装程序。保存zip文件分发。

（2）将zip文件解压缩到工作站中的适当位置。

（3）成功解压缩后，在Cloud Foundry CLI可执行文件上双击。

（4）出现提示时，单击Install按钮，然后单击Close按钮。以下是相同的示例步骤。这是非常直接的Cloud Foundry，可以选择默认值。

（5）通过打开终端窗口并输入验证安装Cloud Foundry是否成功。如果安装成功，则会显示Cloud Foundry CLI帮助列表，表明已准备好从本地工作站使用任何云代工厂控制台，如图9.1所示。

C:\Windows\system32\cmd.exe

```
Microsoft Windows [Version 6.1.7601]
Copyright (c) 2009 Microsoft Corporation.  All rights reserved.

C:\Users\Sajal>cf
cf version 6.28.0+9e024bd.2017-06-27, Cloud Foundry command line tool
Usage: cf [global options] command [arguments...] [command options]

Before getting started:
  config     login,l       target,t
  help,h     logout,lo

Application lifecycle:
  apps,a         run-task,rt    events
  push,p         logs           set-env,se
  start,st       ssh            create-app-manifest
  stop,sp        app
  restart,rs     env,e
  restage,rg     scale

Services integration:
  marketplace,m          create-user-provided-service,cups
  services,s             update-user-provided-service,uups
  create-service,cs      create-service-key,csk
  update-service         delete-service-key,dsk
  delete-service,ds      service-keys,sk
  service                service-key
  bind-service,bs        bind-route-service,brs
  unbind-service,us      unbind-route-service,urs

Route and domain management:
  routes,r        delete-route    create-domain
  domains         map-route
  create-route    unmap-route

Space management:
  spaces          create-space    set-space-role
  space-users     delete-space    unset-space-role

Org management:
  orgs,o        set-org-role
  org-users     unset-org-role

CLI plugin management:
  plugins           add-plugin-repo       repo-plugins
  install-plugin    list-plugin-repos

Commands offered by installed plugins:

Global options:
  --help, -h                          Show help
  -v                                  Print API request diagnostics to stdout
```

图9.1　Cloud Foundry CLI

我们将Pivotal Web开发的示例应用程序推送到云代工厂。

9.2　设置PWS控制台

创建一个关键账户，以便在Pivotal Cloud Foundry Platform中部署应用程序，需要在图9.2所示的页面中注册。

图9.2　在Pivotal Web服务控制台注册

注册完成后，可以通过关键Web服务控制台的登录屏幕登录控制台。登录成功后，进入云代工厂控制台，可以看到所有已部署的应用程序，可以监控应用程序，这里需要添加组织和空间，如图9.3所示。

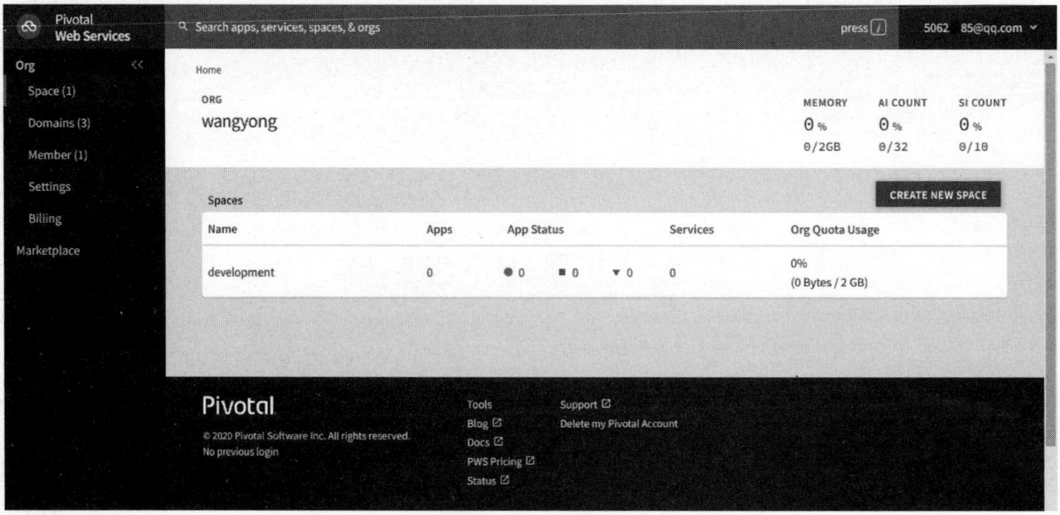

图9.3　PWS控制台

使用CLI从PWS控制台登录和注销，步骤如下。

(1)登录PWS，使用cf login -a api.run.pivotal.io命令从在本地工作站中安装的CLI工具登录到关键Web服务控制台，将CLI工具登录到PWS平台，以便可以从工作站部署和管理应用程序。发出命令后，会要求提供注册的电子邮件和密码，一旦成功提供，就登录到平台。

(2)从PWS控制台注销，cf logout一旦完成了该会话的所有工作，使用命令便从平台注销，代码如下：

```
//To login
>> cf login -a api.run.pivotal.io
//To logout
>> cf logout
```

这是登录和注销，从命令提示符开始，如图9.4所示。

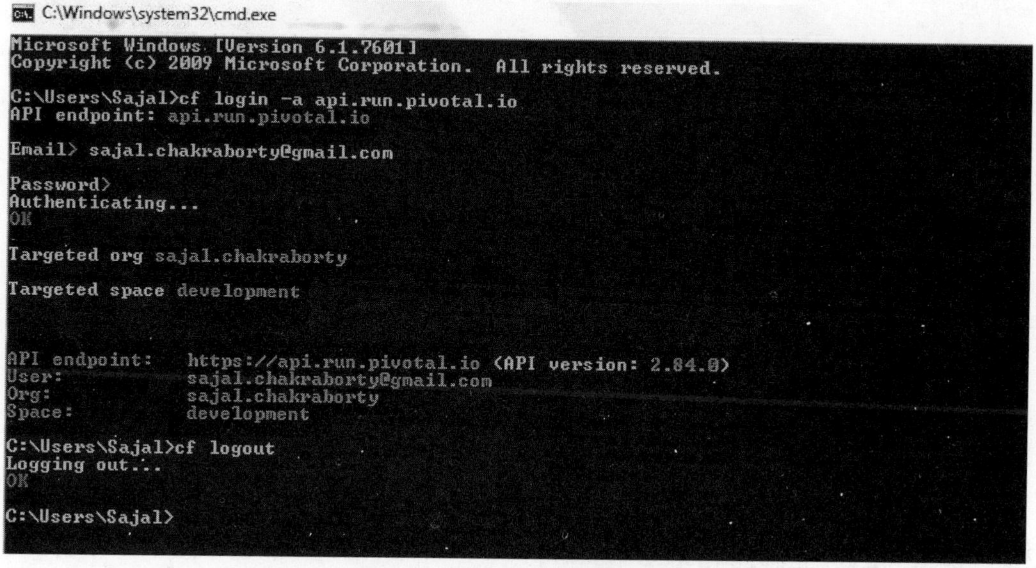

```
C:\Windows\system32\cmd.exe
Microsoft Windows [Version 6.1.7601]
Copyright (c) 2009 Microsoft Corporation.  All rights reserved.

C:\Users\Sajal>cf login -a api.run.pivotal.io
API endpoint: api.run.pivotal.io

Email> sajal.chakraborty@gmail.com

Password>
Authenticating...
OK

Targeted org sajal.chakraborty

Targeted space development


API endpoint:   https://api.run.pivotal.io (API version: 2.84.0)
User:           sajal.chakraborty@gmail.com
Org:            sajal.chakraborty
Space:          development

C:\Users\Sajal>cf logout
Logging out...
OK

C:\Users\Sajal>
```

图9.4　Cloud Foundry登录注销

9.3　创建Spring Boot应用程序

首先，创建一个Spring引导应用程序，部署到PWS控制台，并从Cloud Foundry本身进行访问。其次，创建一个应用程序，它将公开一个简单的REST端点，一旦部署在Pivotal Web Service Platform中，将从工作站进行测试。

9.3.1　技术堆栈

使用以下技术堆栈进行Spring启动应用程序的开发和测试。

- Spring Boot。
- Spring REST。
- Maven。
- Eclipse。
- Cloud Foundry CLI。
- Web Browser。

9.3.2 生成Spring启动应用程序

从Spring Boot初始化程序开始，创建任何一个基于Spring Boot的应用程序，只需选择Config Server Starter Pom。使用此配置自动生成项目文件。下载项目的zip文件解压缩后在Eclipse中导入，如图9.5所示。

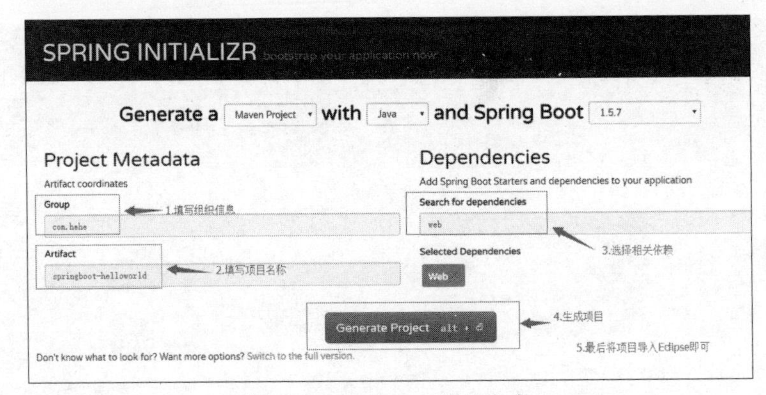

图9.5　Spring Boot项目生成

项目作为现有Maven项目导入Eclipse。

9.3.3 添加REST控制器和端点

我们需要添加简单的REST端点测试云代工厂的部署。打开已由自动化项目生成提供的启动应用程序类SpringHelloworldCfApplication.java，添加一个简单的端点，该端点将根据输入回显某些内容，代码如下：

```
package com.example.cto7.cf;
import java.util.Date;
import org.springframework.beans.factory.annotation.Value;
import org.springframework.boot.SpringApplication;
import org.springframework.boot.autoconfigure.SpringBootApplication;
import org.springframework.web.bind.annotation.RequestMapping;
import org.springframework.web.bind.annotation.RequestParam;
import org.springframework.web.bind.annotation.RestController;
```

```
@SpringBootApplication
public class SpringHelloworldCfApplication {
    public static void main(String[] args) {
        SpringApplication.run(SpringHelloworldCfApplication.class, args);
    }
}
@RestController
class MessageRestController {
    @RequestMapping("/hello")
    String getMessage(@RequestParam(value = "name") String name) {
        String rsp = "Hi " + name + " : responded on - " + new Date();
        System.out.println(rsp);
        return rsp;
    }
}
```

9.3.4 项目配置

bootstrap.properties在src\main\resources目录的文件中添加上下文路径和必需属性，并在其中添加两个属性，代码如下：

```
server.contextPath = /hello
management.security.enabled = false
```

这里为/hello应用程序设置一个上下文路径，management.security.enabled=false并将禁用spring boot /env、/refresh等管理端点的安全性。

9.3.5 在本地测试

在嵌入式Tomcat容器的Local中构建和测试应用程序。为此，应用程序作为Spring Boot应用程序启动。转到浏览器，并输入http://localhost:8080/hello?name=cto7，会显示名称以及问候消息和响应处理时间，如图9.6所示。

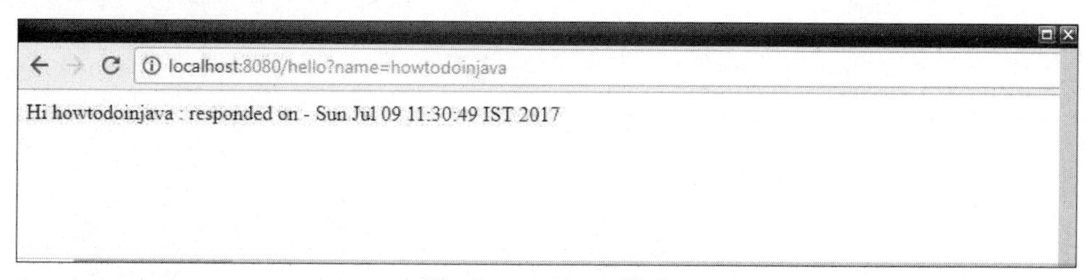

图9.6 REST API输出

现在，部署应用程序在已经注册的关键云代工厂中。

9.4 部署Spring Boot应用程序

我们已经配置了Cloud Foundry CLI，下面使用CLI cf push命令在云代工厂控制台中部署应用程序。

（1）登录PWS控制台。

要执行此操作，请打开命令提示符，转到Maven应用程序的主目录并使用cf login –a api.run.pivotal.io命令登录到关键Web服务控制台。

（2）推送应用程序到控制台。

现在需要使用命令推送应用程序cf push。

```
cf push spring-helloworld-cf -p target\spring-helloworld-cf-0.0.1-SNAPSHOT.jar
```

命令执行后，应用程序将部署到已登录的PWS控制台，如图9.7所示。

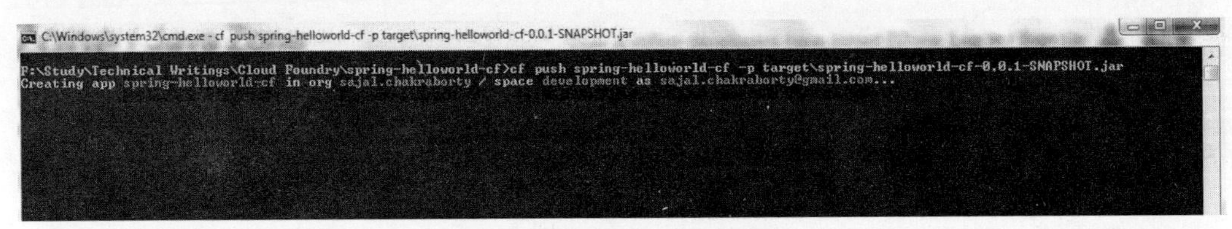

图9.7 通过cf push进行部署

在附加的日志文件中读取push命令的完整控制台日志。

（3）验证应用程序部署。

验证PWS控制台，以检查新部署的应用程序是否运行，如图9.8所示。

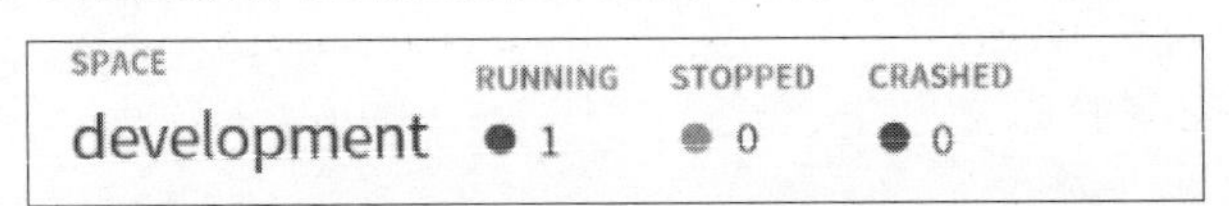

图9.8 PWS控制台中部署的应用程序的运行情况

单击步骤(2)中突出显示的“应用”部分，转到“应用程序详细信息”屏幕。

（4）测试REST端点。

到浏览器使用Cloud Foundry控制台中发布的URL主机访问应用程序，对于这个应用程序，网址是http://localhost:8080/hello?name=howtodoinjava，如图9.9所示。

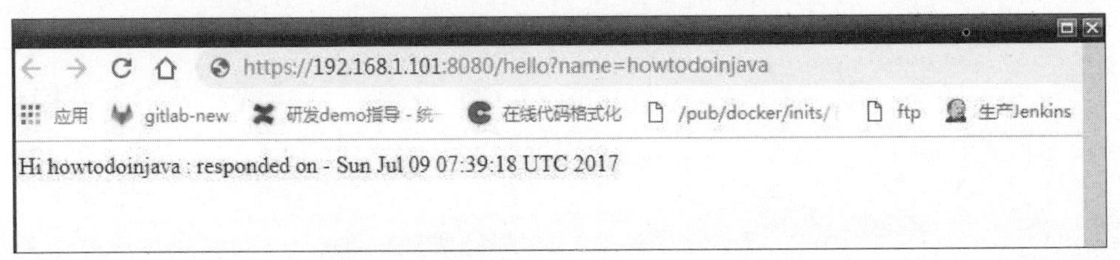

图9.9 应用程序直接从Cloud Foundry访问

Spring Boot应用程序已成功部署到Pivotal Cloud Foundry Platform中。

第10章　消息驱动

Spring Cloud Stream是一个用来为微服务应用构建消息驱动能力的架构，为一些供应商的消息中间件产品提供个性化的自动化配置实现，并且引入了发布—订阅、消费组以及分区这三个核心概念。通过使用Spring Cloud Stream，可以有效简化开发人员对消息中间件的使用复杂度，让系统开发人员可以有更多的精力关注核心业务逻辑的处理，如图10.1所示。

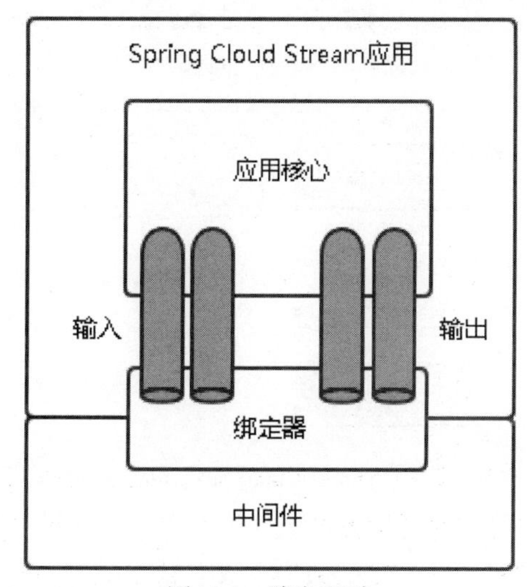

图10.1　消息驱动

10.1　绑　定　器

绑定器（Binder）是Spring Cloud Stream中一个非常重要的概念。在没有绑定器这个概念的情况下，Spring Boot应用直接与消息中间件进行信息交互时，由于各消息中间件构建的初衷不同，它们的实现细节会有较大的差异性，这使得我们实现的消息交互逻辑非常笨重，因为对具体的消息中间件实现细节有太多的依赖，当消息中间件有较大的变动升级或更换中间件的时候，就需要付出非常大的代价来实施。

通过定义绑定器作为中间层，完美地实现了应用程序与消息中间件细节之间的隔离。通过向应用程序暴露统一的Channel（通道），使得应用程序不需要再考虑各种不同的消息中间件实现。当需要升级消息中间件或更换其他消息中间件产品时，要做的是更换它们对应的Binder，而不需要修改任何Spring Boot的应用逻辑。

10.2 持久化发布—订阅支持

应用间通信遵照发布—订阅模式，消息通过共享主题进行广播。图10.2显示了交互的Spring Cloud Stream应用的典型布局。

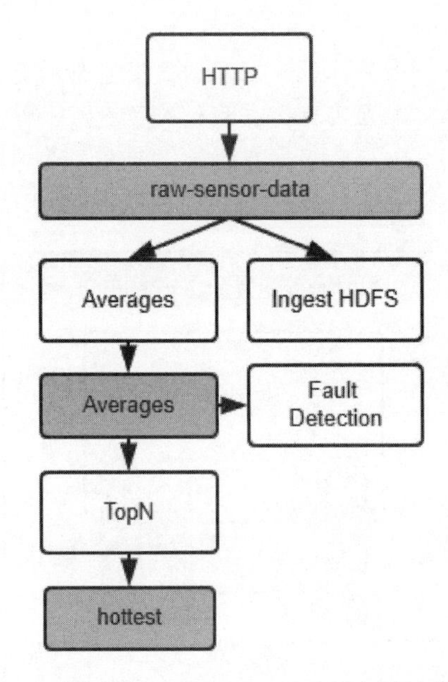

图10.2 交互的Spring Cloud Stream应用的典型布局

在Spring Cloud Stream中的消息通信方式遵循了发布—订阅模式，当一条消息被投递到消息中间件之后，它会通过共享的Topic（主题）进行广播，消息消费者在订阅的主题中收到它并触发自身的业务逻辑处理。

这里提到的Topic是Spring Cloud Stream中的一个抽象概念，用来代表发布共享消息给消费者的地方。在不同的消息中间件中，Topic可能对应不同的概念，如在RabbitMQ中，它对应Exchange；在Kafka中则对应Topic。

10.3 消 费 组

如果在同一主题上的应用需要启动多个实例，可以通过spring.cloud.stream.bindings.input.group属性为应用指定一个组名，这样，这个应用的多个实例接收到消息时，只会有一个成员真正收到消息并进行处理。

如图10.3所示，我们为Service A和Service B分别启动了两个实例，并且根据服务名进行了分组。这样，当消息进入主题后，Group A和Group B都会收到消息的副本，但是在两个组中只会有一个实例对其进行消费。

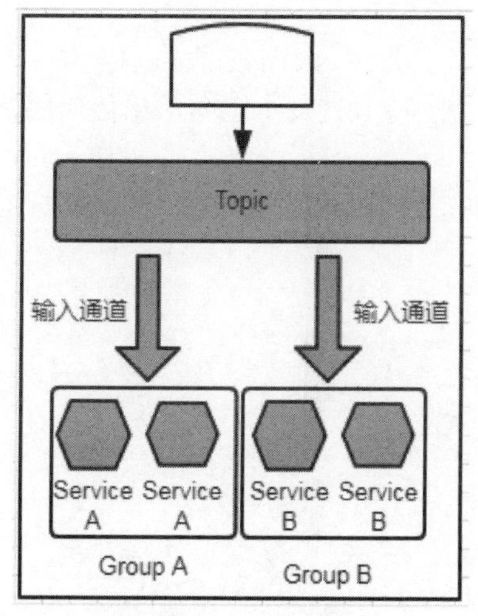

图10.3 消费组

10.4 消息分区

Spring Cloud Stream为分区提供了通用的抽象实现，用来在消息中间件的上层实现分区处理，所以它对消息中间件自身是否实现了消息分区并不关心，这使得Spring Cloud Stream为不具备分区功能的消息中间件也增加了分区功能扩展（如具备分区特性的Kafka或者不带分区特性的RabbitMP）。

Spring Cloud Stream对分割的进程实例实现进行了抽象，使得Spring Cloud Stream 为不具备分区功能的消息中间件（RabbitMQ）也增加了分区功能扩展，如图10.4所示。

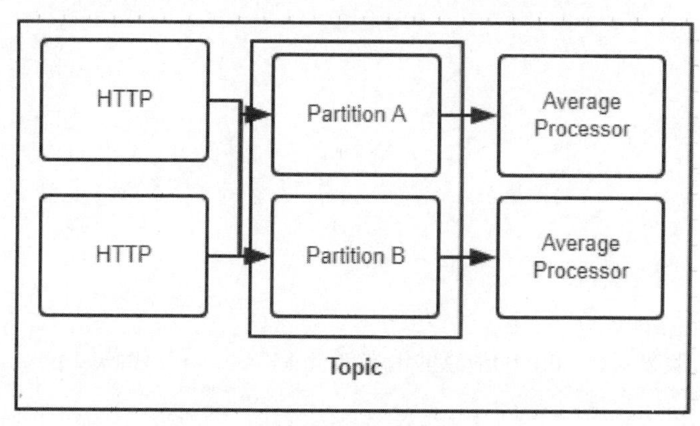

图10.4 消息分区

10.5 RabbitMQ消息队列

RabbitMQ是一个开源消息代理软件（面向消息的中间件），最初实现了高级消息队列协议（AMQP），后来扩展了插件架构，支持流式文本定向消息传递协议（STOMP）、消息队列遥测传输（MQTT）协议和其他协议。

（1）创建一个Spring Boot工程，并引入Spring Cloud Stream对RabbitMQ的Maven三维坐标依赖，代码如下：

```
<dependencies>
 <dependency>
  <groupId>org.springframework.boot</groupId>
  <artifactId>spring-boot-starter-web</artifactId>
 </dependency>
 <dependency>
  <groupId>org.springframework.boot</groupId>
  <artifactId>spring-boot-starter-test</artifactId>
  <scope>test</scope>
 </dependency>
 <dependency>
  <groupId>org.springframework.cloud</groupId>
  <artifactId>spring-cloud-starter-stream-rabbit</artifactId>
  <version>1.1.2.RELEASE</version>
 </dependency>
</dependencies>
```

（2）修改配置文件，代码如下：

```
server:
  port: 9090
spring:
  application:
    name: rabbitmq
  rabbitmq:
  host: 192.168.0.1
    port: 7272
    username: test
    password: test
```

（3）创建用于接收来自RabbitMQ消息的消费者SinkReceiver，代码如下：

```
@EnableBinding(Sink.class)
public class SinkReceiver {
    private static Logger log = LoggerFactory.getLogger(SinkReceiver.class);
```

```
    @StreamListener(Sink.INPUT)
    public void receive(Object payload) {
        log.info("Received : " + payload);
    }
}
```

注意：@EnableBinding用来指定一个或多个定义了@input或@output注解的接口，以此实现对消息通道(Channel)的绑定。在上面的例子中，通过@EnableBinding(Sink.class)绑定了Sink接口。

@StreamListener：主要定义在方法上，作用是将被修饰的方法注册为消息中间件上数据流的事件监听器，注解中的属性值对应了监听的消息通道名。在上面的例子中，通过@StreamListener(Sink. INPUT)注解将receive()方法注册为input消息通道的监听处理器，所以，当在RabbitMQ的控制页面中发布消息时，receive()方法会做出对应的响应动作。

(4)编写启动类，代码如下：

```
@SpringBootApplication
public class SpringcloudstreamApplication {
    public static void main(String[] args) {
        SpringApplication.run(SpringcloudstreamApplication.class, args);
    }
}
```

(5)启动服务，可以看到如下的log，声明一个queue，并添加订阅者。

```
declaring queue for inbound: input.anonymous.Btpz5BPSRXC2sjvZhOfNwQ, bound to: input
Created new connection: rabbitConnectionFactory#52aa7742:0/SimpleConnection@3719360c
started inbound.input.anonymous.IltE6bkMQ2KxUTsdYHSpGA
Adding {message-handler:inbound.input.default} as a subscriber to the 'bridge.input' channel
```

(6)在RabbitMQ控制台中也可以发现服务，如图10.5所示。

图10.5　RabbitMQ控制台(1)

声明一个名为input.anonymous.z3o8vCBsTem4PYPesY36xQ的队列，并通过RabbitMessageChannelBinder将自己绑定为它的消费者。也能在RabbitMQ控制台中发现这些信息。

(7)可以从RabbitMQ控制台中进入input.anonymous.z3o8vCBsTem4PYPesY36xQ队列的管理页面，通过Publish Message功能发送一条消息到该队列，如图10.6所示。

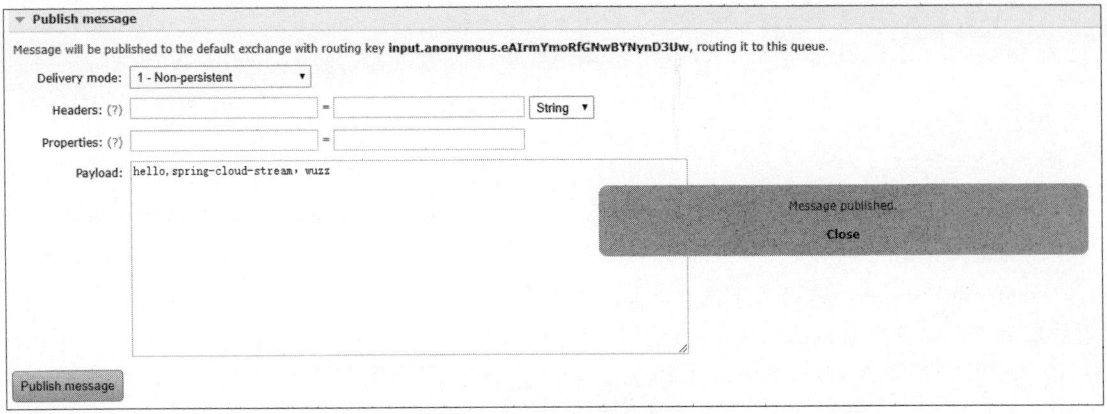

图10.6　RabbitMQ 控制台（2）

10.6　Kafka消息队列

Apache Kafka是一个开源项目，用于基于容错消息传递系统发布—订阅消息，设计快速、可扩展和分布。

（1）创建一个Spring Boot工程并引入Kafka依赖，代码如下：

```
<dependency>
<groupId>org.springframework.kafka</groupId>
<artifactId>spring-kafka</artifactId>
<version>2.1.0.RELEASE</version></dependency>
```

（2）产生消息。要向Apache Kafka生成消息，需要为Producer配置定义Configuration类，代码如下：

```
import java.util.HashMap;import java.util.Map;
Importorg.apache.kafka.clients.producer.ProducerConfig;
import org.apache.kafka.common.serialization.StringSerializer;
import org.springframework.context.annotation.Bean;
import org.springframework.context.annotation.Configuration;
import org.springframework.kafka.core.DefaultKafkaProducerFactory;
import org.springframework.kafka.core.KafkaTemplate;
import org.springframework.kafka.core.ProducerFactory;
@Configurationpublic class KafkaProducerConfig {
    @Bean
    public ProducerFactory<String, String>producerFactory() {
        Map<String, Object> configProps = new HashMap<>();
        configProps.put(ProducerConfig.BOOTSTRAP_SERVERS_CONFIG,
"localhost:9090");
```

```
        configProps.put(ProducerConfig.KEY_SERIALIZER_CLASS_CONFIG,
StringSerializer.class);
        configProps.put(ProducerConfig.VALUE_SERIALIZER_CLASS_CONFIG,
StringSerializer.class);
        return new DefaultKafkaProducerFactory<>(configProps);
    }
    @Bean
    public KafkaTemplate<String, String>kafkaTemplate() {
        return new KafkaTemplate<>(producerFactory());
    }
}
```

要发布消息，需自动连接Kafka Template对象并生成消息，代码如下：

```
@Autowiredprivate KafkaTemplate<String, String> kafkaTemplate;
 public void sendMessage(String msg) {
   kafkaTemplate.send(topicName, msg);}
```

(3)消费消息，需要编写一个Consumer配置类文件，代码如下：

```
import java.util.HashMap;
import java.util.Map;
import org.apache.kafka.clients.consumer.ConsumerConfig;
import org.apache.kafka.common.serialization.StringDeserializer;
import org.springframework.context.annotation.Bean;
import org.springframework.context.annotation.Configuration;
import org.springframework.kafka.annotation.EnableKafka;
import org.springframework.kafka.config.
ConcurrentKafkaListenerContainerFactory;
import org.springframework.kafka.core.ConsumerFactory;
import org.springframework.kafka.core.DefaultKafkaConsumerFactory;
@EnableKafka@Configurationpublic class KafkaConsumerConfig {
    @Bean
    public ConsumerFactory<String, String>consumerFactory() {
        Map<String, Object> props = new HashMap<>();
        props.put(ConsumerConfig.BOOTSTRAP_SERVERS_CONFIG, "localhost:8080");
        props.put(ConsumerConfig.GROUP_ID_CONFIG, "group-id");
        props.put(ConsumerConfig.KEY_DESERIALIZER_CLASS_CONFIG,
                  StringDeserializer.class);
        props.put(ConsumerConfig.VALUE_DESERIALIZER_CLASS_CONFIG,
                  StringDeserializer.class);
        return new DefaultKafkaConsumerFactory<>(props);
    }
    @Bean
```

```
    PublicConcurrentKafkaListenerContainerFactory<String,String>
kafkaListenerContainerFactory() {
        ConcurrentKafkaListenerContainerFactory<String, String>
        factory = new ConcurrentKafkaListenerContainerFactory<>();
        factory.setConsumerFactory(consumerFactory());
        return factory;
    }
    }
```

（4）编写一个监听器收听消息，代码如下：

```
@KafkaListener(topics = "tutorialspoint", groupId = "group-id")
public void listen(String message) {
   System.out.println("Received Messasge in group - group-id: " + message);}
```

（5）从主Spring Boot应用程序类文件中调用ApplicationRunner类run()方法中的sendMessage()方法，并使用来自同一类文件的消息，代码如下：

```
import org.springframework.beans.factory.annotation.Autowired;
import org.springframework.boot.ApplicationArguments;
import org.springframework.boot.ApplicationRunner;
import org.springframework.boot.SpringApplication;
import org.springframework.boot.autoconfigure.SpringBootApplication;
import org.springframework.kafka.annotation.KafkaListener;
import org.springframework.kafka.core.KafkaTemplate;
@SpringBootApplicationpublic class KafkaDemoApplication implements
ApplicationRunner {
    @Autowired
    private KafkaTemplate<String, String> kafkaTemplate;
    public void sendMessage(String msg) {
       kafkaTemplate.send("tutorialspoint", msg);
    }
    public static void main(String[] args) {
       SpringApplication.run(KafkaDemoApplication.class, args);
    }
    @KafkaListener(topics = "tutorialspoint", groupId = "group-id")
    public void listen(String message) {
       System.out.println("Received Messasge in group - group-id: " + message);
    }
    @Override
    public void run(ApplicationArguments args) throws Exception {
       sendMessage("Hi Welcome to Spring For Apache Kafka");
    }}
```

(6)完整的pom.xml配置文件，代码如下：

```
    <?xml version = "1.0" encoding = "UTF-8"?><project xmlns = "http://maven.
apache.org/POM/4.0.0"
    xmlns:xsi = "http://www.w3.org/2001/XMLSchema-instance"
    xsi:schemaLocation = "http://maven.apache.org/POM/4.0.0
       http://maven.apache.org/xsd/maven-4.0.0.xsd">
    <modelVersion>4.0.0</modelVersion>
    <groupId>com.tutorialspoint</groupId>
    <artifactId>kafka-demo</artifactId>
    <version>0.0.1-SNAPSHOT</version>
    <packaging>jar</packaging>
    <name>kafka-demo</name>
    <description>Demo project for Spring Boot</description>
    <parent>
    <groupId>org.springframework.boot</groupId>
    <artifactId>spring-boot-starter-parent</artifactId>
    <version>1.5.9.RELEASE</version>
    <relativePath /><!-- lookup parent from repository -->
    </parent>
    <properties>
    <project.build.sourceEncoding>UTF-8</project.build.sourceEncoding>
    <project.reporting.outputEncoding>UTF-8</project.reporting.outputEncoding>
    <java.version>1.8</java.version>
    </properties>
    <dependencies>
    <dependency>
    <groupId>org.springframework.boot</groupId>
    <artifactId>spring-boot-starter</artifactId>
    </dependency>
    <dependency>
    <groupId>org.springframework.kafka</groupId>
    <artifactId>spring-kafka</artifactId>
    <version>2.1.0.RELEASE</version>
    </dependency>
    <dependency>
    <groupId>org.springframework.boot</groupId>
    <artifactId>spring-boot-starter-test</artifactId>
    <scope>test</scope>
    </dependency>
    </dependencies>
```

```
<build>
<plugins>
<plugin>
<groupId>org.springframework.boot</groupId>
<artifactId>spring-boot-maven-plugin</artifactId>
</plugin>
</plugins>
</build>
</project>
```

Kafka与Spring Boot集成发送数据，操作如下。

(1)添加依赖，代码如下：

```
<dependency>
<groupId>org.springframework.kafka</groupId>
<artifactId>spring-kafka</artifactId>
</dependency>
```

(2)增加配置，代码如下：

```
#============== kafka ===================
# \u6307\u5B9Akafka \u4EE3\u7406\u5730\u5740\uFF0C\u53EF\u4EE5\u591A\u4E2A
spring.kafka.bootstrap-servers=192.168.213.25:27004
#=============== provider =======================
spring.kafka.producer.retries=0
# \u6BCF\u6B21\u6279\u91CF\u53D1\u9001\u6D88\u606F\u7684\u6570\u91CF
spring.kafka.producer.batch-size=16384
spring.kafka.producer.buffer-memory=33554432
# \u6307\u5B9A\u6D88\u606Fkey\u548C\u6D88\u606F\u4F53\u7684\u7F16\u89E3\
u7801\u65B9\u5F0F
spring.kafka.producer.key-serializer=org.apache.kafka.common.serialization.
StringSerializer
spring.kafka.producer.value-serializer=org.apache.kafka.common.
serialization.StringSerializer
#=============== consumer =======================
# \u6307\u5B9A\u9ED8\u8BA4\u68D8\u8D39\u8005group id
spring.kafka.consumer.group-id=1
spring.kafka.consumer.auto-offset-reset=earliest
spring.kafka.consumer.enable-auto-commit=true
spring.kafka.consumer.auto-commit-interval=100
# \u6307\u5B9A\u6D88\u606Fkey\u548C\u6D88\u606F\u4F53\u7684\u7F16\u89E3\
u7801\u65B9\u5F0F
spring.kafka.consumer.key-deserializer=org.apache.kafka.common.
serialization.StringDeserializer
```

```
spring.kafka.consumer.value-deserializer=org.apache.kafka.common.
serialization.StringDeserializer
```

(3)注入下列代码：

```
private KafkaTemplate<String, String> kafkaTemplate;
```

(4)发送数据，代码如下：

```
kafkaTemplate.send("topic", "value");
```

第11章　单点登录

单点登录（Single Sign On，SSO）是把多个系统的登录验证整合在一起，这样，无论用户登录任何一个应用，都可以直接以登录过的身份访问其他应用，不必每次先访问其他系统，再去登录。

11.1　Security集成CAS

Spring Security没有实现自己的SSO，而是整合了耶鲁大学开发的CAS（中央认证服务）单点登录（JA-SIG），这是当前使用很广泛的一种SSO实现，基于CAS的结构实现。

11.1.1　CAS Server搭建

从JA-SIG的官方网站下载cas-server，将cas-server-webapp-3.3.2.war部署到Tomcat后启动CAS。在pom.xml文件中配置好启用SSL（安全套接层）所需的配置，包括使用的server.jks和对应的密码，之后可以通过https://localhost:8443/cas/login访问CAS，如图11.1所示。

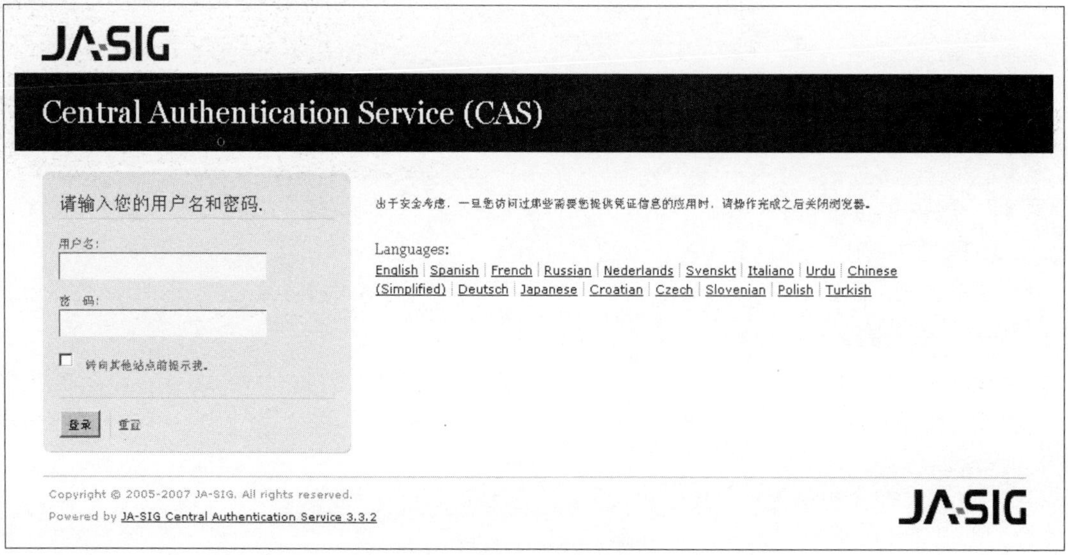

图11.1　cas-server登录页面

输入用户名和密码登录系统，默认账号密码user/user，如图11.2所示。

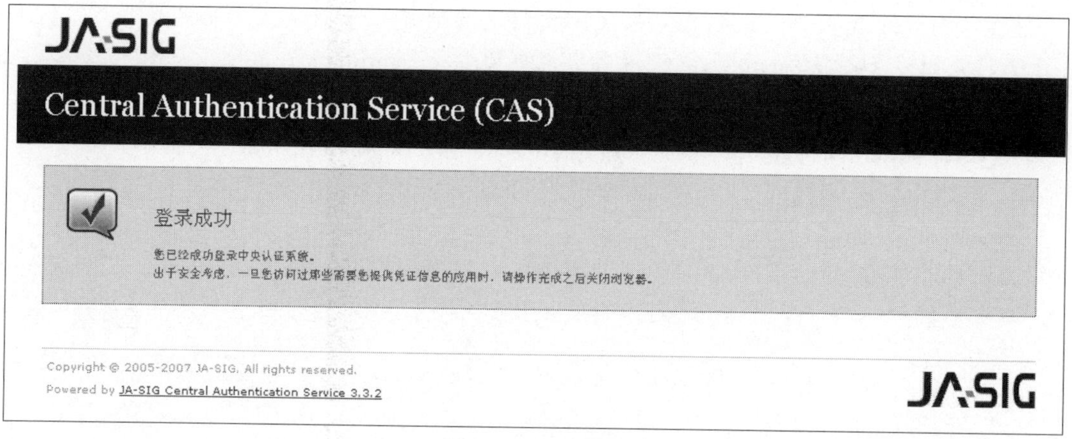

图11.2　登录成功

接下来配置Spring Security，通过中央认证服务器进行登录。添加Spring Security依赖，代码如下：

```
<dependency>
<groupId>org.springframework.security</groupId>
<artifactId>spring-security-cas-client</artifactId>
<version>2.0.4</version>
</dependency>
```

修改applicationContext.xml，首先修改http部分，代码如下：

```
<http auto-config='true' entry-point-ref="casProcessingFilterEntryPoint">
<intercept-url pattern="/admin.jsp" access="ROLE_ADMIN" />
<intercept-url pattern="/index.jsp" access="ROLE_USER" />
<intercept-url pattern="/" access="ROLE_USER" />
<logout logout-success-url="/cas-logout.jsp"/>
</http>
```

添加一个entry-point-ref引用CAS提供的casProcessingFilterEntryPoint，这样在验证用户登录时就用CAS提供的机制。

修改注销页面，注销请求转发给CAS处理，代码如下：

```
<a href="https://localhost:9443/cas/logout">Logout of CAS</a>
```

然后提供userService和authenticationManager，二者会被注入CAS的类中，用来进行登录之后的用户授权，代码如下：

```
<user-service id="userService">
<user name="admin" password="admin" authorities="ROLE_USER, ROLE_ADMIN" />
<user name="user" password="user" authorities="ROLE_USER" />
</user-service>
<authentication-manager alias="authenticationManager"/>
```

注意：对于authenticationManager来说，我们没有创建一个新实例，而是使用了“别名”（alias），这是因为在之前的namespace配置时已经自动生成了authenticationManager的实例，CAS只需知道这个实例的别名就可以直接调用。

创建CAS的filter、entryPoint、serviceProperties和authenticationProvider，代码如下：

```
    <beans:bean id="casProcessingFilter" class="org.springframework.security.
ui.cas.CasProcessingFilter">
    <custom-filter after="CAS_PROCESSING_FILTER"/>
    <beans:property name="authenticationManager" ref="authenticationManager"/>
    <beans:property name="authenticationFailureUrl" value="/casfailed.jsp" />
    <beans:property name="defaultTargetUrl" value="/" />
    </beans:bean>
    <beans:bean id="casProcessingFilterEntryPoint"
            class="org.springframework.security.ui.cas.
CasProcessingFilterEntryPoint">
    <beans:property name="loginUrl" value="https://localhost:9443/cas/login" />
    <beans:property name="serviceProperties" ref="casServiceProperties" />
    </beans:bean>
    <beans:beanid="casServiceProperties" class="org.springframework.security.
ui.cas.ServiceProperties">
    <beans:propertyname="service" value="https://localhost:8443/ch09/j_spring_
cas_security_check"/>
    <beans:property name="sendRenew" value="false"/>
    </beans:bean>
    <beans:bean id="casAuthenticationProvider"
            class="org.springframework.security.providers.cas.
CasAuthenticationProvider">
    <custom-authentication-provider />
    <beans:property name="userDetailsService" ref="userService" />
    <beans:property name="serviceProperties" ref="casServiceProperties" />
    <beans:property name="ticketValidator">
    <beans:bean class="org.jasig.cas.client.validation.
Cas20ServiceTicketValidator">
    <beans:constructor-arg index="0" value="https://localhost:9443/cas" />
    </beans:bean>
    </beans:property>
    <beans:property name="key" value="ch09" />
    </beans:bean>
```

注意：casProcessingFilter最终要放到Spring Security的安全过滤器链中，才能发挥作用，这里使用的custom-filter会把它放到CAS_PROCESSING_FILTER位置的后面。

这个位置在LogoutFilter和AuthenticationProcessingFilter之间，这样既不会影响注销操作，又可以在用户进行表单登录前拦截用户请求进行CAS认证。

11.1.2　运行CAS子系统

首先要保证CAS已经启动，子系统的pom.xml文件中也已经配置好SSL，启动子系统。直接访问http://localhost:8080/ch09/不会弹出登录页面，而是会跳转到CAS上进行登录，如图11.3所示。

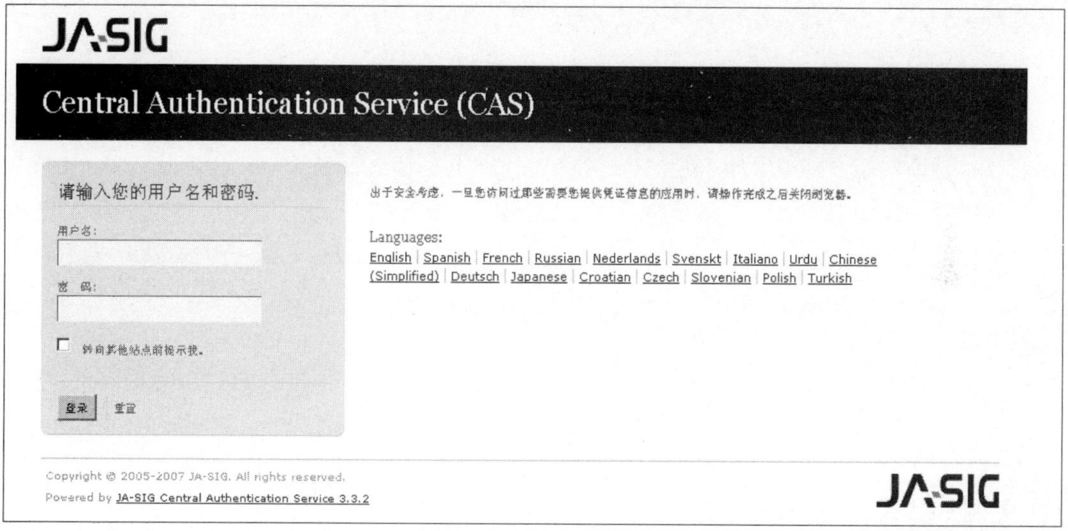

图11.3　CAS登录

输入user/user后登录，系统不会做丝毫停留，直接跳转回子系统，这时已经登录到系统。在此单击Logout of CAS会跳转至CAS注销，如图11.4所示。

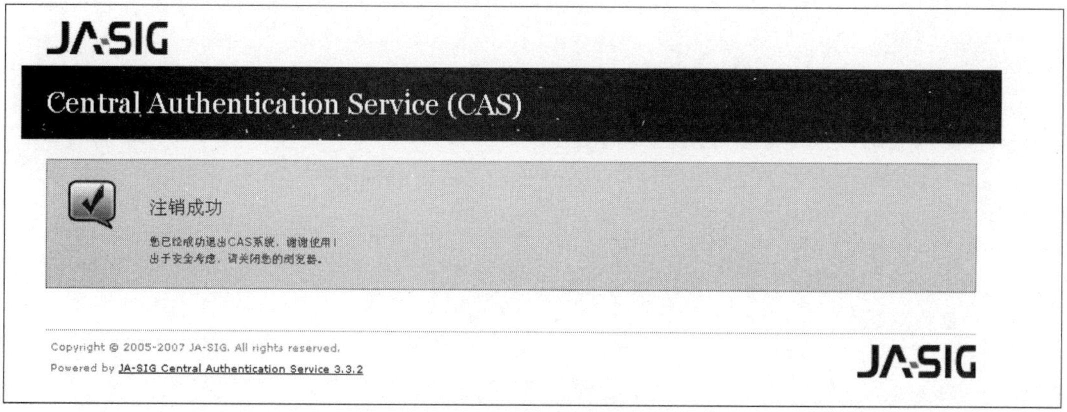

图11.4　注销成功

11.1.3 CAS配置SSL

使用CAS时，要为CAS和子系统都配置上SSL，以此对它们之间交互的数据进行加密。这里使用JDK中包含的keytool工具生成配置SSL所需的密钥。

(1)生成密钥。首先生成一个key store，代码如下：

```
keytool-genkey-keyalgRSA-dname "cn=localhost,ou=family168,o=www.family168.
com,l=china,st=beijing,c=cn" -alias server -keypass password -keystore server.
jks -storepass password
```

我们会得到一个名为server.jks的文件，它的密码是password，注意cn=localhost部分，这里必须与CAS服务器的域名一致，而且不能使用IP，因为是在localhost测试CAS，所以这里设置的就是cn=localhost，实际生产环境中使用时，要将这里配置为CAS服务器的实际域名。

(2)导出密钥，代码如下：

```
keytool -export -trustcacerts -alias server -file server.cer -keystore
server.jks -storepass password
```

将密钥导入JDK的cacerts，代码如下：

```
keytool -import -trustcacerts -alias server -file server.cer -keystore  /
opt/jdk1.8/jre/lib/security/cacerts -storepass password
```

11.1.4 Jetty配置SSL

Jetty的配置可参考第9章中的pom.xml文件，代码如下：

```
<connectors>
<connector implementation="org.mortbay.jetty.security.SslSocketConnector">
<port>9443</port>
<keystore>../certificates/server.jks</keystore>
<password>password</password>
<keyPassword>password</keyPassword>
<truststore>../certificates/server.jks</truststore>
<trustPassword>password</trustPassword>
<wantClientAuth>true</wantClientAuth>
<needClientAuth>false</needClientAuth>
</connector>
</connectors>
<systemProperties>
<systemProperty>
<name>javax.net.ssl.trustStore</name>
<value>../certificates/server.jks</value>
```

```
</systemProperty>
<systemProperty>
<name>javax.net.ssl.trustStorePassword</name>
<value>password</value>
</systemProperty>
</systemProperties>
```

11.1.5　Tomcat配置SSL

要运行支持SSL的Tomcat，把server.jks文件放到Tomcat的conf目录下，然后把下面的连接器添加到server.xml文件中。

```
<Connector port="8443" protocol="HTTP/1.1" SSLEnabled="true" scheme="https"
secure="true"
            clientAuth="true" sslProtocol="TLS"
            keystoreFile="${catalina.home}/conf/server.jks"
            keystoreType="JKS" keystorePass="password"
            truststoreFile="${catalina.home}/conf/server.jks"
            truststoreType="JKS" truststorePass="password"
/>
```

如果希望客户端没有提供证书的时候SSL链接也能成功，也可以把clientAuth设置成want。

11.2　OAuth 2.0协议

OAuth 2.0规范定义了一种委派协议，该协议对于通过支持Web的应用程序和API网络传递授权决策非常有用。OAuth用于各种应用程序，包括提供用户身份验证的机制。

Spring Security + OAuth 2.0，以保护示例Spring Boot项目上的REST API端点。客户端和用户凭据将存储在关系数据库中（为H2和PostgreSQL数据库引擎准备的示例配置）。要做到这一点，不得不配置Spring Security +数据库。

- 创建授权服务器。
- 创建资源服务器。
- 获取访问令牌和刷新令牌。
- 使用访问令牌获取安全资源。

11.2.1　OAuth角色

OAuth指定了4个角色：资源所有者、资源服务器、客户端、授权服务器。

- 资源所有者：能够授予对受保护资源（如最终用户）的访问权限的实体。
- 资源服务器：托管受保护资源的服务器，能够接收使用访问令牌响应受保护资源请求。

- 客户端：代表资源所有者及其授权进行受保护资源请求的应用程序。
- 授权服务器：服务器在成功验证资源所有者并获得授权后向客户端发出访问令牌。

OAuth 2.0 为不同的用例提供了几种授权类型，定义的授权类型如下。

- 授权码。
- 密码。
- 客户凭证。
- 含蓄。

密码授予的总体流程如图 11.5 所示。

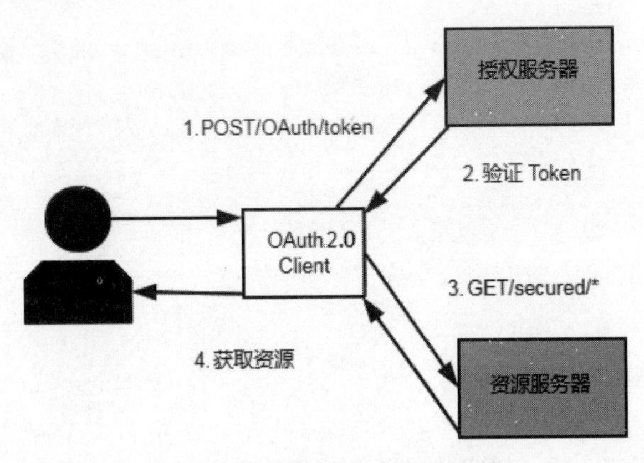

图 11.5　密码授予的总体流程

基于公司和部门对象的CRUD操作，要定义以下访问规则。

- COMPANY_CREATE。
- COMPANY_READ。
- COMPANY_UPDATE。
- COMPANY_DELETE。
- DEPARTMENT_CREATE。
- DEPARTMENT_READ。
- DEPARTMENT_UPDATE。
- DEPARTMENT_DELETE。

另外，我们想创建ROLE_COMPANY_READER角色。

11.2.2　OAuth 2.0 客户端

假设想调用像resource-server-rest-api这样的资源服务器。对于此服务器，需定义以下两个名称的客户端。

- spring-security-oauth2-read-client（授权类型：读取）。
- spring-security-oauth2-read-write-client（授权类型：读、写）。

client_id 为主键，必须唯一，不能为空；用于唯一标识每个客户端（client）；注册时必须填写（也可由服务器端自动生成）。

对于不同的grant_type，该字段都是必需的。实际应用中的另一个名称叫appKey，与client_id是同一个概念。

resource_ids 为客户端能访问的资源id集合，多个资源时用逗号(，)分隔，如"unity-resource,mobile-resource"。该字段的值必须与security.xml文件中标签‹oauth2:resource-server›的属性resource-id值一致。在security.xml文件中配置几个‹oauth2:resource-server›标签，该字段就可以使用几个该值。

实际应用中，一般将资源进行分类，并分别配置对应的‹oauth2:resource-server›，如订单资源配置一个‹oauth2:resource-server›，用户资源又配置一个‹oauth2:resource-server›。当注册客户端时，根据实际需要可选择资源id，也可根据不同的注册流程赋予对应的资源id。

client_secret 用于指定客户端（client）的访问密钥；注册时必须填写（也可由服务器端自动生成）。

对于不同的grant_type，该字段都是必需的，实际应用中的另一个名称叫appSecret，与client_secret是同一个概念。

scope 指定客户端申请的权限范围，可选值有read、write、trust；若有多个权限范围，则用逗号(,)分隔，如"read,write"。

scope的值与security.xml文件中配置的‹intercept-url›的access属性有关，如‹intercept-url›的配置为‹intercept-url pattern="/m/**" access="ROLE_MOBILE,SCOPE_READ"/>，则说明访问该URL时的客户端必须有read权限范围。write的配置值为SCOPE_WRITE，trust的配置值为SCOPE_TRUST。在实际应用中，该值一般由服务器端指定，常用的值为read、write。

authorized_grant_type 指定客户端支持的grant_type，可选值有authorization_code、password、refresh_token、implicit、client_credentials，若支持多个grant_type，则用逗号(,)分隔，如"authorization_code,password"。

实际应用中，当注册时，该字段一般由服务器端指定，而不是由申请者选择，最常用的grant_type组合有"authorization_code,refresh_token"（针对通过浏览器访问的客户端）与"password,refresh_token"（针对移动设备的客户端）。

implicit与client_credentials在实际中很少使用。

web_server_redirect_uri 客户端的重定向URI可为空，当grant_type为authorization_code或implicit时，在OAuth的流程中会使用并检查与注册时填写的redirect_uri是否一致。下面分别进行说明。

当grant_type=authorization_code时，第一步，从spring-oauth-server获取'code'客户端发起请求时，必须有redirect_uri参数，该参数的值必须与web_server_redirect_uri的值一致；第二步，用'code'换取'access_token'时客户也必须传递相同的redirect_uri。

实际应用中，web_server_redirect_uri在注册时是必须填写的，一般用来处理服务器返回的code，验证state是否合法通过code换取access_token值。

在spring-oauth-client项目中，可具体参考AuthorizationCodeController.java中的authorizationCodeCallback()方法。当grant_type=implicit时，通过redirect_uri的hash值传递access_token值，例如：

```
http://localhost:7777/spring-oauth-client/implicit#access_token=dc891f4a-ac88-4ba6-8224-a2497e013865&token_type=bearer&expires_in=43199
```

然后客户端通过Java Script等从hash值中取到access_token值。

authorities指定客户端拥有的Spring Security的权限值，可选；若有多个权限值，用逗号(,)分隔，如"ROLE_UNITY,ROLE_USER"。

对于是否要设置该字段的值，要根据不同的grant_type判断，若客户端在OAuth流程中需要用户的用户名（username）与密码（password）的（authorization_code,password），则该字段可以不需要设置值，因为服务器端将根据用户在服务器端拥有的权限判断是否有权限访问对应的API。

但如果客户端在OAuth流程中不需要用户信息的(implicit,client_credentials)，则该字段必须设置对应的权限值，因为服务器端将根据该字段值的权限判断是否有权限访问对应的API（请在spring-oauth-client项目中测试不同grant_type时authorities的变化）。

access_token_validity 设定客户端的access_token的有效时间值（单位为s），可选；若不设定值，则使用默认的有效时间值（60 × 60 × 12, 12h）。

在服务器端获取的access_token JSON数据中的expires_in字段的值即当前access_token的有效时间值。

在项目中，具体可参考DefaultTokenServices.java中的属性accessTokenValiditySeconds。实际应用中，该值一般由服务器端处理，不需要客户端自定义。

refresh_token_validity 设定客户端的refresh_token的有效时间值(单位为s)，可选；若不设定值，则使用默认的有效时间值（60 × 60 × 24 × 30, 30天）。

若客户端的grant_type不包括refresh_token，则不用关心该字段在项目中，具体可参考DefaultTokenServices.java中的属性refreshTokenValiditySeconds。

初始化数据如下：

```
INSERT  INTO OAUTH_CLIENT_DETAILS（CLIENT_ID, RESOURCE_IDS, CLIENT_SECRET, SCOPE, AUTHORIZED_GRANT_TYPES, AUTHORITIES, ACCESS_TOKEN_VALIDITY, REFRESH_TOKEN_VALIDITY）
 VALUES（'spring-security-oauth2-read-client', 'resource-server-rest-api',
 / * spring-security-oauth2-read-client-password1234 * / '$ 2a $ 04 $ WGq2P9egiOYoOFemBRfsiO9qTcyJtNRnPKNBl5tokP7IP.eZn93km',
 '读', '密码, authorization_code, refresh_token, 隐式', '用户', 10800, 2592000）;
INSERT  INTO OAUTH_CLIENT_DETAILS（CLIENT_ID, RESOURCE_IDS, CLIENT_SECRET, SCOPE, AUTHORIZED_GRANT_TYPES, AUTHORITIES, ACCESS_TOKEN_VALIDITY, REFRESH_TOKEN_VALIDITY）
 VALUES('spring-security-oauth2-read-write-client','resource-server-rest-api',
 / * spring-security-oauth2-read-write-client-password1234 * / '$ 2a $ 04 $ soeOR.QFmClXeFIrhJVLWOQxfHjsJLSpWrU1iGxcMGdu.a5hvfY4W',
 '读, 写', '密码, authorization_code, refresh_token, 隐式', '用户', 10800, 2592000）;
```

注意：密码使用BCrypt（4轮）进行哈希处理。

1.授权和用户设置

Spring Security附带以下两个有用的接口。

- UserDetails：提供核心用户信息。
- GrantedAuthority：表示授予Authentication对象的权限。

要存储授权数据，需定义以下数据模型，如图11.6所示。

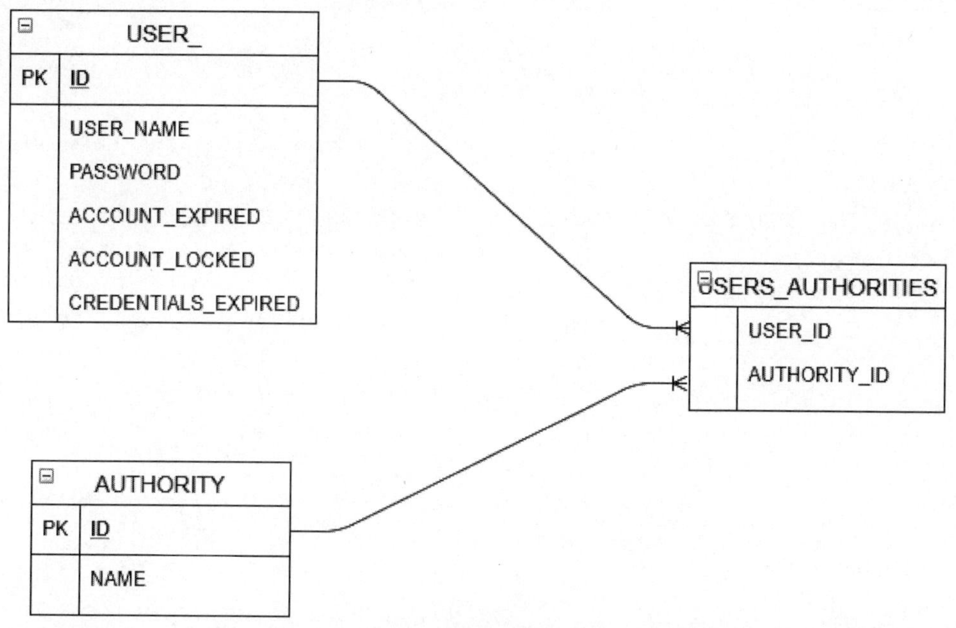

图11.6 数据模型

因为我们想要一些预先加载的数据，下面是将加载所有权限的脚本：

```
INSERT  INTO AUTHORITY(ID, NAME) VALUES(1, 'COMPANY_CREATE');
INSERT  INTO AUTHORITY(ID, NAME) VALUES(2, 'COMPANY_READ');
INSERT  INTO AUTHORITY(ID, NAME) VALUES(3, 'COMPANY_UPDATE');
INSERT  INTO AUTHORITY(ID, NAME) VALUES(4, 'COMPANY_DELETE');
INSERT  INTO AUTHORITY(ID, NAME) VALUES(5, 'DEPARTMENT_CREATE');
INSERT  INTO AUTHORITY(ID, NAME) VALUES(6, 'DEPARTMENT_READ');
INSERT  INTO AUTHORITY(ID, NAME) VALUES(7, 'DEPARTMENT_UPDATE');
INSERT  INTO AUTHORITY(ID, NAME) VALUES(8, 'DEPARTMENT_DELETE');
```

以下是加载所有用户和已分配权限的脚本：

```
INSERT  INTO USER_(ID, USER_NAME, PASSWORD, ACCOUNT_EXPIRED, ACCOUNT_
LOCKED, CREDENTIALS_EXPIRED, ENABLED)
  VALUES(1, 'admin', / * admin1234 * / '$ 2a $ 08 $ qvrzQZ7jJ7oy2p /
msL4M0.l83Cd0jNsX6AJUitbgRXGzge4j035ha', FALSE, FALSE, FALSE, TRUE);
INSERT  INTO USER_(ID, USER_NAME, PASSWORD, ACCOUNT_EXPIRED, ACCOUNT_
LOCKED, CREDENTIALS_EXPIRED, ENABLED)
```

```
    VALUES (2, 'reader', / * reader1234 * / '$ 2a $ 08 $ dwYz8O.
qtUXboGosJFsS4u19LHKW7aCQ0LXXuNlRfjjGKwj5NfKSe', FALSE, FALSE, FALSE, TRUE);
   INSERT  INTO USER_ (ID, USER_NAME, PASSWORD, ACCOUNT_EXPIRED, ACCOUNT_
LOCKED, CREDENTIALS_EXPIRED, ENABLED)
    VALUES (3, '修饰符', / * modifier1234 * / '$ 2a $ 08 $
kPjzxewXRGNRiIuL4FtQH.mhMn7ZAFBYKB3ROz.J24IX8vDAcThsG', FALSE, FALSE, FALSE,
TRUE);
   INSERT  INTO USER_ (ID, USER_NAME, PASSWORD, ACCOUNT_EXPIRED, ACCOUNT_
LOCKED, CREDENTIALS_EXPIRED, ENABLED)
    VALUES (4, 'reader2', / * reader1234 * / '$ 2a $ 08 $ vVXqh6S8TqfHMs1SlNTu
/ .J25iUCrpGBpyGExA.9yI.IlDRadR6Ea', FALSE, FALSE, FALSE, TRUE);
   INSERT  INTO USERS_AUTHORITIES (USER_ID, AUTHORITY_ID) VALUES (1, 1);
   INSERT  INTO USERS_AUTHORITIES (USER_ID, AUTHORITY_ID) VALUES (1, 2);
   INSERT  INTO USERS_AUTHORITIES (USER_ID, AUTHORITY_ID) VALUES (1, 3);
   INSERT  INTO USERS_AUTHORITIES (USER_ID, AUTHORITY_ID) VALUES (1, 4);
   INSERT  INTO USERS_AUTHORITIES (USER_ID, AUTHORITY_ID) VALUES (1, 5);
   INSERT  INTO USERS_AUTHORITIES (USER_ID, AUTHORITY_ID) VALUES (1, 6);
   INSERT  INTO USERS_AUTHORITIES (USER_ID, AUTHORITY_ID) VALUES (1, 7);
   INSERT  INTO USERS_AUTHORITIES (USER_ID, AUTHORITY_ID) VALUES (1, 8);
   INSERT  INTO USERS_AUTHORITIES (USER_ID, AUTHORITY_ID) VALUES (1, 9);
   INSERT  INTO USERS_AUTHORITIES (USER_ID, AUTHORITY_ID) VALUES (2, 2);
   INSERT  INTO USERS_AUTHORITIES (USER_ID, AUTHORITY_ID) VALUES (2, 6);
   INSERT  INTO USERS_AUTHORITIES (USER_ID, AUTHORITY_ID) VALUES (3, 3);
   INSERT  INTO USERS_AUTHORITIES (USER_ID, AUTHORITY_ID) VALUES (3, 7);
   INSERT  INTO USERS_AUTHORITIES (USER_ID, AUTHORITY_ID) VALUES (4, 9);
```

注意：密码使用BCrypt（8轮）进行哈希处理。

2.应用层

测试应用程序是在Spring Boot + Hibernate + Flyway中开发的，带有暴露的REST API。为了演示数据公司的运营，创建了以下端点。

```
@RestController
@RequestMapping("/secured/company")
public class CompanyController {
    @Autowired
    private CompanyService companyService;
    @RequestMapping(method=RequestMethod.GET,produces=MediaType.
APPLICATION_JSON_VALUE)
    @ResponseStatus(value = HttpStatus.OK)
    public @ResponseBody
    List<Company>getAll() {
```

```
            return companyService.getAll();
        }
        @RequestMapping(value="/{id}",method=RequestMethod.
GET,produces=MediaType.APPLICATION_JSON_VALUE)
        @ResponseStatus(value = HttpStatus.OK)
        public @ResponseBody
        Company get(@PathVariable Long id) {
            return companyService.get(id);
        }
        @RequestMapping(value="/filter",method=RequestMethod.
GET,produces=MediaType.APPLICATION_JSON_VALUE)
        @ResponseStatus(value = HttpStatus.OK)
        public @ResponseBody
        Company get(@RequestParam String name) {
            return companyService.get(name);
        }
        @RequestMapping(method=RequestMethod.POST,produces=MediaType.
APPLICATION_JSON_VALUE)
        @ResponseStatus(value = HttpStatus.OK)
        public ResponseEntity<?>create(@RequestBody Company company) {
            companyService.create(company);
            HttpHeaders headers = new HttpHeaders();
            ControllerLinkBuilder linkBuilder = linkTo(methodOn
(CompanyController.class).get(company.getId()));
    headers.setLocation(linkBuilder.toUri());
            return new ResponseEntity<>(headers, HttpStatus.CREATED);
        }
        @RequestMapping(method=RequestMethod.PUT,produces=MediaType.
APPLICATION_JSON_VALUE)
        @ResponseStatus(value = HttpStatus.OK)
        public void update(@RequestBody Company company) {
            companyService.update(company);
        }
        @RequestMapping(value = "/{id}", method = RequestMethod.DELETE,
produces = MediaType.APPLICATION_JSON_VALUE)
        @ResponseStatus(value = HttpStatus.OK)
        public void delete(@PathVariable Long id) {
            companyService.delete(id);
        }
    }
```

3.Security加密PasswordEncoders

由于对OAuth 2.0客户端和用户采用了不同的加密方式，因此为加密定义了单独的密码编码器。

- OAuth 2.0客户端密码——BCrypt（4轮）。
- 用户密码——BCrypt（8轮）。

向Spring注册自定义密码加密次数Bean，代码如下：

```
@Configuration
public class Encoders {
    @Bean
    public PasswordEncoder oauthClientPasswordEncoder() {
        return new BCryptPasswordEncoder(4);
    }
    @Bean
    public PasswordEncoder userPasswordEncoder() {
        return new BCryptPasswordEncoder(8);
```

4.Spring安全配置

因为我们想从数据库中获取用户和权限，所以需要告诉Spring Security如何获取这些数据，为此必须提供UserDetailsService接口的实现，代码如下：

```
@Service
public class UserDetailsServiceImpl implements UserDetailsService {
    @Autowired
    private UserRepository userRepository;
    @Override
    @Transactional(readOnly = true)
    public UserDetails loadUserByUsername(Stringusername)throws
UsernameNotFoundException {
        User user = userRepository.findByUsername(username);
        if (user != null) {
            return user;
        }
        throw new UsernameNotFoundException(username);
    }
}
```

UserRepository使用JPA Repository创建的服务和存储库层，代码如下：

```
@Repository
public interface UserRepository extends JpaRepository<User, Long> {
    @Query("SELECT DISTINCT user FROM User user " +
    "INNER JOIN FETCH user.authorities AS authorities " +
```

```
    "WHERE user.username = :username")
    User findByUsername(@Param("username") String username);
}
```

5.设置Spring Security

@EnableWebSecurity注释和WebSecurityConfigurerAdapter携手合作，提供安全的应用程序。@Order注释用于指定WebSecurityConfigurerAdapter应首先考虑，代码如下：

```
@Configuration
@EnableWebSecurity
@Order(SecurityProperties.ACCESS_OVERRIDE_ORDER)
@Import(Encoders.class)
public class ServerSecurityConfig extends WebSecurityConfigurerAdapter {
    @Autowired
    private UserDetailsService userDetailsService;
    @Autowired
    private PasswordEncoder userPasswordEncoder;
    @Override
    @Bean
    public AuthenticationManager authenticationManagerBean() throws Exception {
        return super.authenticationManagerBean();
    }
    @Override
    protected void configure(AuthenticationManagerBuilder auth) throws Exception {
auth.userDetailsService(userDetailsService).passwordEncoder(userPasswordEncoder);
    }
}
```

11.2.3 OAuth 2.0配置

用OAuth 2.0技术对访问受保护的资源的客户端进行认证与授权。首先，必须实现以下组件。

- 授权服务器。
- 资源服务器。

1.授权服务器

授权服务器负责验证用户身份并提供令牌，如图11.7所示。

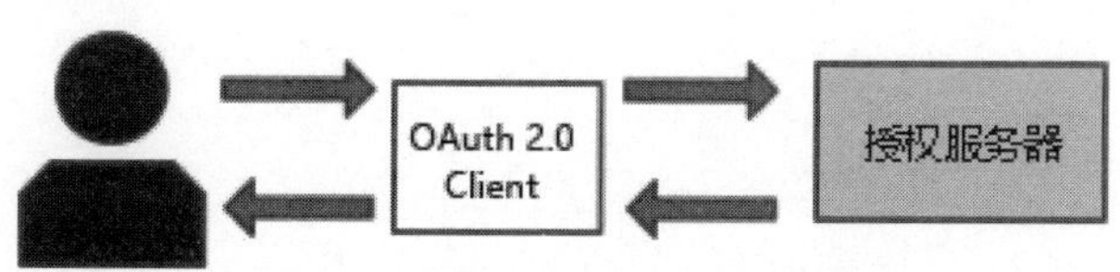

图11.7 验证用户身份并提供令牌

请求代码如下：

```
URL: POST /oauth/token
Header: Authonzation:Basic Base64(CLIENT_ID:CLIENT_SECRET)
Body: grant_type=password
        username=name
        Password=password
```

响应代码如下：

```
{
     “access_token” :” 2fe27cca-41ca-8812-bbce-9235a45a567” ,
     “token_type” :” bearer” ,
     “refresh_token” :” 042fb1cf-d91e-56ef-a721-65228126ba22” ,
     “expires_in” :10799,
     “scope” :” read write”
}
```

Spring Security处理身份验证和Spring Security OAuth 2.0处理授权。要配置和启用OAuth 2.0授权服务器，必须使用@EnableAuthorizationServer批注，代码如下：

```
@Configuration
@EnableAuthorizationServer
@EnableGlobalMethodSecurity(prePostEnabled = true)
@Import(ServerSecurityConfig.class)
public class AuthServerOAuth2Config extends AuthorizationServerConfigurerAdapter {
    @Autowired
    @Qualifier("dataSource")
    private DataSource dataSource;
    @Autowired
    private AuthenticationManager authenticationManager;
    @Autowired
    private UserDetailsService userDetailsService;
    @Autowired
    private PasswordEncoder oauthClientPasswordEncoder;
    @Bean
    public TokenStore tokenStore() {
        return new JdbcTokenStore(dataSource);
    }
    @Bean
    public OAuth2AccessDeniedHandler oauthAccessDeniedHandler() {
        return new OAuth2AccessDeniedHandler();
    }
    @Override
```

```
        public void configure(AuthorizationServerSecurityConfigurer oauthServer) {
            oauthServer.tokenKeyAccess("permitAll()").checkTokenAccess
("isAuthenticated()").passwordEncoder(oauthClientPasswordEncoder);
        }
        @Override
        public void configure(ClientDetailsServiceConfigurer clients) throws
Exception {
    clients.jdbc(dataSource);
        }
        @Override
        public void configure(AuthorizationServerEndpointsConfigurer endpoints) {
            endpoints.tokenStore(tokenStore()).authenticationManager
    (authenticationManager).userDetailsService(userDetailsService);
        }
    }
```

注意：

- 定义TokenStoreBean让Spring知道使用数据库进行令牌操作。
- 覆盖configure()方法，以使用自定义UserDetailsService实现AuthenticationManager Bean和OAuth 2.0客户端的密码编码器。
- 为身份验证问题定义了处理程序Bean。
- 通过重写configure()方法，启用了两个端点检查令牌（/oauth/check_token和/oauth/token_key）AuthorizationServerSecurityConfigureroauthServer。

2.资源服务器

资源服务器提供受OAuth 2.0令牌保护的资源，如图11.8所示。

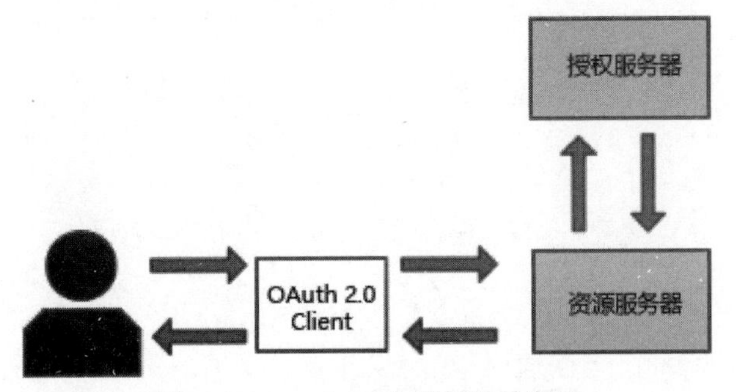

图11.8 OAuth 2.0令牌保护的资源

请求代码如下：

```
URL: GET /secured/company
Header: Authorization:Bearer access_token
```

响应代码如下：

```
[
{
"id" :1,
"name" :" wonter"
},
{
"id" :2,
"name" :" ctowang"
}
]
```

Spring OAuth 2.0提供了一个处理保护的身份验证过滤器。@EnableResourceServer注释使得Spring Security的过滤器通过身份验证传入OAuth 2.0令牌的请求，代码如下：

```
@Configuration
@EnableResourceServer
public class ResourceServerConfiguration extends
ResourceServerConfigurerAdapter {
    private static final String RESOURCE_ID = "resource-server-rest-api";
    private static final String SECURED_READ_SCOPE = "#oauth2.hasScope('read')";
    private static final String SECURED_WRITE_SCOPE = "#oauth2.hasScope('write')";
    private static final String SECURED_PATTERN = "/secured/**";
    @Override
    public void configure(ResourceServerSecurityConfigurer resources) {
        resources.resourceId(RESOURCE_ID);
    }
    @Override
    public void configure(HttpSecurity http) throws Exception {
        http.requestMatchers()
        .antMatchers(SECURED_PATTERN).and().authorizeRequests()
        .antMatchers(HttpMethod.POST, SECURED_PATTERN).access(SECURED_
         WRITE_SCOPE)
        .anyRequest().access(SECURED_READ_SCOPE);
    }
}
```

configure(HttpSecurity http)方法使用HttpSecurity对象。HttpSecurity配置访问规则，并请求受保护资源的匹配器（路径）。调用任何POST()方法请求，都需要写入规则。

检查身份验证端点是否正常工作，请求如下：

```
curl -X POST \
  http://localhost:8080/oauth/token \
  -H 'authorization: Basic c3ByaW5nLXNlY3VyaXR5LW9hdXRoMi1yZWFkLXdyaXRlLWNsaW
```

```
VudDpzcHJpbmctc2VjdXJpdHktb2F1dGgyLXJ1YWQtd3JpdGUtY2xpZW50LXBhc3N3b3JkMTIzNA==' \
    -F grant_type=password \
    -F username=admin \
    -F password=admin1234 \
    -F client_id=spring-security-oauth2-read-write-client
```

通过POSTMAN调用接口，如图11.9和图11.10所示。

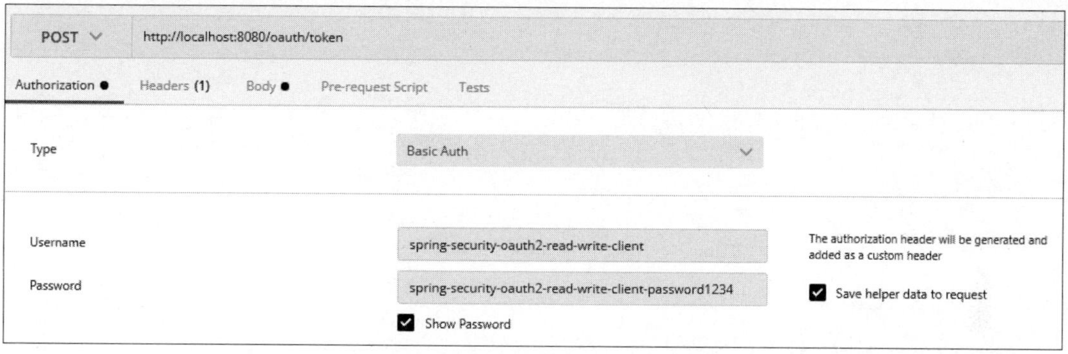

POST	http://localhost:8080/oauth/token

Authorization ● Headers (1) Body ● Pre-request Script Tests

Type	Basic Auth	
Username	spring-security-oauth2-read-write-client	The authorization header will be generated and added as a custom header
Password	spring-security-oauth2-read-write-client-password1234	☑ Save helper data to request
	☑ Show Password	

图11.9 POSTMAN Authorization属性

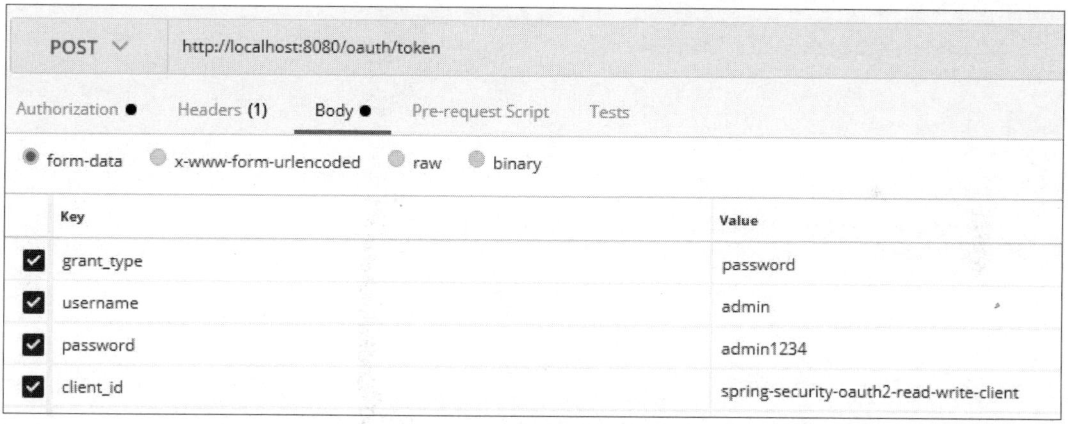

POST	http://localhost:8080/oauth/token

Authorization ● Headers (1) Body ● Pre-request Script Tests

◉ form-data ○ x-www-form-urlencoded ○ raw ○ binary

	Key	Value
☑	grant_type	password
☑	username	admin
☑	password	admin1234
☑	client_id	spring-security-oauth2-read-write-client

图11.10 POSTMAN Body属性

调用接口响应，代码如下：

```
{
    “access_token” : “e6631caa-bcf9-433c-8e54-3511fa55816d” ,
    “token_type” : “bearer” ,
    “refresh_token” : “015fb7cf-d09e-46ef-a686-54330229ba53” ,
    “expires_in” : 9472,
    “scope” : “read write”
}
```

3.访问规则配置

决定保护对服务层上的Company和Department对象的访问，必须使用@PreAuthorize注释，代码如下：

```
@Service
public class CompanyServiceImpl implements CompanyService {
    @Autowired
    private CompanyRepository companyRepository;
    @Override
    @Transactional(readOnly = true)
    @PreAuthorize("hasAuthority('COMPANY_READ')and hasAuthority('DEPARTMENT_
READ')")
    public Company get(Long id) {
        return companyRepository.find(id);
    }
    @Override
    @Transactional(readOnly = true)
    @PreAuthorize("hasAuthority('COMPANY_READ')and hasAuthority('DEPARTMENT_
READ')")
    public Company get(String name) {
        return companyRepository.find(name);
    }
    @Override
    @Transactional(readOnly = true)
    @PreAuthorize("hasRole('COMPANY_READER')")
    public List<Company>getAll() {
        return companyRepository.findAll();
    }
    @Override
    @Transactional
    @PreAuthorize("hasAuthority('COMPANY_CREATE')")
    public void create(Company company) {
        companyRepository.create(company);
    }
    @Override
    @Transactional
    @PreAuthorize("hasAuthority('COMPANY_UPDATE')")
    public Company update(Company company) {
        return companyRepository.update(company);
    }
    @Override
```

```
    @Transactional
    @PreAuthorize("hasAuthority('COMPANY_DELETE')")
    public void delete(Long id) {
        companyRepository.delete(id);
    }
    @Override
    @Transactional
    @PreAuthorize("hasAuthority('COMPANY_DELETE')")
    public void delete(Company company) {
        companyRepository.delete(company);
    }
}
```

测试端点是否正常工作，代码如下：

```
curl -X GET \
  http://localhost:8080/secured/company/ \
  -H 'authorization: Bearer e6631caa-bcf9-433c-8e54-3511fa55816d'
```

如果用spring-security-oauth2-read-client授权，会发生什么，这个客户端只定义了读取范围，代码如下：

```
curl -X POST \
  http://localhost:8080/oauth/token \
  -H'authorization:Basic c3ByaW5nLXNlY3VyaXR5LW9hdXRoMi1yZWFkLWNsaWVudDpzcHJpbmctc2VjdXJpdHktb2F1dGgyLXJlYWQtY2xpZW50LXBhc3N3b3JkMTIzNA==' \
  -F grant_type=password \
  -F username=admin \
  -F password=admin1234 \
  -F client_id=spring-security-oauth2-read-client
```

然后对于以下请求：

```
http://localhost:8080/secured/company \
  -H 'authorization: Bearer f789c758-81a0-4754-8a4d-cbf6eea69222' \
  -H 'content-type: application/json' \
  -d '{
      "name": "TestCompany",
      "departments": null,
      "cars": null
  }'
```

我们收到以下错误：

```
{
    "error": "insufficient_scope",
    "error_description": "Insufficient scope for this resource",
```

```
    "scope": "write"
}
```

第12章　Activity工作流

Activity实现了工作流程的自动化，改善了企业资源利用，提高了企业运营效率、企业运作的灵活性和适应性、量化考核业务处理的效率，减少了浪费。

流程图就像流水线一样，张三请完假，李四就会收到任务去审批张三的请假，若通过，则流程结束；若不通过，就会通知到张三，张三可以再次发起申请。

12.1　ProcessEngine对象

Activity工作流引擎是Activity工作的核心，负责生成流程运行时的各种实例及数据、监控和管理流程的运行。

所有操作都是从获取引擎开始的，所以一般会把引擎作为全局变量：

```
ProcessEngine processEngine =ProcessEngines.getDefaultProcessEngine();
```

工单受理流程图如图12.1所示。

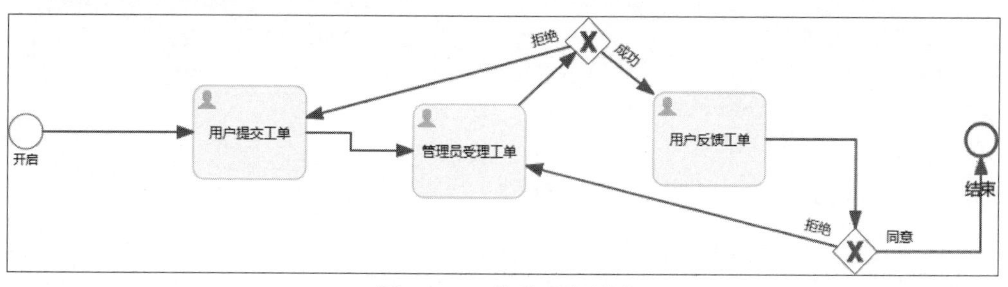

图12.1　工单受理流程图

创建Spring Boot工程，代码如下：

```
packageactivity;
import java.io.InputStream;
import java.util.HashMap;
import java.util.List;
import java.util.Map;
import org.activiti.engine.ProcessEngine;
import org.activiti.engine.ProcessEngines;
import org.activiti.engine.history.HistoricProcessInstance;
```

```
import org.activiti.engine.repository.Deployment;
import org.activiti.engine.runtime.ProcessInstance;
import org.activiti.engine.task.Task;
import org.junit.Test;
public class StartTest {
    ProcessEngine processEngine = ProcessEngines.getDefaultProcessEngine();
    /** 部署流程定义（从 inputStream） */
    @Test
    public void deploymentProcessDefinition_inputStream() {
        InputStream inputStreamBpmn = this.getClass().getResourceAsStream(
"start.bpmn");
        InputStream inputStreamPng = this.getClass().getResourceAsStream(
"start.png");
        Deployment deployment = processEngine.getRepositoryService()
// 与流程定义和部署对象相关的 Service
                .createDeployment()// 创建一个部署对象
                .name("开始活动")// 添加部署的名称
.addInputStream("start.bpmn", inputStreamBpmn)
.addInputStream("start.png", inputStreamPng)
                .deploy();// 完成部署
        System.out.println("部署 ID: " + deployment.getId());
        System.out.println("部署名称: " + deployment.getName());
    }
    /** 启动流程实例 */
    @Test
    public void startProcessInstance() {
        // 流程定义的 key
        String processDefinitionKey = "start";
        ProcessInstance pi = processEngine.getRuntimeService()
// 与正在执行的流程实例和执行对象相关的 Service
                .startProcessInstanceByKey(processDefinitionKey);// 使用流程
定义的 key 启动流程实例，key 对应 helloworld.bpmn 文件中 ID 的属性值，使用 key 值启动，默认按
照最新版本的流程定义启动
        System.out.println("流程实例 ID:" + pi.getId());// 流程实例 ID 101
        System.out.println("流程定义 ID:" + pi.getProcessDefinitionId());// 流
程定义 ID
        /** 判断流程是否结束，查询正在执行的执行对象表 */
        ProcessInstance rpi=processEngine.getRuntimeService().
createProcessInstanceQuery()
 .processDefinitionId(pi.getId())
 .singleResult();
```

```
            // 说明流程实例结束了
            if(rpi==null){
                /** 查询历史，获取流程的相关信息 */
                HistoricProcessInstance hpi=processEngine.getHistoryService()
                .createHistoricProcessInstanceQuery()
                .processInstanceId(pi.getId())
                    // 使用流程实例 ID 查询
    .singleResult();
                System.out.println(hpi.getId()+""+hpi.getStartTime()+""+hpi.
getEndTime()+""+hpi.getDurationInMillis());
            }
        }
    }
```

创建模型后，可以通过Activity-Modeler部署到服务器形成模板，研发人员通过模板ID启动工作流。开始事件如图12.2所示。

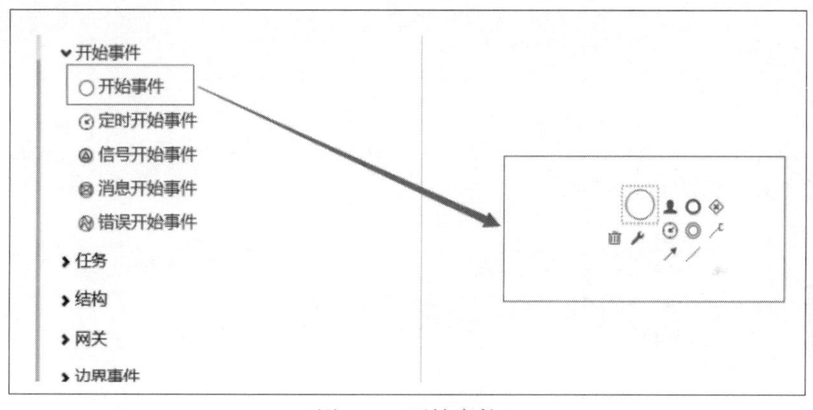

图12.2　开始事件

启动事件表示流程的开始。每启动一次，都会产生一个新的流程实例。用户任务节点如图12.3所示。该节点用于描述事件的触发角色。

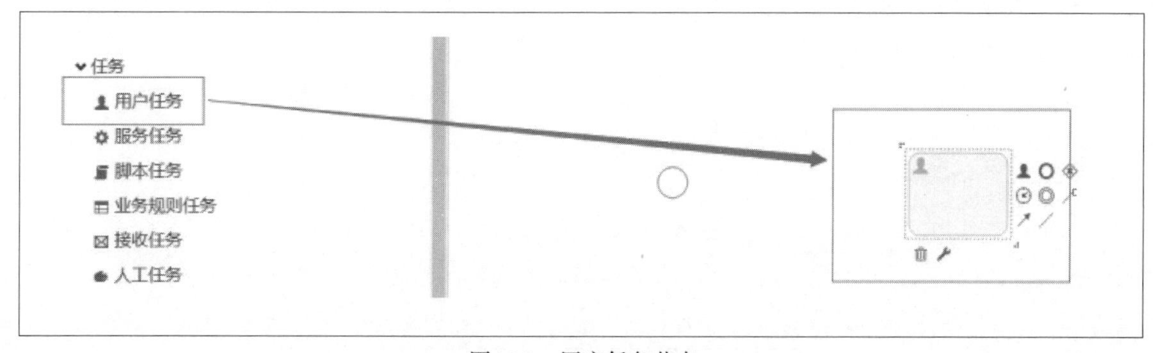

图12.3　用户任务节点

任务流程如图12.4所示，代表任务流程的走向，描述工作流下一步进入什么环节。结束节点如图12.5所示。

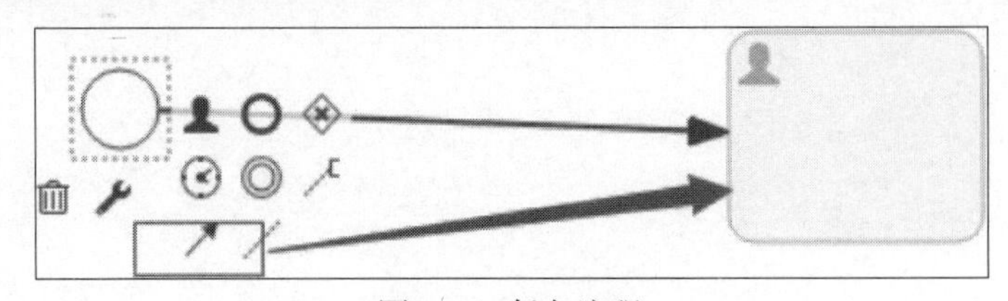

图12.4　任务流程

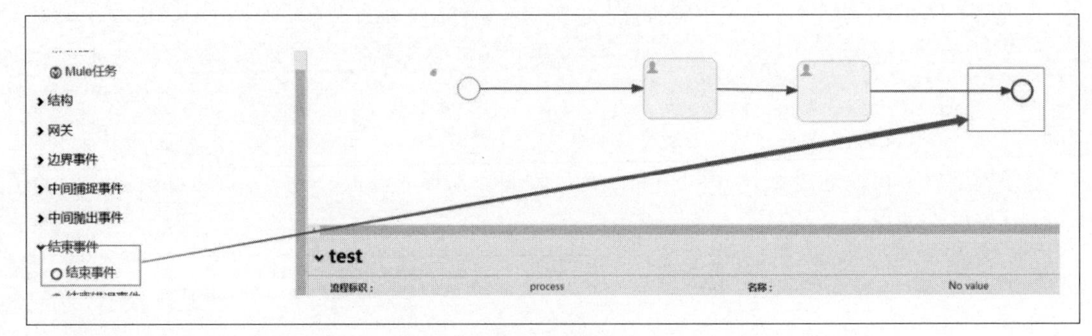

图12.5　结束节点

BPMBN 2.0标准规定工作流必须有开始节点和结束节点。结束节点代表工作流结束。给第一个节点设置经办人，如图12.6所示。

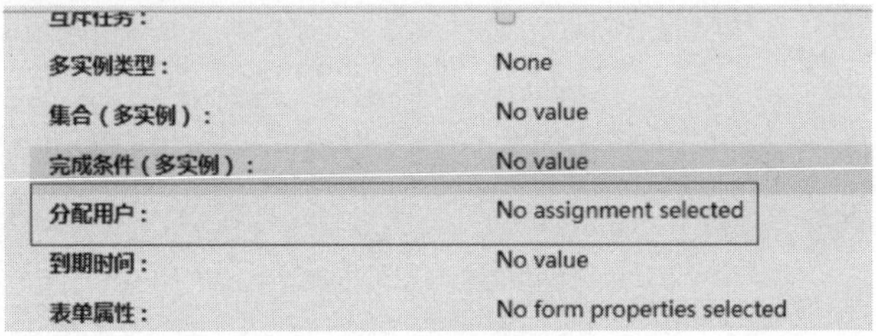

多实例类型：	None
集合（多实例）：	No value
完成条件（多实例）：	No value
分配用户：	No assignment selected
到期时间：	No value
表单属性：	No form properties selected

图12.6　分配用户

给节点设置任务名称，如图12.7所示。

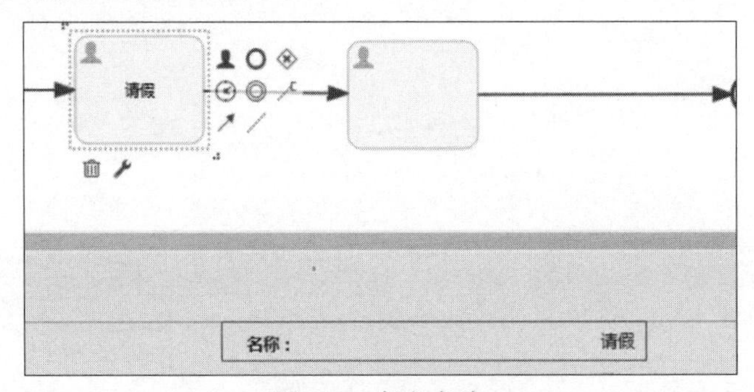

图12.7　任务名称

流程回流，增加回流条件，目的是根据条件判断，如果流程审批失败，则回流指向节点，如图12.8所示。

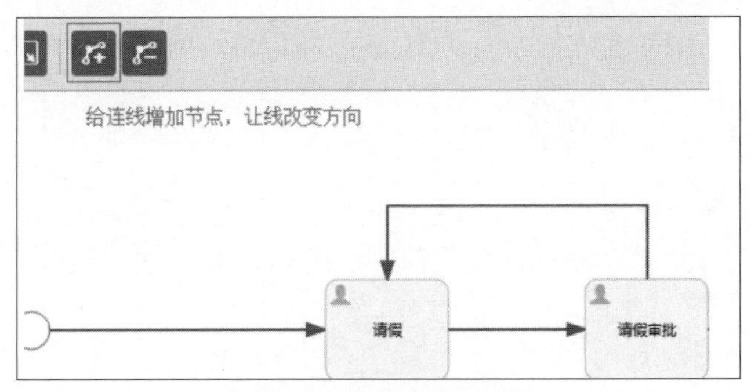

图12.8　新增判断条件

设置条件变量，如图12.9所示。

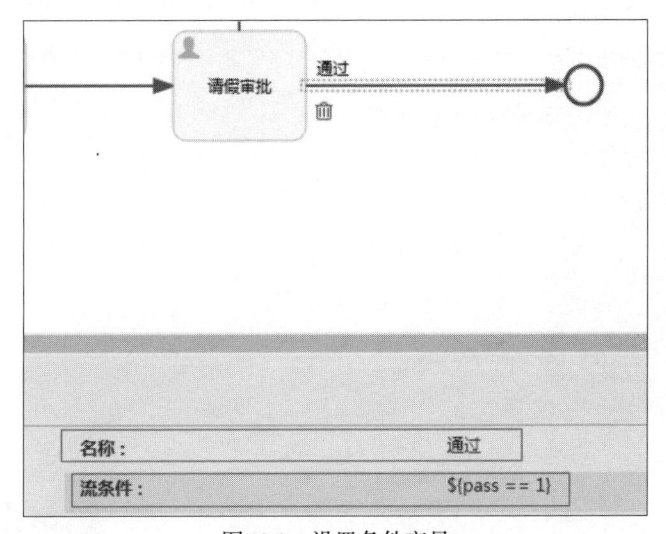

图12.9　设置条件变量

流程标识如图12.10所示。

⌄ test8888

流程标识：	test8888
描述信息：	No value
流程版本：	No value
执行监听器：	No execution listeners configured
信号定义：	No signal definitions configured

图12.10　流程标识

组任务如图12.11所示。

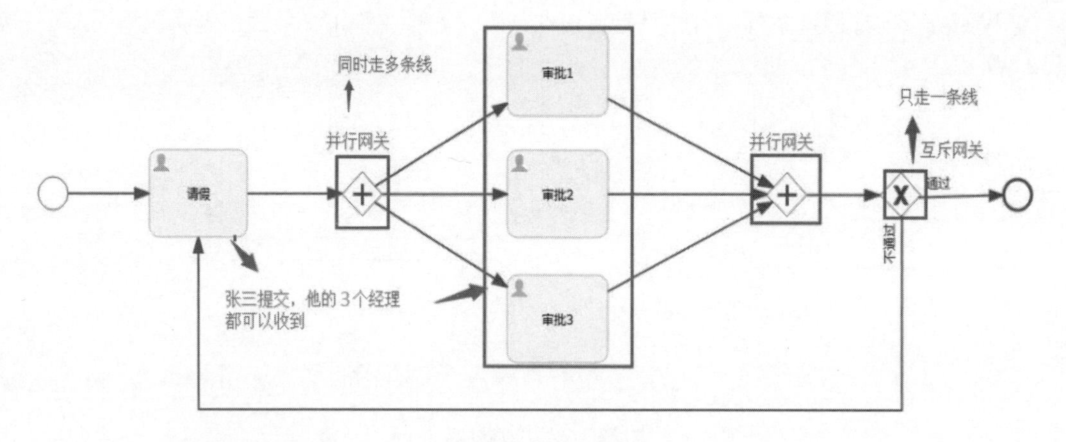

图12.11　组任务

指定办理人如图12.12所示。

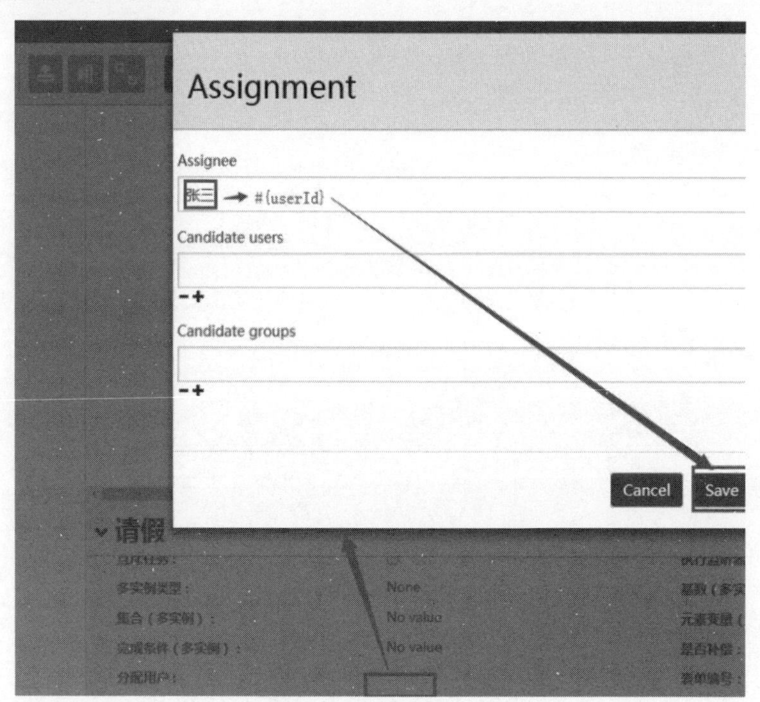

图12.12　指定办理人

注意：办理人可以用变量代替，命名可以自定义，表达式必须是 #{…}。同样，3个经理也用变量表示，如#{m1}、#{m2}、#{m3}。这样，该流程就不再是只针对固定的某个人提交申请，然后固定的人去审批，而是整个公司都可以适用。

12.2　ActivityUtil发动机引擎

流程图相当于发动机引擎，所以第一步部署“发动机”，如图12.13所示。

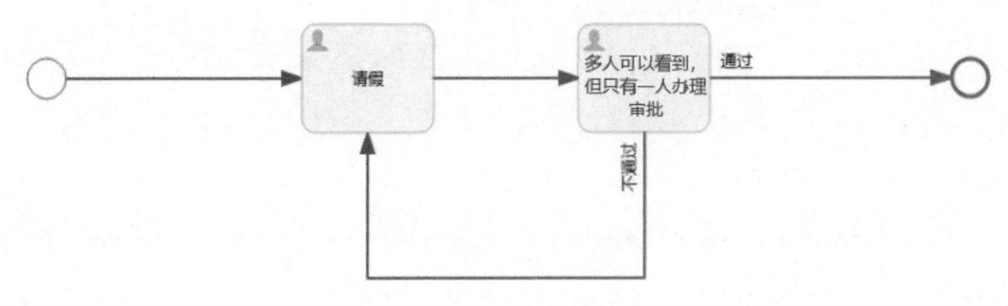

图12.13　Activity流程图

根据模型ID部署流程图形成模板，然后根据流程标识启用模板进行业务开发，代码如下：

```
ActivityUtil.deployWorkFlowByModelId(String modelId)
```

开启流程，代码如下：

```
ActivityUtil.start(Map<String,Object> params , String key , String
bussinessKey)
```

注意: Map：对象传什么值，这时我们可以这样传{“userId”：10} →代表张三要请假。

key：前面说到的流程标识。

bussinessKey：业务标识，一个员工不可能只有一个审批，还有报销审批等，这时就需要用这个变量区分各个流程。

递交请假申请［上一步走完，这时userId为10的用户就能查到他的任务→完成任务(即提交申请)］，查看任务：

```
ActivityUtil.viewPersonalTasks(String assignee,String bussinessKey)
```

注意:

assignee:10。

bussinessKey:有就填，没有就不填。

返回值:List<TaskVo>。

详细代码如下：

```
package com.hz.pojo;
import io.swagger.annotations.ApiModel;
import io.swagger.annotations.ApiModelProperty;
import com.hz.common.beans.entity.BaseEntity;
@ApiModel(value = "TaskVo")
public class TaskVo extends BaseEntity {
```

```
    @ApiModelProperty(value = "任务ID", required = false)
    private String taskId;
    @ApiModelProperty(value = "任务名", required = false)
    private String taskName;
    @ApiModelProperty(value = "任务办理人", required = false)
    private String taskAssignee;
    @ApiModelProperty(value = "业务标识", required = false)
    private String bussinessKey;
Get set}
```

完成任务(即提交申请):

```
ActivityUtil.completePersonalTask(Map<String,Object> params,string taskId)
```

注意:taskId:上一步对象的taskId。

params：下一级办理人需要我们指定，这是集合中必不可少的参数，参数包括请假理由reason、请假天数days、请假姓名name、所属部门department。

```
{"managers" : "1, 2, 3",
"reason" : "想旅游了",
"days" :  "15",
"name" :  "张三",
"department" :  "研发部"  }
```

请假批准查看任务:

```
ActivityUtil.viewGroupTasks(String assignee,String bussinessKey)
```

注意:userId为1，userId为2，userId为3，都能查看到对应任务的taskId。

认领任务:

```
ActivityUtil.claim(string taskId , String roleId)
```

注意:roleId即userId，如果1认领了(即1来办理)，2和3就查看不到任务了。

完成任务:

```
ActivityUtil.completePersonalTask(Map<String,Object> params,string taskId)
```

注意:params是集合中必不可少的参数。pass决定了流程图的流向。

{"pass":"1"}即流程结束。

{"pass":"0"}即流程又回到请假人申请节点。

如果在请假审批这个任务节点，指定的不是Candidate users，没用到组任务这个概念，指定的是Assignee，如图12.14所示。

图12.14　指定角色

总结：流程图为引擎，部署好后，执行方向即流程走向；流程标识很重要，相当于主键(唯一)。

BussinessKey：当一个系统存在多个流程时，设置唯一的key值区分各个流程。

Map集合，可以指定办理人，也可以传递业务数据。

12.3　Activity实战

创建Spring Boot项目。首先，在pom.xml文件中引入以下Maven依赖：

```
<!-- 整合 Hystrix -->
<dependency>
<groupId>org.springframework.cloud</groupId>
<artifactId>spring-cloud-starter-hystrix</artifactId>
</dependency>
<dependency>
<groupId>org.springframework.cloud</groupId>
<artifactId>spring-cloud-starter-feign</artifactId>
</dependency>
<!-- 整合 Ribbon -->
<dependency>
<groupId>org.springframework.cloud</groupId>
<artifactId>spring-cloud-starter-ribbon</artifactId>
</dependency>
<!-- 集成 Beetl 模板 -->
<dependency>
<groupId>com.ibeetl</groupId>
<artifactId>beetl</artifactId>
<version>2.8.5</version>
</dependency>
```

第1个依赖是服务消费者熔断器引入，第2个依赖是服务消费者引入，第3个依赖是负载均衡引入，第4个依赖是Beetl模板引擎引入。

其次，在项目启动类中配置如下代码：

```
    @SpringBootApplication
    @EnableEurekaClient
    @ServletComponentScan
    @EnableDiscoveryClient
    @EnableFeignClients
    @EnableCircuitBreaker
    public class WebApplication {
        private final Logger logger= LoggerFactory.getLogger(this.getClass());
        public static void main(String[] args) {
            new SpringApplicationBuilder(WebApplication.class).web(true).
run(args);
        }
        /**
     * @Author cto7
     * @Description Beetl 模板配置
     * @Date 2018/9/29 16:25
     * @Param
     * @return
     **/
        @Bean(initMethod = "init", name = "beetlConfig")
        public BeetlGroupUtilConfiguration getBeetlGroupUtilConfiguration
(HttpServletRequest request) {
            BeetlGroupUtilConfiguration beetlGroupUtilConfiguration = null;
            try {
                beetlGroupUtilConfiguration = new BeetlGroupUtilConfiguration();
                ClasspathResourceLoader classpathResourceLoader=new
                ClasspathResourceLoader();
                beetlGroupUtilConfiguration.setResourceLoader
(classpathResourceLoader);
            } catch (Exception e) {
                logger.error("****************加载 Beetl 模板异常{}",e.
                            getMessage());
            }
            logger.info("**********************加载 Beetl 模板成功
                        **********************");
            logger.info("**********************加载 Beetl 模板成功
                        **********************");
            logger.info("**********************加载 Beetl 模板成功
                        **********************");
            return beetlGroupUtilConfiguration;
        }
```

```
        @Bean(name = "beetlViewResolver")
        public BeetlSpringViewResolver getBeetlSpringViewResolver(@
Qualifier("beetlConfig") BeetlGroupUtilConfiguration beetlGroupUtilConfiguration) {
            BeetlSpringViewResolver beetlSpringViewResolver = new
BeetlSpringViewResolver();
            beetlSpringViewResolver.setPrefix("/templates/");
            beetlSpringViewResolver.setSuffix(".html");
            beetlSpringViewResolver.setContentType("text/html;charset=UTF-8");
            beetlSpringViewResolver.setOrder(0);
            beetlSpringViewResolver.setConfig(beetlGroupUtilConfiguration);
            return beetlSpringViewResolver;
        }
        @Bean
        public HttpMessageConverters fastJsonHttpMessageConverters() {
            //1.创建 FastJson 信息转换对象
            FastJsonHttpMessageConverter fastConverter=new
            FastJsonHttpMessageConverter();
            //2.创建 FastJsonConfig 对象并设定序列化规则，详见 SerializerFeature 类，
    后面会讲
            FastJsonConfig fastJsonConfig= new FastJsonConfig();
            fastJsonConfig.setSerializerFeatures(SerializerFeature.PrettyFormat,
            SerializerFeature.WriteNonStringKeyAsString);
            // WriteNonStringKeyAsString 将不是 String 类型的 key 转换成 String 类型，
               否则前台无法将 Json 字符串转换成 Json 对象
            //3.中文乱码解决方案
            List<MediaType> fastMedisTypes = new ArrayList<MediaType>();
            fastMedisTypes.add(MediaType.APPLICATION_JSON_UTF8);
            //设定 Json 格式且编码为 utf-8
             fastConverter.setSupportedMediaTypes(fastMedisTypes);
            //4.将转换规则应用于转换对象
            fastConverter.setFastJsonConfig(fastJsonConfig);
         return new HttpMessageConverters(fastConverter);
        }
    }
```

前两个Bean注入为Beetl模板引擎的配置，目前的配置足够使用，如需其他，请自行拓展。最后一个Bean注入为解决项目乱码问题，非硬性要求，自行配置。

消费接口的具体使用(消费ms接口)，下面以Activity工作流为例：

```
    package com.cto7.activity.produce_interface;
    import com.cto7.activity.model.ActDeploymentModel;
    import com.cto7.activity.model.ActRepositoryModel;
```

```
    import com.cto7.activity.model.ActTasksModel;
    import feign.hystrix.FallbackFactory;
    import org.slf4j.Logger;
    import org.slf4j.LoggerFactory;
    import org.springframework.cloud.netflix.feign.FeignClient;
    import org.springframework.http.MediaType;
    import org.springframework.stereotype.Component;
    import org.springframework.web.bind.annotation.*;
    import java.util.Map;
    @FeignClient(name="demo-activity-ms",fallbackFactory = ActOptInterface.
HystrixClientFallbackFactory.class)
    public interface ActOptInterface {
         Logger LOGGER=LoggerFactory.getLogger(ActOptInterface.class);
        //获取模型集合列表
        @RequestMapping(value = "/act/getTaskListPage", method =RequestMethod.
POST)
        @ResponseBody
        String getTaskListPage(@RequestBody(required= false) ActRepositoryModel
actRepositoryModel, @RequestParam(name="pageNow",required=false)int pageNow,@
RequestParam(name= "pageSize",required = false)int pageSize);
        //开启流程
        @RequestMapping(value = "/act/startByKey",method = RequestMethod.POST)
        @ResponseBody
        Boolean startAct(@RequestParam(name="mapVar",required=false)
Map<String,Object> mapVar,@RequestParam(name = "key") String key,@
RequestParam(name = "buKey",required = false) String buKey);
        //完成任务
        @RequestMapping(value = "/act/completePersonalTask",method =
RequestMethod.POST)
        @ResponseBody
        String completePersonalTask(@RequestBody(required=false)
Map<String,Object> variables,@RequestParam(name = "taskId") String taskId);
        //查看个人任务列表
        @RequestMapping(value="/act/getPersionTaskStatus",method =
RequestMethod.POST,consumes = MediaType.APPLICATION_JSON_UTF8_VALUE)
        @ResponseBody
        String getPersionTaskStatus(@RequestBody (required = false)
ActTasksModel actTasksModel, @RequestParam(name = "pageNow",required = false)
int pageNow,@RequestParam(name = "pageSize",required = false)int pageSize);
        @RequestMapping(value = "/act/deployWorkFlowByModelId",method =
RequestMethod.GET)
```

```
        @ResponseBody
        boolean deployWorkFlowByModelId(@RequestParam (name = "modelId")String
modelId);
        //查看已经部署的流程列表
        @RequestMapping(value = "/act/getDeploymentList",method =
RequestMethod.GET)
        @ResponseBody
        String getDeploymentList(@RequestBody(required=false)
ActDeploymentModel actDeploymentModel,@RequestParam(name="pageNow",required=
false)int pageNow,@RequestParam(name = "pageSize",required = false)int pageSize);
        //根据部署流程表ID启动工作流 deployment
        @RequestMapping(value = "/act/startProcessByDeploymentId",method =
RequestMethod.GET)
        @ResponseBody
        String startProcessByDeploymentId(@RequestParam(name="deploymentId")
String deploymentId);
        //根据任务ID获取参数
        @RequestMapping(value = "/act/getVarByTaskId",method = RequestMethod.POST)
        @ResponseBody
        Map<String, Object>getVariablesByTaskId(@RequestParam(name = "taskId")
String taskId);
        @Component
        class HystrixClientFallbackFactory implements FallbackFactory
<ActOptInterface> {
            @Override
            public ActOptInterface create(Throwable cause) {
                return new ActOptInterface() {
                    @Override
                    public String getTaskListPage(ActRepositoryModel actRepositoryModel,
int pageNow, int pageSize) {
                        return "熔断";
                    }
                    @Override
                    public Boolean startAct(Map<String, Object> mapVar, String
key, String buKey) {
                        return null;
                    }
                    @Override
                    public String completePersonalTask(Map<String, Object> variables,
String taskId) {
                        return null;
```

```
                    }
                    @Override
                    public String getPersionTaskStatus(ActTasksModel
actTasksModel, int pageNow, int pageSize) {
                        return null;
                    }
                    @Override
                    public boolean deployWorkFlowByModelId(String modelId) {
                        return false;
                    }
                    @Override
                    public String getDeploymentList(ActDeploymentModel
actDeploymentModel, int pageNow, int pageSize) {
                        return null;
                    }
                    @Override
                    public String startProcessByDeploymentId(String deploymentId) {
                        return null;
                    }
                    @Override
                    public Map<String, Object>getVariablesByTaskId(String taskId) {
                        return null;
                    }
                };
            }
        }
    }
    @FeignClient(name="demo-activity-ms",fallbackFactory = ActOptInterface.
HystrixClientFallbackFactory.class)
```

此注解指定消费对象name值为目标消费对象的应用名称（即Eureka注册中心application列），fallbackFactory指定异常处理熔断类（即生产者服务死机，在这里进行熔断配置）。这里指定了熔断类为HystrixClientFallbackFactory，接口中的每个方法在此类中都有对应的熔断方法与之匹配。

服务消费者Controller的编写与普通Spring调用Service相同，代码如下：

```
@Autowired
 private ActOptInterface activityInterface;
/**
 * 描述： 获取完成任务页面 <br>
 * 创建人： ctc7<br>
 * 创建时间： 11:53 2019/1/8 <br>
 * 参数： [taksId, model] <br>
```

```
    * 返回值 : java.lang.String <br>
    * 异常 : <br>
    **/
   @RequestMapping(value = "getCompleteTaskPage/{taksId}")
   public String getCompleteTaskPage(@PathVariable(name = "taksId") String
taksId, Model model){
       try {
           Map<String, Object> objectMap=activityInterface.
getVariablesByTaskId(taksId);
           model.addAttribute("objectMap", objectMap);
           model.addAttribute("taskId", taksId);
       } catch (Exception e) {
           e.printStackTrace();
       }
       return "page/completeTaskPage";
   }
```

需要关注的地方：

```
@EnableFeignClients、@EnableCircuitBreaker
```

第1个注解如果不配置，那么代码如下：

```
@Autowired
 private ActOptInterface activityInterface;
```

activityInterface为null，即注解为空，无法被Spring扫描为Bean注入。

第2个注解为熔断机制的启动配置，方法参数的配置代码如下：

```
 @RequestMapping(value = "/act/completePersonalTask",method =
RequestMethod.POST)
 String getPersionTaskStatus(@RequestBody (required = false)ActTasksModel
actTasksModel, @RequestParam(name = "pageNow",required = false)int pageNow,@
RequestParam(name = "pageSize",required = false)int pageSize);
```

同一个方法只能用一个@RequestBody注解，如果要传多个参数，其他参数用@RequestParam注解。

如果方法使用@RequestBody注解，那么这个方法的请求方式只能是POST，即使使用GET请求注解，在请求中也会被框架转为POST。

服务提供者接收请求时，如果服务消费者传过来的参数用的全是@RequestParam，那么服务提供者的Controller中对应的参数前可以写@RequestParam，也可以不写（当两边参数名字一致时，可以不写）。

如果服务消费者传过来的参数有@RequestBody，那么服务提供者的Controller中对应的参数前必须写@RequestBody（如果是多参数，其余参数前视情况可以写@RequestParam，也可以不写）。

- 当参数比较复杂时，Feign即使声明为GET请求，也会强行使用POST请求。
- 不支持@GetMapping类似注解声明请求，需使用@RequestMapping(value = "url",method = RequestMethod.GET)。
- 使用@RequestParam注解时，必须在后面加上参数名。

第13章　ElasticSearch

ElasticSearch是一个基于Lucene的搜索服务器。它提供了一个分布式多用户能力的全文搜索引擎，基于RESTful Web接口。ElasticSearch是用Java开发的，并作为Apache许可条款下的开放源码发布，是当前流行的企业级搜索引擎。设计用于云计算中，能够达到实时搜索、稳定、可靠、快速，且安装使用方便。

13.1　ElasticSearch主节点

Linux操作系统下ES安装、配置文件修改、集群环境搭建，操作如下。

(1)创建ES用户，启动ES不能使用root用户。代码如下：

```
useradd es
passwd es12
```

root用户进入/home/es目录。

(2)获取ElasticSearch安装包。代码如下：

```
wget https://artifacts.elastic.co/downloads/elasticsearch/elasticsearch-
6.1.2.tar.gz
```

(3)解压、改名(方便集群时区别另一个ES)。代码如下：

```
tar xf elasticsearch-6.1.2.tar.gz
mv elasticsearch-6.1.2.tar.gz elasticsearch-node2
```

(4)修改配置文件。代码如下：

```
vi elasticsearch-node2/config/elasticsearch.yml
```

修改内容，代码如下：

```
cluster.name: my-application          // 各节点此名称必须一致
node.name: node-2                     // 节点名称，不能与其他节点相同
network.host: ***.***.***.***         // 自己的服务器 IP
http.port: ****                       // 访问端口
transport.tcp.port: ****              // 集群各节点间的通信端口
discovery.zen.ping.unicast.hosts: [" 主节点 IP: 通信端口 ", " 辅节点 IP: 通信端口 "]
```

文件最后追加以下内容，以便连接head显示健康值(注意每行代码前面不要有空格)。

```
http.cors.enabled: true
http.cors.allow-origin: "*"12
```

(5)启动指定节点(elasticsearch-node2)服务。代码如下:

```
sh elasticsearch-node2/bin/elasticsearch
 [2018-01-24T15:36:41,990][INFO ][o.e.n.Node] [KMyyO-3] started
[2018-01-24T15:36:41,997][INFO ][o.e.g.GatewayService] [KMyyO-3] recovered
[0] indices into cluster_state
```

启动成功，在浏览器中输入 IP:访问端口。

若网页中显示以下内容，则说明部署成功。代码如下:

```
{
    "name" : "node-2",
    "cluster_name" : "my-application",
    "cluster_uuid" : "j2aJ7CsRSuSo0G8Bgky2Ww",
    "version" : {
        "number" : "6.1.2",
        "build_hash" : "5b1fea5",
        "build_date" : "2018-01-10T02:35:59.208Z",
        "build_snapshot" : false,
        "lucene_version" : "7.1.0",
        "minimum_wire_compatibility_version" : "5.6.0",
        "minimum_index_compatibility_version" : "5.0.0"
    },
    "tagline" : "You Know, for Search"
}
```

(6)报错及其处理。

【类型1】

```
Caused by: java.lang.RuntimeException: can not run elasticsearch as root
```

该问题是因为运行ES不能使用root用户，因此要切换ES用户再次启动:

```
chown -R es:es elasticsearch-node2/
su - es
sh elasticsearch-node2/bin/elasticsearch
```

【类型2】

```
max file descriptors [4096] for elasticsearch process is too low, increase
to at least [65536]
```

解决方法:换回root用户，修改配置文件。代码如下:

```
vi /etc/security/limits.conf
# 在最后追加下面内容
```

```
es hard nofile 65536
es soft nofile 65536
```

【类型3】

```
max virtual memory areas vm.max_map_count [65530] is too low, increase to at least [262144]
```

解决方法：换回root用户，修改配置文件。代码如下：

```
vi /etc/sysctl.conf
# 在最后追加下面内容
vm.max_map_count=655360
# 执行命令：
sysctl -p
```

13.2　ElasticSearch辅节点

安装方法与第1个一致，注意修改配置文件。代码如下：

```
root 用户进入 /home/es 目录下
```

（1）解压、改名。代码如下：

```
tar xf elasticsearch-6.1.2.tar.gz
mv elasticsearch-6.1.2.tar.gz elasticsearch-node3
```

（2）修改配置文件。代码如下：

```
vi elasticsearch-node3/config/elasticsearch.yml
```

修改内容，代码如下：

```
cluster.name: my-application     // 各节点此名称必须一致
node.name: node-3                // 节点名称，不能与其他节点相同
network.host: ***.***.***.***    // 自己的服务器 IP
http.port: ****                  // 访问端口（注意，不要与第一个端口重复）
transport.tcp.port: ****         // 集群各节点间的通信端口(注意,不要与第一个端口重复)
discovery.zen.ping.unicast.hosts: [" 主节点 IP: 通信端口 ", " 辅节点 IP: 通信端口 "]
```

在文件最后同样追加下面的代码：

```
http.cors.enabled: true
http.cors.allow-origin: "*"12
```

（3）启动node3节点。代码如下：

```
sh elasticsearch-node3/bin/elasticsearch
```

在浏览器中输入IP:访问端口。

若网页中显示以下内容，则说明第2个部署成功。

```
{
    "name" : "node-3",
    "cluster_name" : "my-application",
    "cluster_uuid" : "j2aJ7CsRSuSo0G8Bgky2Ww",
    "version" : {
        "number" : "6.1.2",
        "build_hash" : "5b1fea5",
        "build_date" : "2018-01-10T02:35:59.208Z",
        "build_snapshot" : false,
        "lucene_version" : "7.1.0",
        "minimum_wire_compatibility_version" : "5.6.0",
        "minimum_index_compatibility_version" : "5.0.0"
    },
    "tagline" : "You Know, for Search"
}
```

13.3 ElasticSearch-head插件

ElasticSearch-head插件下载、安装、配置修改、启动（Linux环境下）操作如下。

（1）安装head插件之前需要安装node.js。代码如下：

```
curl -sL https://rpm.nodesource.com/setup_8.x | bash -
yum install -y nodejs
```

安装完成后，执行命令查看node与npm版本。代码如下：

```
[root@host]# node -v
v8.12.0
[root@host]# npm -v
6.4.1
```

（2）从Git获取head插件。代码如下：

```
wget https://github.com/mobz/elasticsearch-head/archive/master.zip
```

（3）解压安装包（可以改名，方便操作）。代码如下：

```
unzip master.zip
mv elasticsearch-head-master/ head
```

（4）修改配置文件。代码如下：

```
vi head/Gruntfile.js
```

①更改head端口号。代码如下：

```
connect: {
    server: {
```

```
            options: {
                port: ****,     // 改为 head 访问端口
                base: '.',
                keepalive: true
            }
        }
    }
```

②更改head链接地址。代码如下：

```
vi head/_site/app.js
init: function(parent) {
    this._super();
    this.prefs = services.Preferences.instance();
    this.base_uri = this.config.base_uri || this.prefs.get("app-base_uri")
|| "http:// 主节点 IP: 访问端口 ";
```

（5）启动head。代码如下：

```
nohup npm run start > ../head.log 2>&1 &1
```

（6）登录head，如图13.1所示。

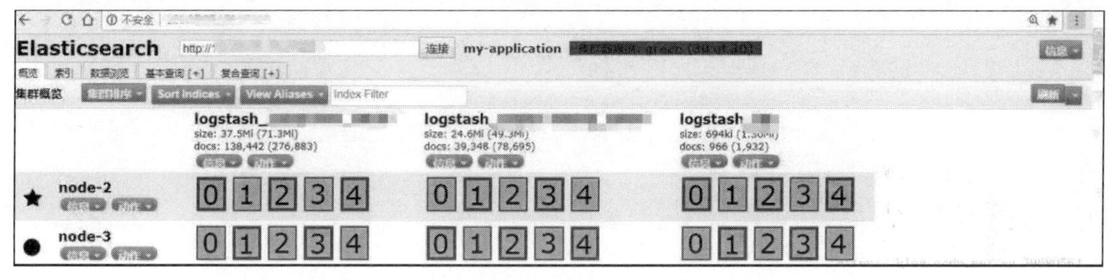

图13.1　ES head

在浏览器中输入ElasticSearch-head地址，安装成功会出现图13.1所示页面，第一栏连接左侧输入框内容为安装的ElasticSearch-head访问地址。

（7）安装head时常见的错误。

【类型1】启动成功，但是网页不能访问。解决方法：关闭服务器防火墙。代码如下：

```
service iptables stop
```

【类型2】集群健康值未连接。在ElasticSearch.yml里追加下列代码（注意，代码前面不要有空格）。

```
http.cors.enabled: truehttp.cors.allow-origin: "*"
```

注意：为什么ES节点用node2、node3？因为之前用node1搭建了一套未集群的ES，所以后面集群就用node2和node3了。

13.4 ElasticSearch实战

通过Java客户端实现对ES连接配置、索引的创建、字段的添加及数据的增、删、改、查操作。

(1)创建Maven工程，pom.xml文件代码如下：

```
<!--ES Maven 坐标引用，注意，要和 ES 服务版本匹配。-->
      <dependency>
      <!-- 官方称该包将在 7.X 版本后删除 -->
  <groupId>org.elasticsearch.client</groupId>
  <artifactId>transport</artifactId>
  <version>6.1.1</version>
  </dependency>
  <dependency>
<!--ES 核心包 -->
   <groupId>org.elasticsearch</groupId>
   <artifactId>elasticsearch</artifactId>
   <version>6.1.1</version>
  </dependency>
<!--Java 客户端首选连接工具 -->
  <dependency>
   <groupId>org.elasticsearch.client</groupId>
   <artifactId>elasticsearch-rest-high-level-client</artifactId>
   <version>6.1.1</version>
  </dependency>
```

(2)引入ElasticSearch配置，代码如下：

```
<!--
spring.data.elasticsearch.cluster-nodes es 连接地址  IP:port  多个节点用英文逗号隔开，如 IP:por,IP1:port1
-->
@Value("${spring.data.elasticsearch.cluster-nodes}")
private String clusterNodes;
public String getClusterNodes() {
    return clusterNodes;
}
public void setClusterNodes(String clusterNodes) {
    this.clusterNodes = clusterNodes;
}
```

(3)单个添加数据，代码如下：

```
/**
```

```
  * 单个增加如果索引不存在，就会自动创建
  *
  * @param object
  *              传递对象
  * @param index
  *              索引
  * @param type
  *              索引类型
  * @param clusterNodes
  *              ES 连接节点
  * @param clusterNodes2
  *              ES 连接节点 2
  * @return
  */
public static IndexResponse insertEs(Object object, String index,
String type, String clusterNodes, String clusterNodes2) {
    //connectEs(clusterNodes, clusterNodes2);
    IndexRequest indexRequest = new IndexRequest(index, type);
    String source = JsonUtil.obj2JSON(object);
    indexRequest.source(source, XContentType.JSON);
    try {
        IndexResponse response = client.index(indexRequest);
        return response;
    } catch (IOException ex) {
        // TODO
        // Auto-generated
        // catch
        // block
        ex.printStackTrace();
        return null;
    }
}
```

(4)批量添加数据，代码如下：

```
/**
  * 批量增加如果索引不存在，就会自动创建
  *
  * @param object
  *              传递数组对象
  * @param index
  *              索引
```

```
 * @param type
 *             类型
 * @param clusterNodes
 *             ES 连接节点
 * @param clusterNodes2
 *             ES 连接节点 2
 * @return
 */
public static BulkResponse insertEsArray(Object[] object, String index,
String type, String clusterNodes, String clusterNodes2) {
    // connectEs(clusterNodes, clusterNodes2);
    BulkRequest bulkRequest = new BulkRequest();
    try {
        for (Object oneObject : object) {
            IndexRequest indexRequest = new IndexRequest(index, type);
            String source = JsonUtil.obj2JSON(oneObject);
            indexRequest.source(source, XContentType.JSON);
            bulkRequest.add(indexRequest);
        }
        BulkResponse response = client.bulk(bulkRequest);
        return response;
    } catch (IOException e) {
        e.printStackTrace();
        return null;
    }
}
```

（5）根据ID删除，代码如下：

```
/**
 * 根据 ID 删除
 * @param id
 * @param index
 * @param type
 * @param clusterNodes
 * @param clusterNodes2
 */
public static void deleteEsId(String id, String index,
String type, String clusterNodes, String clusterNodes2){
    // connectEs(clusterNodes, clusterNodes2);
    DeleteRequest deleteRequest = new DeleteRequest(index, type, id);
    try {
```

```
            client.delete(deleteRequest);
        } catch (IOException e) {
            // TODO Auto-generated catch block
            e.printStackTrace();
        }
    }
```

(6)批量删除，代码如下：

```
/**
 * 批量删除
 *
 * @param ids
 *            ID数组
 * @param index
 *            索引
 * @param type
 *            类型
 * @param clusterNodes
 *            ES连接节点
 * @param clusterNodes2
 *            ES连接节点2
 * @return
 */
public static BulkResponse deleteEsByIds(String ids[], String index,
String type, String clusterNodes, String clusterNodes2) {
    // connectEs(clusterNodes, clusterNodes2);
    BulkRequest bulkRequest = new BulkRequest();
    try {
        for (String id : ids) {
            DeleteRequest deleteRequest = new DeleteRequest(index, type, id);
            bulkRequest.add(deleteRequest);
        }
        BulkResponse response = client.bulk(bulkRequest);
        return response;
    } catch (IOException e) {
        e.printStackTrace();
        return null;
    }
}
```

(7)更新ElasticSearch数据，代码如下：

```
/**
```

```
 * 更新 ES 数据
 *
 * @param id
 *            更新的 ID
 * @param map
 *            更新的值 map.put("optionTime", "2018-12-12 12:12:12"));
 *            修改 optionTime 字段时间
 * @param index
 *            索引
 * @param type
 *            类型
 * @param clusterNodes
 *            ES 连接节点
 * @param clusterNodes2
 *            ES 连接节点 2
 * @return
 */
public static UpdateResponse updateEs(String id, Map<String, Object> map,
String index, String type, String clusterNodes, String clusterNodes2) {
    // connectEs(clusterNodes, clusterNodes2);
    try {
        UpdateRequest updateRequest = new UpdateRequest(index, type, id);
        updateRequest.doc(map);
        return client.update(updateRequest);
    } catch (Exception e) {
        e.printStackTrace();
        return null;
        // TODO: handle exception
    }
}
```

（8）ElasticSearch多条件查询，代码如下：

```
/**
 * ES 多条件查询
 *
 * @param page
 *            ES 分页
 * @param termmap
 *            完全匹配条件
 * @param rangemmap
 *            范围匹配条件
```

```
     * @param wildcardmap
     *            模糊条件
     * @param index
     *            索引
     * @param type
     *            类型
     *
     * @param orderbyfield
     *            排序
     *
     * @param clusterNodes
     *            ES 连接节点
     * @param clusterNodes2
     *            ES 连接节点 2
     *
     * @param aggregationmap
     *            聚合参数匹配条件
     * @return
     */
    public static SearchResponse searchEs(Page page,
   Map<String, Object> termmap, Map<String, Object[]> rangemmap,
   Map<String, String>wildcardmap,Map<String, String> aggregationmap, String
index, String type,String orderbyfield,
   String clusterNodes, String clusterNodes2) {
       // connectEs(clusterNodes, clusterNodes2);

       SearchRequest searchRequest = new SearchRequest(index);
       SearchSourceBuilder searchSourceBuilder = new SearchSourceBuilder();
       BoolQueryBuilder queryBuilder = QueryBuilders.boolQuery();
       if (termmap != null) {
           for (String in : termmap.keySet()) {
               // map.keySet() 返回的是所有 key 的值
               Object str = termmap.get(in);
               // 得到每个 key 对应的 value 值
               if(str!=null){
                   queryBuilder.must(QueryBuilders.termQuery(in, str));
               }
           }
       }
       if (rangemmap != null) {
           for (String in : rangemmap.keySet()) {
```

```
            // map.keySet() 返回的是所有 key 的值
            Object[] str = rangemmap.get(in);
            // 得到每个 key 对应的 value 值
            if (str.length == 1) {
                queryBuilder.must(QueryBuilders.rangeQuery(in).gte(str[0]));
            } else if (str.length == 2) {
                queryBuilder.must(QueryBuilders.rangeQuery(in).gte(str[0])
                .lte(str[1]));
            }
        }
    }
    if (wildcardmap != null) {
        for (String in : wildcardmap.keySet()) {
            // map.keySet() 返回的是所有 key 的值

            String str = wildcardmap.get(in);// 得到每个 key 对应的 value 的值
            if(str!=null){
                queryBuilder.must(QueryBuilders.wildcardQuery(in, str));
            }
        }
    }
    /*if(wordsmap!=null){

        for (String in : wordsmap.keySet()) {
            String str = wordsmap.get(in);// 得到每个 key 对应的 value 的值
            if(str!=null){
                queryBuilder.must(QueryBuilders.multiMatchQuery(in, str));
            }
        }
    }*/
    searchSourceBuilder.query(queryBuilder);
    if (page != null) {
        searchSourceBuilder.from((page.getPageNow() - 1)
        * page.getPageSize());
        searchSourceBuilder.size(page.getPageSize());
    }
    if(orderbyfield!=null){
        searchSourceBuilder.sort(orderbyfield, SortOrder.DESC);
    }
    searchRequest.source(searchSourceBuilder);
    if(aggregationmap!=null){
```

```
        for (String in : aggregationmap.keySet()) {
            // map.keySet() 返回的是所有 key 的值

            String str = aggregationmap.get(in);// 得到每个 key 对应的 value 值
            if(str!=null){
                searchSourceBuilder.aggregation(AggregationBuilders.
                stats(in).field(str));
            }
        }
    }
    SearchResponse searchResponse;
    try {
        searchResponse = client.search(searchRequest);
        return searchResponse;
    } catch (IOException e) {
        //TODO 自动生成的 catch 块
        e.printStackTrace();
        return null;
    }
}
```

使用ElasticSearch时需注意问题：查询时要区分参数类型是否为数字类型和字符串类型。如果参数类型为数字类型，则代码如下：

```
# 查询年龄段内的人员
Map<String,Object[]> rangeMap=new HashMap<>(3);
List<Object> listObj=new ArrayList<>(3);
if(StringUtils.isNotBlank(rangeLowAge)){
    listObj.add(rangeLowAge);
}
if(StringUtils.isNotBlank(rangeUpAge)){
    listObj.add(rangeUpAge);
}
if(!listObj.isEmpty()){
    rangeMap.put("age", listObj.toArray());
    esSearchEntity.setRangemmap(rangeMap);
}
# 字符串类型的精确查询
Map<String,Object> termmap=new HashMap<>(3);
termmap.put("name"+".keyword", accurateName);
    esSearchEntity.setTermmap(termmap);
```

注意：区别在于key值后面添加了字符串".keyword"。

ElasticSearch模糊查询，代码如下：

```
# 按照名称
Map<String,String> likeMap=new HashMap<>(3);
likeMap.put("name"+".keyword", "*"+likeName+"*");
esSearchEntity.setWildcardmap(likeMap);
```

第14章　ELK Stack

通过使用微服务，我们已经能够克服许多遗留问题，并且它允许我们创建稳定的分布式应用程序，并对代码、团队规模、维护、发布周期、云计算等进行所需的控制。但它也引入了一些挑战，如分布式日志管理、查看在许多服务中分布的完整事务的日志与一般的分布式调试的能力。ElasticSearch、Logstash和Kibana一起称为ELK Stack。它们用于实时搜索、分析和可视化日志数据。

14.1　什么是ELK Stack

ELK Stack是由ElasticSearch、Logstash、Kibana三个开源软件组合而成，从而形成实时日志收集展示系统。接下来分别介绍每个软件。

ElasticSearch是一种基于JSON的分布式搜索和分析引擎，专为水平可扩展性、最高可靠性和易管理性而设计。

Logstash是一个动态数据收集管道，具有可扩展的插件生态系统和强大的ElasticSearch协同作用。

Kibana通过UI提供数据可视化。

14.2　ELK Stack结构

Logstash根据我们设置的过滤条件处理应用程序日志文件，并将这些日志保存到ElasticSearch，通过Kibana可以在需要时查看和分析这些日志，如图14.1所示。

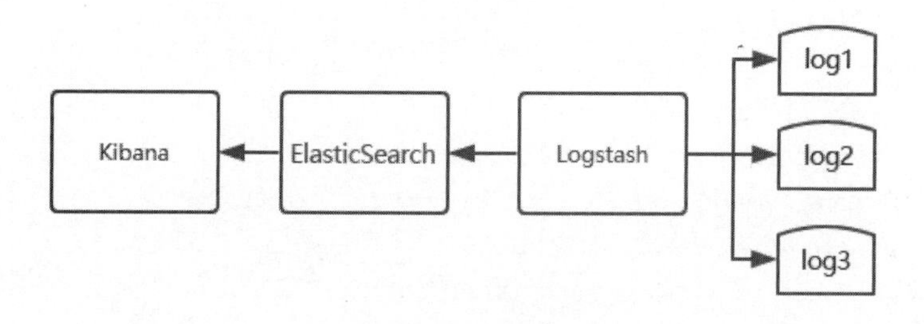

图14.1　ELK流程图

14.3 ELK Stack配置

ElasticSearch、Logstash和Kibana 3个工具都基于JVM，所以在开始安装之前，请验证JDK是否已正确配置。

1.ElasticSearch

下载最新版本的ElasticSearch，并将其解压缩到任何文件夹中。执行bin\elasticsearch.bat命令即可运行服务。默认情况下，它的访问地址为http://localhost:9200。

2.Logstash

下载最新的发行版本并解压缩到任何文件夹中。logstash.conf根据配置说明创建一个文件。我们将在实际演示时间内再次确定配置。现在运行bin/logstash -f logstash.conf，以启动logstash。

ELK Stack未启动并正在运行。现在需要创建一些微服务并指向API日志路径的logstash。

3.Kibana

下载最新的发行版本并解压缩到任何文件夹中。config/kibana.yml在编辑器中打开，并设置elasticsearch.url为指向ElasticSearch实例。在ElasticSearch中，因为使用本地实例，所以ES访问的地址为http://localhost:9200，因此取消Logstash配置文件中的注释elasticsearch.url: http://localhost:9200。

bin\kibana.bat从命令提示符运行。成功启动后，Kibana将启动默认端口5601，Kibana UI将在http://localhost:5601中。

14.4 ELK Stack创建微服务

创建Spring Boot项目，添加REST端点。添加一个RestController服务控制器暴露一些接口，如/elk、/elkdemo、/exception。实际上，我们只会测试几个日志语句，因此可以根据选择随意添加/修改日志，代码如下：

```
package com.example.cto7.elkexamplespringboot;
import java.io.PrintWriter;
import java.io.StringWriter;
import java.util.Date;
import org.apache.log4j.Level;
import org.apache.log4j.Logger;
import org.springframework.beans.factory.annotation.Autowired;
import org.springframework.boot.SpringApplication;
import org.springframework.boot.autoconfigure.SpringBootApplication;
import org.springframework.context.annotation.Bean;
import org.springframework.core.ParameterizedTypeReference;
import org.springframework.http.HttpMethod;
```

```
    import org.springframework.web.bind.annotation.RequestMapping;
    import org.springframework.web.bind.annotation.RestController;
    import org.springframework.web.client.RestTemplate;
    @SpringBootApplication
    public class ElkExampleSpringBootApplication {
        public static void main(String[] args) {
            SpringApplication.run(ElkExampleSpringBootApplication.class, args);
        }
    }
    @RestController
    class ELKController {
        private static final Logger LOG = Logger.getLogger(ELKController.class.
getName());
        @Autowired
        RestTemplate restTemplete;
        @Bean
        RestTemplate restTemplate() {
            return new RestTemplate();
        }
        @RequestMapping(value = "/elkdemo")
        public String helloWorld() {
            String response = "Hello user ! " + new Date();
            LOG.log(Level.INFO, "/elkdemo - &gt; " + response);
            return response;
        }
        @RequestMapping(value = "/elk")
        public String helloWorld1() {
            String response=restTemplete.exchange("http://localhost:8080/
elkdemo", HttpMethod.GET, null, newParameterizedTypeReference() {
            }).getBody();
            LOG.log(Level.INFO, "/elk - &gt; " + response);
            try {
                String exceptionrsp = restTemplete.exchange("http://
localhost:8080/exception", HttpMethod.GET, null,new
ParameterizedTypeReference() {
                }).getBody();
   LOG.log(Level.INFO, "/elk trying to print exception - &gt; " +
exceptionrsp);
                response = response + " === " + exceptionrsp;
            } catch (Exception e) {
              // 这里不应该有例外
```

```
        }
        return response;
    }
    @RequestMapping(value = "/exception")
    public String exception() {
        String rsp = "";
        try {
            int i = 1 / 0;
            //抛出异常
        } catch (Exception e) {
            e.printStackTrace();
            LOG.error(e);
            StringWriter sw = new StringWriter();
            PrintWriter pw = new PrintWriter(sw);
            e.printStackTrace(pw);
            String sStackTrace = sw.toString(); // stack trace 字符串
            LOG.error("Exception As String :: - &gt; "+sStackTrace);
            rsp = sStackTrace;
        }
        return rsp;
    }
}
```

修改Spring配置文件。application.properties在resources文件夹下打开并添加以下配置条目：

```
logging.file=elk-example.log
spring.application.name = elk-example
```

验证微服务生成的日志。

通过浏览http://localhost:8080/elk，mvn clean install使用命令java -jar target/elk-example-spring-boot-0.0.1-SNAPSHOT.jar和测试执行最终的Maven构建并启动应用程序。不要害怕看到屏幕上的大堆栈跟踪，可以有意识地看ELK如何处理异常消息。

转到应用程序根目录并验证是否elk-example.log已创建日志文件，对端点执行几次访问并验证日志文件中是否添加了日志。

14.5 Logstash配置

我们需要创建一个Logstash配置文件，以便它监听日志文件并将日志消息推送到ElasticSearch。下面是示例中使用的Logstash配置，根据设置更改日志路径。

```
input {
    file {
```

```
            type =>"java"
            path =>"F:/Study/eclipse_workspace_mars/elk-example-spring-boot/
elk-example.log"
            codec => multiline {
                pattern =>"^%{YEAR}-%{MONTHNUM}-%{MONTHDAY} %{TIME}.*"
                negate =>"true"
                what =>"previous"
            }
        }
    }
    filter {
    # 如果日志行包含制表符后接 "at", 则将该条目标记为 stacktrace
        if [message] =~ "\tat" {
        grok {
            match => ["message", "^(\tat)"]
            add_tag => ["stacktrace"]
        }
    }
    grok {
        match => [ "message",
            "(?<timestamp>%{YEAR}-%{MONTHNUM}-%{MONTHDAY} %{TIME})
%{LOGLEVEL:level} %{NUMBER:pid} --- \[(?<thread>[A-Za-z0-9-]+)\]
[A-Za-z0-9.]*\.(?<class>[A-Za-z0-9#_]+)\s*:\s+(?<logmessage>.*)",
            "message",
            "(?<timestamp>%{YEAR}-%{MONTHNUM}-%{MONTHDAY} %{TIME})
%{LOGLEVEL:level} %{NUMBER:pid} --- .+? :\s+(?<logmessage>.*)"
            ]
        }
        date {
            match => [ "timestamp" , "yyyy-MM-dd HH:mm:ss.SSS" ]
        }
    }
    output {
        stdout {
            codec => rubydebug
        }
        # 将正确解析的日志事件发送到 ElasticSearch
        elasticsearch {
            hosts => ["localhost:9200"]
        }
    }
```

14.6 Kibana配置

在查看Kibana中的日志之前，需要配置索引模式。可以配置Logstash-*为默认配置，可以在Logstash端更改此索引模式，并在Kibana中进行配置。为简单起见，使用默认配置。

Kibana中的Logstash配置如图14.2所示，通过这种配置，将Kibana指向我们选择的ElasticSearch索引。Logstash使用名称模式创建索引。logstash-YYYY.MM.DD可以在Kibana控制台http://localhost:5601/app/kibana中执行所有这些配置，然后转到左侧面板中的Management链接。

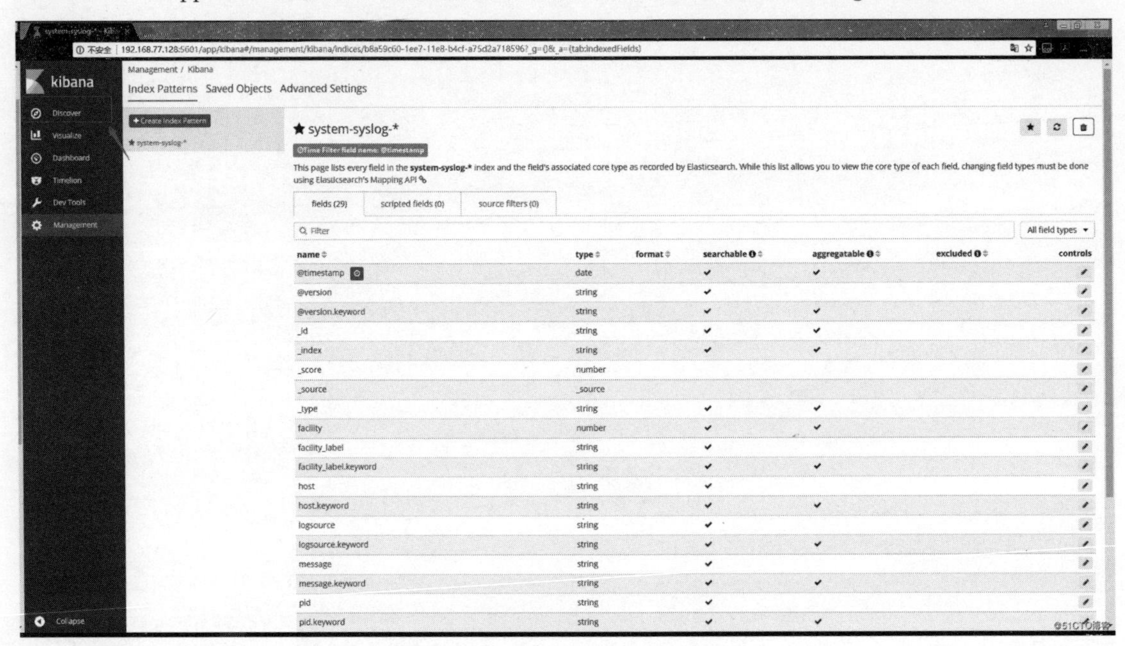

图14.2 Kibana中的Logstash配置

14.7 验证ELK Stack

现在所有组件都已启动并运行，验证整个生态系统。转到应用程序并测试端点，以便生成日志，然后转到Kibana控制台，看日志是否正确堆叠在Kibana中。还有许多额外的功能，如可以过滤、查看内置的不同图表等，如图14.3所示。

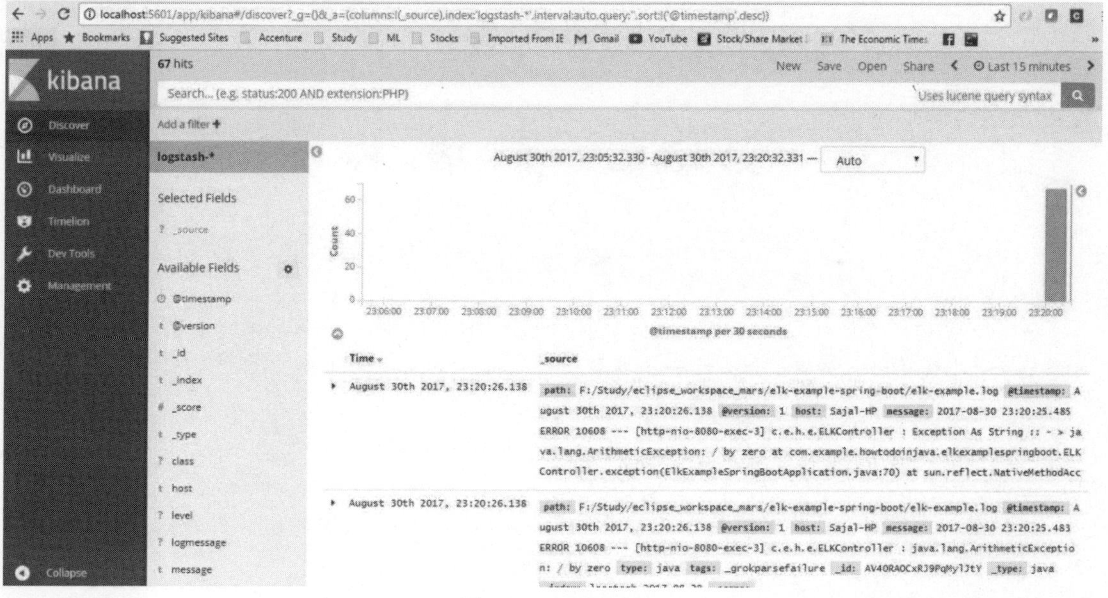
localhost:5601/app/kibana#/discover?_g=()&_a=(columns:!(_source),index:'logstash-*',interval:auto,query:'',sort:!('@timestamp',desc))
kibana
67 hits
New
Save
Open
Share
Last 15 minutes
Search... (e.g. status:200 AND extension:PHP)
Uses lucene query syntax
Add a filter
Discover
Visualize
Dashboard
Timelion
Dev Tools
Management
Collapse
logstash-*
Selected Fields
_source
Available Fields
@timestamp
@version
_id
_index
_score
_type
class
host
level
logmessage
message
August 30th 2017, 23:05:32.330 - August 30th 2017, 23:20:32.331
Auto
Count
@timestamp per 30 seconds
Time
_source
August 30th 2017, 23:20:26.138
path: F:/Study/eclipse_workspace_mars/elk-example-spring-boot/elk-example.log @timestamp: August 30th 2017, 23:20:26.138 @version: 1 host: Sajal-HP message: 2017-08-30 23:20:25.485 ERROR 10608 --- [http-nio-8080-exec-3] c.e.h.e.ELKController : Exception As String :: - > java.lang.ArithmeticException: / by zero at com.example.howtodoinjava.elkexamplespringboot.ELKController.exception(ElkExampleSpringBootApplication.java:70) at sun.reflect.NativeMethodAcc
August 30th 2017, 23:20:26.138
path: F:/Study/eclipse_workspace_mars/elk-example-spring-boot/elk-example.log @timestamp: August 30th 2017, 23:20:26.138 @version: 1 host: Sajal-HP message: 2017-08-30 23:20:25.483 ERROR 10608 --- [http-nio-8080-exec-3] c.e.h.e.ELKController : java.lang.ArithmeticException: / by zero type: java tags: _grokparsefailure _id: AV4ORAOCxRJ9PqMylJtY _type: java

图14.3　日志视图

第15章 多 线 程

多线程是指从软件或者硬件上实现多个线程并发执行的技术。具有多线程能力的计算机因有硬件支持而能够在同一时间执行多于一个线程，进而提升整体处理性能。

单线程如同一根水管配一个花洒，意味着同一时刻只能一个人洗澡。

多线程如同一根水管配两个花洒，意味着同一时刻可以两个人洗澡，如果为多核机器，甚至可以做到两根水管4个花洒同时供4个人使用。

单线程处理能力低。例如，一个人搬砖与多个人搬砖，一个人只能搬一车砖，但是多个人可以一起搬多车砖。

在Java里实现线程的方式有Thread、Runnable、Callable。

使用线程可以获得更大的吞吐量，但是开销很大，如线程栈空间的大小、切换线程需要的时间等，所以用到线程池进行重复利用。当线程使用完毕之后，就放回线程池，避免创建与销毁的开销。

15.1 线程的生命周期

Java的线程生命周期有6种状态。

- New（初始化状态）。
- Runnable（可运行/运行状态）。
- Blocked（阻塞状态）。
- Waiting（无时间限制的等待状态）。
- Timed_Waiting（有时间限制的等待状态）。
- Terminated（终止状态）。

New（初始化状态）：是指在高级语言中，如Java。在Java层面的线程被创建，而在操作系统中的线程其实是还没被创建，所以这时是不可能分配CPU执行这个线程的。这种状态是高级语言独有的，操作系统的线程没这种状态。我们创建了一个线程，那时它就是这种状态。

Runnable（可运行/运行状态）：这种状态下是可以分配CPU执行的，在New状态调用start()方法后线程就处于这种状态。

Blocked（阻塞状态）：这种状态下是不能分配CPU执行的，只有一种情况会导致线程阻塞，就是Synchronized！被Synchronized修饰的方法或者代码块同一时刻只能有一个线程执行，而其他竞争锁的线程就从Runnable状态到了Blocked状态！注意，并发包中的Lock会让线程处于等待状态，而不是阻塞状态，只有Synchronized是阻塞。

Waiting（无时间限制的等待状态）：这种状态下也是不能分配CPU执行的。有3种情况会使得Runnable状态到Waiting状态。

- 调用无参的Object.wait()方法。等到notifyAll()或者notify()唤醒，就会回到Runnable状态。
- 调用无参的Thread.join()方法。例如，你在主线程里建立了一个线程A，调用A.join()方法，你的主线程得等A执行完后才会继续执行，这时你的主线程就处于等待状态。
- 调用LockSupport.park()方法。LockSupport是Java 6.0引入的一个工具类。Java并发包中的锁都是基于它实现的，再调用LockSupport.unpark(Thread thread)，就会回到Runnable状态。

Timed_Waiting（有时间限制的等待状态）：其实这种状态和Waiting就是有没有超时时间的差别，这种状态下也是不能分配CPU执行的。有5种情况会使得Runnable状态到Waiting状态。

- Object.wait(long timeout)。
- Thread.join(long millis)。
- Thread.sleep(long millis)。注意，Thread.sleep(long millis, int nanos)内部调用的其实也是Thread.sleep(long millis)。
- LockSupport.parkNanos(Object blocked,long deadline)。
- LockSupport.parkUntil(long deadline)。

Terminated（终止状态）：线程正常运行结束后或者运行一半异常了就是终止状态。

注意： *方法Thread.stop()是让线程终止的，但这个方法已经被废弃，不推荐使用，因为如果这个线程得到了锁，停止后这个锁也随之消失，其他线程拿不到这个锁，推荐使用interrupted()方法。*

interrupted()方法会使得Waiting和Timed_Waiting状态的线程抛出interruptedException异常，使得Runnable状态的线程如果在I/O操作，会抛出其他异常。

如果Runnable状态的线程没有阻塞在I/O状态，那么只能主动检测自己是不是被中断了，可以使用isInterrupted()，如图15.1所示。

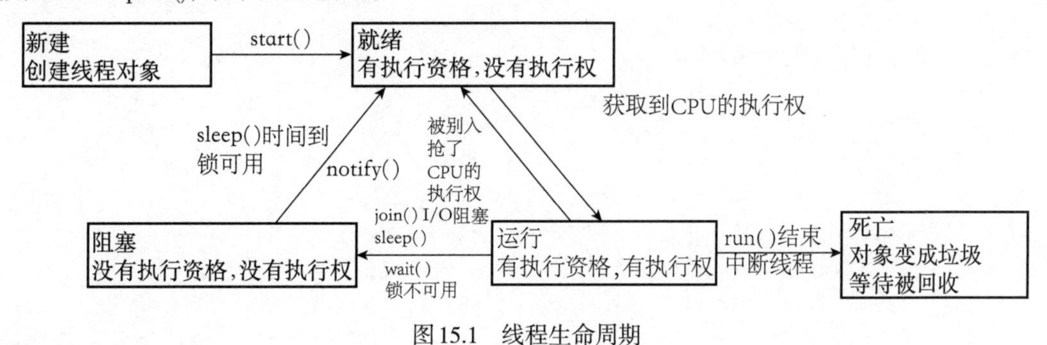

图15.1　线程生命周期

15.2　线程间通信的方式

线程间如何通信？线程并发、同步问题如何解决？

1.等待通知机制wait()、notify()、join()、interrupted()

2.并发工具Synchronized、Lock、CountDownLatch、CyclicBarrier、Semaphore

这里讲的同步是指多个线程通过synchronized关键字这种方式实现线程间的通信。参考示例代码如下：

```
public class MyObject {
synchronized public void methodA() {
        //做某事……
    }
    synchronized public void methodB() {
        //做其他事
    }
}
public class ThreadA extends Thread {
    private MyObject object;
//省略构造方法
    @Override
    public void run() {
        super.run();
        object.methodA();
    }
}
public class ThreadB extends Thread {
    private MyObject object;
//省略构造方法
    @Override
    public void run() {
        super.run();
        object.methodB();
    }
}
public class Run {
    public static void main(String[] args) {
        MyObject object = new MyObject();
        //线程A与线程B 持有的是同一个对象:object
        ThreadA a = new ThreadA(object);
        ThreadB b = new ThreadB(object);
        a.start();
        b.start();
    }
}
```

由于线程A和线程B持有同一个MyObject类的对象object，尽管这两个线程需要调用不同的方法，但是它们同步执行。例如，线程B需要等待线程A执行完methodA()方法后，才能执行methodB()方法。这样，线程A和线程B就实现了通信。

这种方式本质上就是“共享内存”式的通信。多个线程需要访问同一个共享变量，谁拿到锁（获得了访问权限），谁就可以执行。

线程间的同步解决方式有以下两种。

1.while轮询的方式

代码如下：

```
import java.util.ArrayList;
import java.util.List;
public class MyList {
    private List<String> list = new ArrayList<String>();
    public void add() {
        list.add("elements");
    }
    public int size() {
        return list.size();
    }
}
import mylist.MyList;
public class ThreadA extends Thread {
    private MyList list;
    public ThreadA(MyList list) {
        this.list = list;
    }
    @Override
    public void run() {
        try {
            for (int i = 0; i < 10; i++) {
                list.add();
                System.out.println("添加了" + (i + 1) + "个元素");
                Thread.sleep(1000);
            }
        } catch (InterruptedException e) {
            e.printStackTrace();
        }
    }
}
import mylist.MyList;
```

```
public class ThreadB extends Thread {
    private MyList list;
    public ThreadB(MyList list) {
        super();
        this.list = list;
    }
    @Override
    public void run() {
        try {
            while (true) {
                if (list.size() == 5) {
                    System.out.println("==5, 线程 B 准备退出了 ");
                    throw new InterruptedException();
                }
            }
        } catch (InterruptedException e) {
            e.printStackTrace();
        }
    }
}
import mylist.MyList;
import extthread.ThreadA;
import extthread.ThreadB;
public class Test {
    public static void main(String[] args) {
        MyList service = new MyList();
        ThreadA a = new ThreadA(service);
        a.setName("A");
        a.start();
        ThreadB b = new ThreadB(service);
        b.setName("B");
        b.start();
    }
}
```

在这种方式下，线程A不断地改变条件，线程B不停地通过while语句检测这个条件(list.size()==5)是否成立，从而实现了线程间的通信。但是，这种方式会浪费CPU资源。因为JVM调度器将CPU交给线程B执行时，它没做“有用”的工作，只是在不断地测试某个条件是否成立。

这就类似于现实生活中，某个人一直看着手机屏幕是否有电话，而不是：在做别的事情，当有电话来时，响铃通知他电话来了。关于线程的轮询的影响，可参考相关资料。例如，Java多线程之当一个线程在执行死循环时会影响另外一个线程吗？

这种方式还存在另外一个问题：轮询的条件的可见性问题。关于内存可见性问题，可参考相关资料。例如，Java多线程之Volatile与Synchronized的比较中的第一点“Volatile关键字的可见性”。

线程都是先把变量读取到本地线程栈空间，然后再去修改本地变量。因此，如果线程B每次都在取本地的条件变量，那么尽管另外一个线程已经改变了轮询的条件，它也察觉不到，这样也会造成死循环。

2.wait/notify机制

代码如下：

```
import java.util.ArrayList;
import java.util.List;
public class MyList {
    private static List<String> list = new ArrayList<String>();
    public static void add() {
        list.add("anyString");
    }
    public static int size() {
        return list.size();
    }
}
public class ThreadA extends Thread {
    private Object lock;
    public ThreadA(Object lock) {
        super();
        this.lock = lock;
    }
    @Override
    public void run() {
        try {
            synchronized (lock) {
                if (MyList.size() != 5) {
                    System.out.println("wait begin "
                            + System.currentTimeMillis());
                    lock.wait();
                    System.out.println("wait end  "
                            + System.currentTimeMillis());
                }
            }
        } catch (InterruptedException e) {
            e.printStackTrace();
        }
```

```
    }
}
public class ThreadB extends Thread {
    private Object lock;
    public ThreadB(Object lock) {
        super();
        this.lock = lock;
    }
    @Override
    public void run() {
        try {
            synchronized (lock) {
                for (int i = 0; i < 10; i++) {
                    MyList.add();
                    if (MyList.size() == 5) {
                        lock.notify();
                        System.out.println("已经发出了通知");
                    }
                    System.out.println("添加了" + (i + 1) + "个元素!");
                    Thread.sleep(1000);
                }
            }
        } catch (InterruptedException e) {
            e.printStackTrace();
        }
    }
}
public class Run {
    public static void main(String[] args) {
        try {
            Object lock = new Object();
            ThreadA a = new ThreadA(lock);
            a.start();
            Thread.sleep(50);
            ThreadB b = new ThreadB(lock);
            b.start();
        } catch (InterruptedException e) {
            e.printStackTrace();
        }
    }
}
```

线程A要等待某个条件(list.size()==5)满足时,才执行操作。线程B则向list中添加元素,改变list的size。

线程A、线程B之间如何通信?也就是说,线程A如何知道list.size()已经为5,这里用到Object类的wait()和notify()方法。

当条件(list.size() !=5)未满足时,线程A调用wait()方法放弃CPU,并进入阻塞状态。不像while轮询那样占用CPU。

当条件满足时,线程B调用 notify()通知线程A。所谓通知线程A,就是唤醒线程A,并让它进入可运行状态。

这种方式的好处是CPU的利用率提高了,但也有缺点。例如,线程B先执行,一下添加了5个元素并调用notify()方法发送通知,而此时线程A还执行;当线程A执行并调用wait()方法时,它永远不可能被唤醒。因为线程B已经发了通知,以后不再重复通知。这说明:通知过早会打乱程序的执行逻辑。

管道通信就是使用java.io.PipedInputStream和java.io.PipedOutputStream进行通信,这里详细介绍。分布式系统中说的两种通信机制为共享内存机制和消息通信机制。前面解决方式中的Synchronized关键字和while轮询"属于"共享内存机制,由于轮询的条件使用volatile关键字修饰,这表示它们通过判断"共享的条件变量"是否改变来实现进程间的交流。

管道通信更像消息传递机制,也就是说,通过管道将一个线程中的消息发送给另一个线程。

15.3 锁

锁是在不同线程竞争资源的情况下分配不同线程执行方式的同步控制工具。只有线程获取到锁之后才能访问同步代码,否则等待其他线程使用结束后释放锁。

15.3.1 Synchronized

Synchronized通常和wait、sleep、notify、notifyAll一块儿使用。

- wait:释放占有的对象锁,释放CPU,进入等待队列只能通过notify/all继续该线程。
- sleep:释放CPU,但是不释放占有的对象锁。可以在sleep结束后自动继续该线程。
- notify:唤醒等待队列中的一个线程,使其获得锁进行访问。
- notifyAll:唤醒等待队列中等待该对象锁的全部线程,让其竞争以获得锁。

15.3.2 Lock

Lock拥有与Synchronized相同的语义,但是添加了一些其他特性,如中断锁等候和定时锁等候,所以可以使用Lock代替Synchronized,但必须手动加锁释放锁。

15.3.3 Synchronized和Lock的区别

1.性能

资源竞争激烈的情况下，Lock的性能比Synchronized的性能好；如果竞争资源不激烈，两者的性能差不多。

2.用法

Synchronized可以用在代码块上和方法上。Lock通过代码实现，有更精确的线程语义，但需要手动释放，还提供了多样化的同步，如公平锁、有时间限制的同步、可以被中断的同步。

3.原理

Synchronized在JVM级别实现，会在生成的字节码中加上monitorenter和monitorexit，任何对象都有一个monitor与之相关联，当一个monitor被持有之后，它将处于锁定状态。monitor是JVM的一个同步工具,Synchronized还通过内存指令屏障保证共享变量的可见性。Lock使用AQS（Abstract Queued Synchronizer）。AQS提供了一种实现阻塞锁和一系列依赖FIFO等待队列的同步器的框架在代码级别实现，通过Unsafe.park调用操作系统内核进行阻塞。

4.功能

ReentrantLock的功能更强大，具体如下。

- ReentrantLock可以指定是公平锁，还是非公平锁，而Synchronized只能是非公平锁。所谓公平锁，就是先等待的线程先获得锁。
- ReentrantLock提供了一个Condition（条件）类，用来实现分组唤醒需要唤醒的线程，而不是像Synchronized要么随机唤醒一个线程，要么唤醒全部线程。
- ReentrantLock提供了一种能够中断等待锁的线程的机制，通过lock.lockInterruptibly()实现这个机制。

写同步时，优先考虑Synchronized，如果有特殊需要，再进一步优化。ReentrantLock和Atomic如果用得不好，不仅不能提高性能，而且还可能带来灾难。

Volatile关键字的作用如下。

- 工作内存直接与主内存产生交互，进行读/写操作，保证可见性。
- 禁止JVM进行的指令重排序。

ThreadLocal的作用如下：

使用ThreadLocal<UserInfo> userInfo = new ThreadLocal<UserInfo>()的方式，让每个线程内部都会维护一个ThreadLocalMap，里边包含了若干Entry（K-V 键值对），每次存取都会先获取到当前线程ID，然后得到该线程对象中的Map，最后与Map交互。

15.4 线 程 池

线程池的核心参数如下。

- corePoolSize：核心线程数量，线程池中应该常驻的线程数量。

- maximumPoolSize：线程池允许的最大线程数，非核心线程在超时之后会被清除。
- workQueue：阻塞队列，存储等待执行的任务。
- keepAliveTime：线程没有任务执行时可以保持的时间。
- unit：时间单位。
- threadFactory：线程工厂，用来创建线程。
- rejectHandler：当拒绝任务提交时的策略（抛出异常、用调用者所在的线程执行任务、丢弃队列中第一个任务执行当前任务、直接丢弃任务）。

新建Thread的弊端如下。

- 每次启动线程都需要new Thread新建对象与线程，性能差。线程池能重用存在的线程，减少对象创建、回收的开销。
- 线程缺乏统一管理，可以无限制地新建线程，导致OOM。线程池可以控制、可以创建执行的最大并发线程数。
- 缺少工程实践的一些高级的功能，如定期执行、线程中断。线程池提供定期执行、并发数控制功能。

15.4.1 创建线程的逻辑

以下任务提交逻辑来自ThreadPoolExecutor.execute()方法。

- 如果运行的线程数小于corePoolSize，则直接创建新线程，即使有其他线程是空闲的。
- 当运行的线程数不小于corePoolSize时，如果插入队列成功，则完成本次任务提交，但不创建新线程；如果插入队列失败，则说明队列满了，如果当前线程数小于maximumPoolSize，则创建新的线程放到线程池中，如果当前线程数不小于maximumPoolSize，则会执行指定的拒绝策略。

15.4.2 阻塞队列的策略

（1）直接提交。SynchronousQueue是一个没有数据缓冲的BlockingQueue，生产者线程对它的插入操作put必须等待消费者的移除操作take。将任务直接提交给线程而不保持它们。

（2）无界队列。当使用无限的maximumPoolSize时，将导致在所有corePoolSize线程都忙时新任务在队列中等待。

（3）有界队列。当使用有限的maximumPoolSize时，有界队列（如ArrayBlockingQueue）有助于防止资源耗尽，但是可能较难调整和控制。

15.4.3 并发包工具类

CountDownLatch计数器闭锁是一个能阻塞主线程，让其他线程满足特定条件下主线程再继续执行的线程同步工具。使用场景如下。

- 并行计算。把任务分配给不同线程之后需要等待所有线程计算完成，主线程才能汇总得到最终结果。
- 模拟并发。可以作为并发次数的统计变量，当任意多个线程执行完成并发任务后统计一次即可。

15.4.4 Semaphore

Semaphore（信号量）是一个能阻塞线程且能控制统一时间请求的并发量的工具，如能保证同时执行的线程最多200个，模拟出稳定的并发量。示例代码如下：

```
public class CountDownLatchTest {
    public static void main(String[] args) {
        ExecutorService executorService = Executors.newCachedThreadPool();
        Semaphore semaphore = new Semaphore(3);
        for (int i = 0; i < 100; i++) {
            int finalI = i;
            executorService.execute(() -> {
                try {
                    semaphore.acquire(3);
                    Thread.sleep(1000);
                    System.out.println(finalI);
                    semaphore.release(3);
                } catch (InterruptedException e) {
                    e.printStackTrace();
                }
            });
        }
        executorService.shutdown();
    }
}
```

由于同时获取3个许可，所以即使开启了100个线程，但是每秒只能执行一个任务。

使用场景：数据库连接并发数，如果超过并发数，则等待（acquire）或者抛出异常（tryAcquire）。

15.4.5 CyclicBarrier

CyclicBarrier是可以让一组线程相互等待，当每个线程都准备好后，所有线程才继续执行的工具类。CyclicBarrier与CountDownLatch类似，都是通过计数器实现的。当某个线程调用await后，计数器减1，当计数器大于0时，将等待的线程包装成AQS的节点放入等待队列中；当计数器为0时，将等待队列中的节点拿出来执行。

CyclicBarrier与CountDownLatch的区别如下。

- CountDownLatch是一个线程等其他线程，而CyclicBarrier是多个线程相互等待。
- CyclicBarrier的计数器能重复使用，调用多次。

使用场景：有4个游戏玩家玩游戏，游戏有3个关卡，每个关卡必须所有玩家都到达后才允许通过。其实这个场景里的玩家中如果有玩家A先到了关卡1，他必须等到其他所有玩家都到达关卡1时才能通过。也就是说，线程之间需要相互等待。

第16章　Redis缓存技术

Redis基于内存，也可以基于磁盘持久化NoSQL数据库，使用C语言开发。Redis开创了一种新的数据存储思路。使用Redis，不用在面对功能单调的数据库时把精力放在处理如何把大象放进冰箱这样的问题上，而是利用Redis灵活多变的数据结构和数据操作为不同的大象构建不同的冰箱。

16.1　Redis最常用的数据类型

Redis是一种高级的key:value存储系统，其中value支持以下5种数据类型。

- 字符串（strings）。
- 字符串列表（lists）。
- 字符串集合（sets）。
- 有序字符串集合（sorted sets）。
- 哈希（hashes）。

关于key，需要注意以下3点。

- key不能太长，尽量不超过1024B。超过1024B不但消耗内存，而且会降低查找效率。
- key也不能太短，若key太短，key的可读性会降低。
- 在一个项目中，key最好使用统一的命名模式，如user:10000:passwd。

16.2　创建一个Spring Boot项目

在pom.xml文件中添加springboot-redis以及Java客户端jedis坐标，注意和Redis服务版本号匹配，代码如下：

```
<dependency>
   <groupId>org.springframework.boot</groupId>
   <artifactId>spring-boot-starter-data-redis</artifactId>
   <version>1.5.9.RELEASE</version>
  </dependency>
  <dependency>
   <groupId>redis.clients</groupId>
   <artifactId>jedis</artifactId>
```

```
    <version>2.9.0</version>
  </dependency>
```

16.3 Redis添加配置文件

Java连接Redis配置文件，代码如下：

```
#Master 的 IP 地址
redis.hostName=192.168.199.184
# 端口号
redis.port=6379
# 如果有密码
redis.password=
# 客户端超时时间单位是毫秒，默认是 2000ms
redis.timeout=10000
# 最大空闲数
redis.maxIdle=300
# 连接池的最大数据库连接数。设为 0 表示无限制，如果是 jedis 2.4，以后用 redis.maxTotal
#redis.maxActive=600
# 控制一个 pool 可分配多少个 jedis 实例，用来替换上面的 redis.maxActive，如果是 jedis 2.4，以后用该属性
redis.maxTotal=1000
# 最大建立连接等待时间。如果超过此时间，将接到异常。设为 -1 表示无限制
redis.maxWaitMillis=1000
# 连接的最小空闲时间，默认为 1800000ms(30min)
redis.minEvictableIdleTimeMillis=300000
# 每次释放连接的最大数目，默认为 3
redis.numTestsPerEvictionRun=1024
# 逐出扫描的时间间隔（毫秒），如果为负数，则不运行逐出线程，默认为 -1
redis.timeBetweenEvictionRunsMillis=30000
# 在从池中取出连接前是否进行检验，如果检验失败，则从池中去除连接并尝试取出另一个
redis.testOnBorrow=true
# 在空闲时检查有效性，默认为 false
redis.testWhileIdle=true
```

16.4 注入配置

Java注解方式配置Redis连接属性，代码如下：

```
@Configuration
public class RedisConfig {
```

```
注入以上文件 Redis 配置属性
 @Value("${redis.hostName}")
 private String hostName;
 ...
    /**
     * JedisPoolConfig 连接池
     * @return
     */
    @Bean
    public JedisPoolConfig jedisPoolConfig() {
        JedisPoolConfig jedisPoolConfig = new JedisPoolConfig();
        // 最大空闲数
        jedisPoolConfig.setMaxIdle(maxIdle);
        // 连接池的最大数据库连接数
        jedisPoolConfig.setMaxTotal(maxTotal);
        // 最大建立连接等待时间
        jedisPoolConfig.setMaxWaitMillis(maxWaitMillis);
        // 逐出连接的最小空闲时间，默认为 1800000ms(30min)
        jedisPoolConfig.setMinEvictableIdleTimeMillis
(minEvictableIdleTimeMillis);
        // 每次逐出检查时逐出的最大数目，如果为负数，就是 1/abs(n)，默认为 3
        jedisPoolConfig.setNumTestsPerEvictionRun(numTestsPerEvictionRun);
        // 逐出扫描的时间间隔（毫秒），如果为负数，则不运行逐出线程，默认为 -1
        jedisPoolConfig.setTimeBetweenEvictionRunsMillis
(timeBetweenEvictionRunsMillis);
        // 在从池中取出连接前是否进行检验，如果检验失败，则从池中去除连接并尝试取出另一个
        jedisPoolConfig.setTestOnBorrow(testOnBorrow);
        // 在空闲时检查有效性，默认为 false
        jedisPoolConfig.setTestWhileIdle(testWhileIdle);
        return jedisPoolConfig;
    }
    /**
     * 单机版配置
    * @Title: JedisConnectionFactory
    * @param @param jedisPoolConfig
    * @param @return
    * @return JedisConnectionFactory
    * @autor lpl
    * @date 2018 年 2 月 24 日
    * @throws
     */
```

```
        @Bean
        public JedisConnectionFactory JedisConnectionFactory
(JedisPoolConfig jedisPoolConfig){
            JedisConnectionFactoryJedisConnectionFactory=new
JedisConnectionFactory(jedisPoolConfig);
            //连接池
            JedisConnectionFactory.setPoolConfig(jedisPoolConfig);
            //IP 地址
            JedisConnectionFactory.setHostName(hostName);
            //端口号
            JedisConnectionFactory.setPort(port);
            //如果 Redis 设置有密码
            //JedisConnectionFactory.setPassword(password);
            //客户端超时时间，单位是 ms
            JedisConnectionFactory.setTimeout(5000);
            return JedisConnectionFactory;
        }
        /**
         * 实例化 RedisTemplate 对象
         *
         * @return
         */
        @Bean
        public RedisTemplate<String, Object>functionDomainRedisTemplate
(RedisConnectionFactory redisConnectionFactory) {
            RedisTemplate<String, Object> redisTemplate = new
RedisTemplate<>();
    initDomainRedisTemplate(redisTemplate, redisConnectionFactory);
            return redisTemplate;
        }
        /**
         * 设置数据存入 Redis 的序列化方式，并开启事务
         *
         * @param redisTemplate
         * @param factory
         */
        private void initDomainRedisTemplate(RedisTemplate<String, Object>
redisTemplate, RedisConnectionFactory factory) {
            //如果不配置 Serializer，那么存储的时候默认使用 String，如果用 User 类型存储，
就会提示错误 User can't cast to String！
            redisTemplate.setKeySerializer(new StringRedisSerializer());
```

```
            redisTemplate.setHashKeySerializer(new StringRedisSerializer());
            redisTemplate.setHashValueSerializer(new
GenericJackson2JsonRedisSerializer());
            redisTemplate.setValueSerializer(new
GenericJackson2JsonRedisSerializer());
            // 开启事务
            redisTemplate.setEnableTransactionSupport(true);
            redisTemplate.setConnectionFactory(factory);
        }
        /**
         * 注入封装 RedisTemplate
        * @Title: redisUtil
        * @return RedisUtil
        * @autor lpl
        * @date 2017年12月21日
        * @throws
         */
        @Bean(name = "redisUtil")
        public RedisUtil redisUtil(RedisTemplate<String, Object> redisTemplate) {
            RedisUtil redisUtil = new RedisUtil();
            redisUtil.setRedisTemplate(redisTemplate);
            return redisUtil;
        }
    }
```

16.5 Redis工具

Java操作Redis工具类，代码如下：

```
    public class RedisUtil {
     private RedisTemplate<String, Object> redisTemplate;
        public void setRedisTemplate(RedisTemplate<String, Object>
redisTemplate) {
    this.redisTemplate = redisTemplate;
        }
        //=============================common============================
        /**
         * 指定缓存失效时间
         * @param key 键
         * @param time 时间(s)
         * @return
```

```
 */
public boolean expire(String key,long time){
    try {
        if(time>0){
            redisTemplate.expire(key, time, TimeUnit.SECONDS);
        }
        return true;
    } catch (Exception e) {
        e.printStackTrace();
        return false;
    }
}
/**
 * 根据 key 获取过期时间
 * @param key 键，不能为 null
 * @return 时间（s）返回 0 代表永久有效
 */
public long getExpire(String key){
    return redisTemplate.getExpire(key,TimeUnit.SECONDS);
}
/**
 * 判断 key 是否存在
 * @param key 键
 * @return true 表示存在，return false 表示不存在
 */
public boolean hasKey(String key){
    try {
        return redisTemplate.hasKey(key);
    } catch (Exception e) {
        e.printStackTrace();
        return false;
    }
}
/**
 * 删除缓存
 * @param key 可以传一个值或多个值
 */
@SuppressWarnings("unchecked")
public void del(String ... key){
    if(key!=null&&key.length>0){
        if(key.length==1){
```

```
                redisTemplate.delete(key[0]);
            }else{
                redisTemplate.delete(CollectionUtils.arrayToList(key));
            }
        }
    }
    String类型数据操作
    /**
     * 普通缓存获取
     * @param key 键
     * @return 值
     */
    public Object get(String key){
        return key==null?null:redisTemplate.opsForValue().get(key);
    }
    /**
     * 普通缓存放入
     * @param key 键
     * @param value 值
     * @return true表示成功，return false表示失败
     */
    public boolean set(String key,Object value) {
        try {
            redisTemplate.opsForValue().set(key, value);
            return true;
        } catch (Exception e) {
            e.printStackTrace();
            return false;
        }
    }
    /**
     * 普通缓存放入并设置时间
     * @param key 键
     * @param value 值
     * @param time 时间(s)，其中 time需大于0，如果time小于或等于0，则将设置无限期
     * @return true表示成功，return false 表示失败
     */
    public boolean set(String key,Object value,long time){
        try {
            if(time>0){
                redisTemplate.opsForValue().set(key, value, time, TimeUnit.
```

```
SECONDS);
            }else{
                set(key, value);
            }
            return true;
        } catch (Exception e) {
            e.printStackTrace();
            return false;
        }
    }
    /**
     * 递增
     * @param key 键
     * @param by 要增加几（大于0)
     * @return
     */
    public long incr(String key, long delta){
        if(delta<0){
            throw new RuntimeException("递增因子必须大于0");
        }
        return redisTemplate.opsForValue().increment(key, delta);
    }
    /**
     * 递减
     * @param key 键
     * @param by 要减少几（小于0)
     * @return
     */
    public long decr(String key, long delta){
        if(delta<0){
            throw new RuntimeException("递减因子必须大于0");
        }
        return redisTemplate.opsForValue().increment(key, -delta);
    }
  Map类型数据操作
    /**
     * HashGet
     * @param key 键，不能为null
     * @param item 项，不能为null
     * @return 值
     */
```

```
    public Object hget(String key,String item){
        return redisTemplate.opsForHash().get(key, item);
    }
    /**
     * 获取 hashKey 对应的所有键值
     * @param key 键
     * @return 对应的多个键值
     */
    public Map<Object,Object> hmget(String key){
        return redisTemplate.opsForHash().entries(key);
    }
    /**
     * HashSet
     * @param key 键
     * @param map 对应多个键值
     * @return true 表示成功，return false 表示失败
     */
    public boolean hmset(String key, Map<String,Object> map){
        try {
            redisTemplate.opsForHash().putAll(key, map);
            return true;
        } catch (Exception e) {
            e.printStackTrace();
            return false;
        }
    }
    /**
     * HashSet 并设置时间
     * @param key 键
     * @param map 对应多个键值
     * @param time 时间(s)
     * @return true 表示成功，return false 表示失败
     */
    public boolean hmset(String key, Map<String,Object> map, long time){
        try {
            redisTemplate.opsForHash().putAll(key, map);
            if(time>0){
                expire(key, time);
            }
            return true;
        } catch (Exception e) {
```

```
            e.printStackTrace();
            return false;
        }
    }
    /**
     * 向一个 hash 表中放入数据，如果不存在，则创建一个新表
     * @param key 键
     * @param item 项
     * @param value 值
     * @return true 表示成功，return false 表示失败
     */
    public boolean hset(String key,String item,Object value) {
        try {
            redisTemplate.opsForHash().put(key, item, value);
            return true;
        } catch (Exception e) {
            e.printStackTrace();
            return false;
        }
    }
    /**
     * 向一个 hash 表中放入数据，如果不存在，则创建一个新表
     * @param key 键
     * @param item 项
     * @param value 值
     * @param time 时间 (s)  注意：如果已存在的 hash 表有时间，这里将会替换原有的时间
     * @return true 表示成功，return false 表示失败
     */
    public boolean hset(String key,String item,Object value,long time) {
        try {
            redisTemplate.opsForHash().put(key, item, value);
            if(time>0){
            expire(key, time);
        }
        return true;
    } catch (Exception e) {
        e.printStackTrace();
        return false;
    }
    }
    /**
```

```
 * 删除hash表中的值
 * @param key 键，不能为null
 * @param item 项可以有多个，不能为null
 */
public void hdel(String key, Object... item){
    redisTemplate.opsForHash().delete(key,item);
}
/**
 * 判断hash表中是否有该项的值
 * @param key 键，不能为null
 * @param item 项，不能为null
 * @return true 表示存在，return false表示不存在
 */
public boolean hHasKey(String key, String item){
    return redisTemplate.opsForHash().hasKey(key, item);
}
/**
 * hash递增 如果不存在，就会创建一个hash并把新增后的值返回
 * @param key 键
 * @param item 项
 * @param by 要增加几（大于0）
 * @return
 */
public double hincr(String key, String item,double by){
    return redisTemplate.opsForHash().increment(key, item, by);
}
/**
 * hash递减
 * @param key 键
 * @param item 项
 * @param by 要减少几（小于0）
 * @return
 */
public double hdecr(String key, String item,double by){
    return redisTemplate.opsForHash().increment(key, item,-by);
}
Set数据类型操作
/**
 * 根据key获取Set中的所有值
 * @param key 键
 * @return
```

```
     */
    public Set<Object>sGet(String key){
        try {
            return redisTemplate.opsForSet().members(key);
        } catch (Exception e) {
            e.printStackTrace();
            return null;
        }
    }
    /**
     * 根据value从一个Set中查询
     * @param key 键
     * @param value 值
     * @return true 表示存在，return false表示不存在
     */
    public boolean sHasKey(String key,Object value){
        try {
            return redisTemplate.opsForSet().isMember(key, value);
        } catch (Exception e) {
            e.printStackTrace();
            return false;
        }
    }

}
```

第17章　微服务监控

由于在微服务体系下，各种服务众多，仅靠人力维护服务不现实，成本极其高，因此微服务监控很有必要。

17.1　微服务下的几个监控维度

微服务监控与传统应用的监控相比，最明显的改变是视角的改变，我们把监控从机器视角转换成以服务为中心的视角。在微服务的视角下，监控可以从数据维度、资源维度和代码维度进行分层。

1.数据维度

当前Web化服务是主流，每个Web服务都有一个入口，不管App，还是Web网页，入口负责与用户交互，并将用户的信息发给后台，后台一般都会接入LoadBalance负载均衡或者Gateway，负责负载均衡并将数据转发给具体的应用处理，最后由应用处理后写入数据库。

2.资源维度

现在很多服务都部署在云端，涉及虚拟化技术，虚拟主机运行在物理服务器上。虚拟主机之间通过虚拟网络相互连接。在资源层面的监控是不可缺少的一环，不仅需要采集虚拟主机的性能指标，同时还需要知道运行虚拟主机的服务器上的CPU、内存、磁盘I/O等数据，以及连接虚拟主机之间的虚拟网络的带宽负载等。

3.代码维度

APM也就是应用性能分析、代码侧的监控采集，它是随着微服务的兴起出现的。在微服务场景下，一个业务流程横跨几十个服务的场景，只有传统的监控数据很难定位到问题的根源。

我们可以针对代码的技术栈开发出特定的采集框架，在性能损耗可以接受的范围内采集函数之间的调用关系、服务之间的调用拓扑，并测量函数或者服务的响应时间，才能有针对性地优化性能或者提前预判故障。

17.2　关键监控指标的场景描述

微服务监控最大的特点是：服务特别多，服务间的调用也非常复杂。当系统出现问题时，想在上百个相关的、依赖错综复杂的服务系统中快速定位到出错的系统，需要依靠关键的监控指标。我们在上述的3个维度上分析了每个维度下每个层级可能产生的告警情况，总结了URL监控、主机监控、产品监控等8个原子化监控场景。

- URL监控：无论App，还是Web，本质上都是通过URL发起后台调用，可以通过MOCK调用API获取响应时间、响应状态码等指标，展示监测业务的整体健康状况。
- 主机监控：通过安装代理采集主机上基本的监控信息，如CPU、内存、I/O等数据，同时用户可以通过配置文件打开其他开源应用，如Tomcat、Nginx等数据采集开关。
- 产品监控：公有云将主机、网络、存储以及一些中间件以产品的形式提供给用户使用，产品服务后台上报各个产品相关指标数据，用来监控各个产品资源的健康状况。
- 组件监控：一些开源组件，如Tomcat、Nginx、Netty等监控数据的采集，可以通过主机上的代理加载相应组件的监控采集程序。
- 自定义监控：服务实例收集业务相关数据，定时调用API上报数据，支持多个服务实例同时上报一个监控项，并且支持多维度查询告警。
- 资源监控：用户以资源为维度上报自定义数据，每个资源都有相同的几个监控项，各个资源的监控项之间相互独立。
- APM：根据各语言栈的不同，分别实现函数调用关系、服务之间调用拓扑的展示。根据各个语言的不同，有的需要入侵代码，以SDK（软件开发工具包）嵌入的形式收集数据，有的则与代码解耦，通过元编程重载一些方法实现数据采集。
- 事件监控：针对公有云产品、业务逻辑中的不连续事件，如云盘的不可用事件、SSD硬盘的Reset事件等，提供统一的存储、分析、展示。

有了以上原子化场景的数据收集，就可以通过UI统一展示监控数据。可以按照前面描述的3个维度，以用户体验为核心，设计图形化页面。图形化一般以时间序列为横轴，展示指标随时间变化。针对一些统计指标，也可以通过饼图、柱状图等展示分析、对比结果。

17.3　Hystrix Dashboard熔断监控

Hystrix提供了Hystrix Dashboard实时监控Hystrix的运行情况。通过Hystrix Dashboard反馈的实时信息，可以帮助我们快速发现系统中存在的问题，从而及时采取应对措施。Spring Cloud对Hystrix Dashboard进行了整合，下面介绍如何使用Hystrix Dashboard监控单个和多个Hystrix实例。

创建一个Spring Boot项目，工程pom.xml文件代码如下：

```
<projectxmlns="http://maven.apache.org/POM/4.0.0" xmlns:xsi="http://www.w3.org/2001/XMLSchema-instance" xsi:schemaLocation="http://maven.apache.org/POM/4.0.0 http://maven.apache.org/xsd/maven-4.0.0.xsd">
    <modelVersion>4.0.0</modelVersion>
    <parent>
    <groupId>com.wonter</groupId>
    <artifactId>cloud-service</artifactId>
```

```
<version>0.0.1-SNAPSHOT</version>
</parent>
<artifactId>hystrix-dashboard</artifactId>
<packaging>jar</packaging>
<properties>
<project.build.sourceEncoding>UTF-8</project.build.sourceEncoding>
 <java.version>1.7</java.version>
</properties>
<dependencies>
    //Hystrix 仪表盘监控 Maven 坐标引用
 <dependency>
<groupId>org.springframework.cloud</groupId>
<artifactId>spring-cloud-starter-hystrix-dashboard</artifactId>
</dependency>
    //Hystrix 监控需要 Actuator 配合，因此这里需要引用 Actuator
<dependency>
<groupId>org.springframework.boot</groupId>
<artifactId>spring-boot-starter-actuator</artifactId>
</dependency>
</dependencies>
 <dependencyManagement>
  <dependencies>
   <dependency>
    <groupId>org.springframework.cloud</groupId>
    <artifactId>spring-cloud-dependencies</artifactId>
    <version>Camden.SR5</version>
    <type>pom</type>
    <scope>import</scope>
   </dependency>
  </dependencies>
 </dependencyManagement>

 <build>
  <plugins>
   <plugin>
    <groupId>org.springframework.boot</groupId>
    <artifactId>spring-boot-maven-plugin</artifactId>
   </plugin>
  </plugins>
 </build>
</project>
```

编辑配置文件，代码如下：

```
spring:
  application:
    name: Hystrix-Dashboard
server:
  port: 8002
```

编辑启动类，代码如下：

```
@SpringBootApplication
注意使用EnableHystrixDashboard注解开启监控
@EnableHystrixDashboard
public class HystrixDashboardApplication {
  public static void main(String[] args) {
    new SpringApplicationBuilder(HystrixDashboardApplication.class).
web(true).run(args);
  }
}
```

访问http://localhost:8002/hystrix启动项目，就可以看到如图17.1所示的页面。

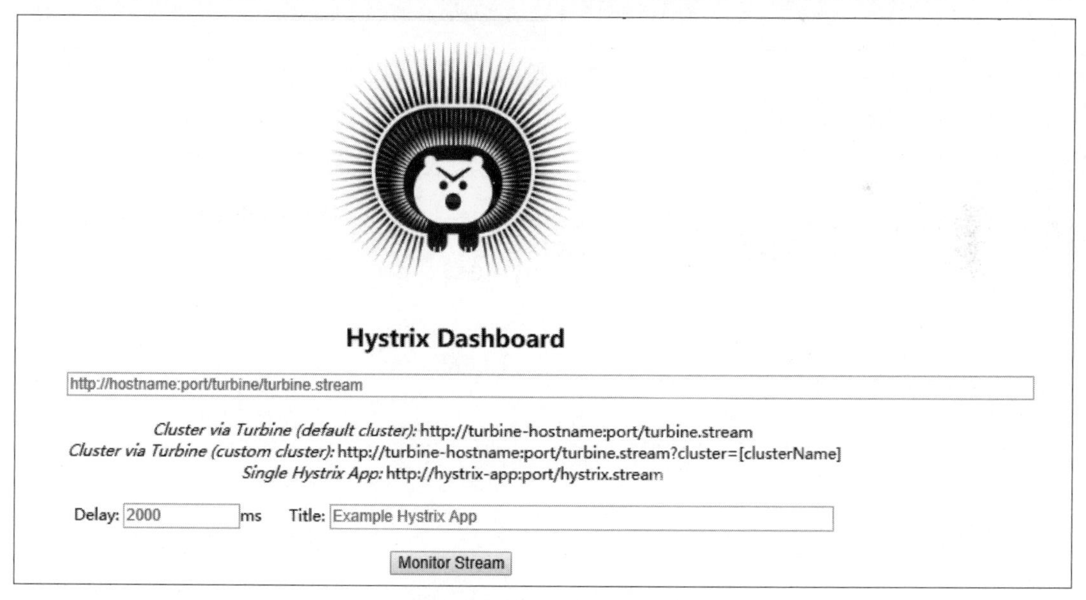

图17.1　Hystrix Dashboard

可以看到，页面上提供了3种监控模式:Cluster via Turbine(default cluster)、Cluster via Turbine(custom cluster)和Single Hystrix App。前两种是集群监控的，下面会详细介绍，这里先介绍第3种单机监控。

在Spring Cloud Hystrix服务容错的基础上，要对Ribbon-Consumer进行监控，必须加入springboot-starter-actuator依赖，然后分别启动Eureka-Server集群、Eureka-Client、Ribbon-Consumer，启动后在刚刚的监控页面上输入http://localhost:9000/hystrix.stream，最后向Ribbon-Consumer发几条请求，便可以看到如图17.2所示的监控页面。

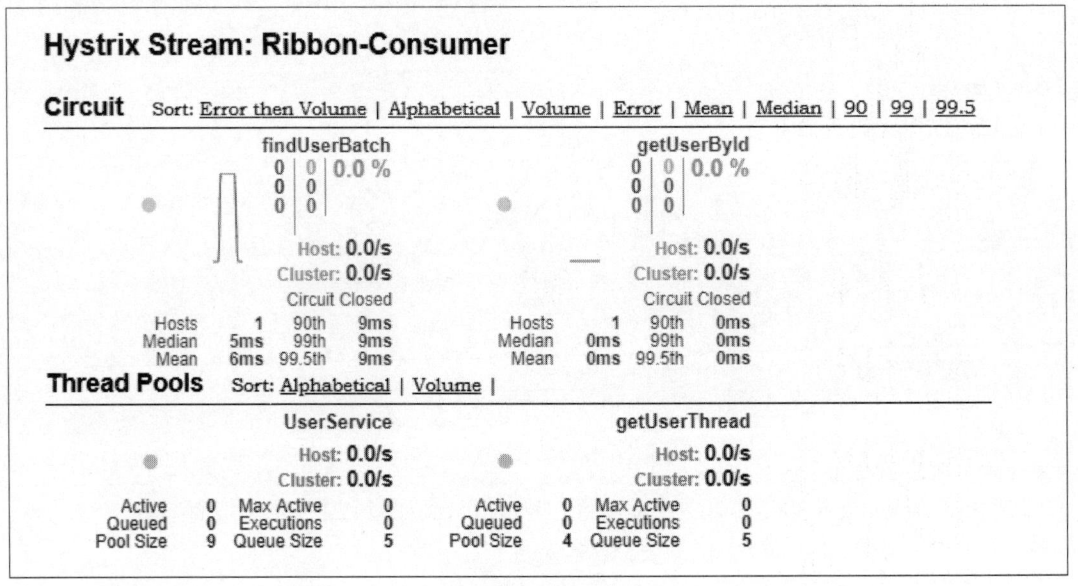

图17.2　监控页面

监控页面解释如图17.3所示。

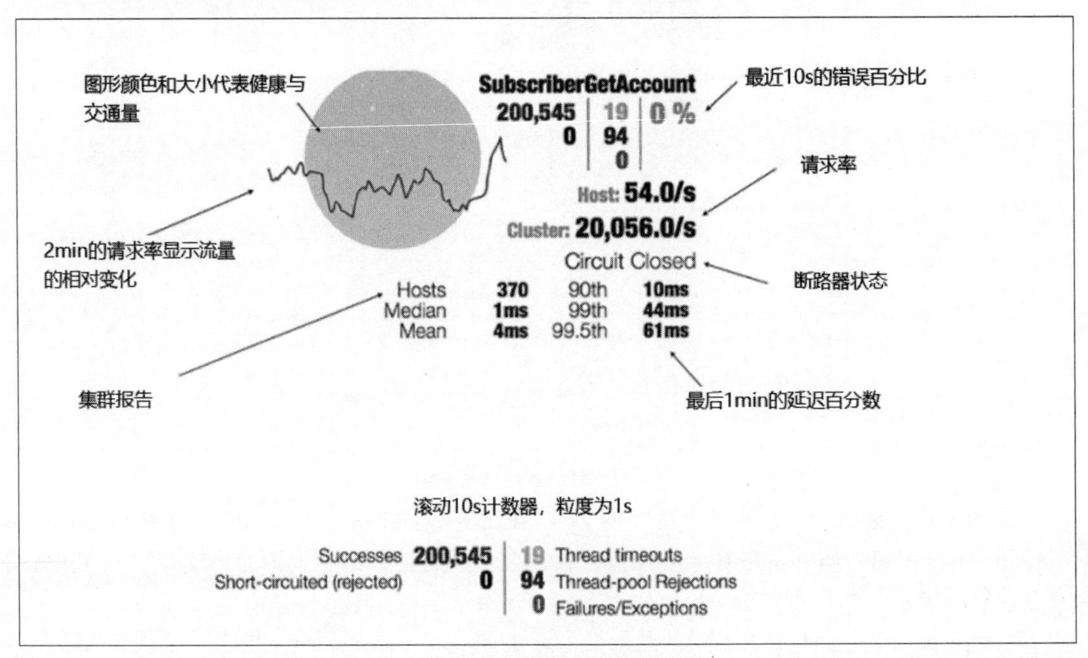

图17.3　监控页面解释

17.4 Hystrix Turbine熔断集群监控

使用Turbine实现对Hystrix的集群监控的思路是:Turbine从Eureka服务注册中心通过服务名Ribbon-Consumer获取服务实例，然后Hystrix Dashboard对Turbine进行监控，这样就实现了Hystrix Dashboard对多个Hystrix（Ribbon-Consumer）实例同时进行监控的功能。

创建一个Spring Boot项目，工程pom.xml文件代码如下：

```
    <projectxmlns="http://maven.apache.org/POM/4.0.0" xmlns:xsi="http://www.w3.org/2001/XMLSchema-instance" xsi:schemaLocation="http://maven.apache.org/POM/4.0.0 http://maven.apache.org/xsd/maven-4.0.0.xsd">
    <modelVersion>4.0.0</modelVersion>
    <parent>
    <groupId>com.wonter</groupId>
    <artifactId>cloud-service</artifactId>
    <version>0.0.1-SNAPSHOT</version>
    </parent>
    <artifactId>turbine</artifactId>
    <packaging>jar</packaging>
    <properties>
    <project.build.sourceEncoding>UTF-8</project.build.sourceEncoding>
     <java.version>1.7</java.version>
    </properties>
    <dependencies>
      Turbine Maven 引用
    <dependency>
    <groupId>org.springframework.cloud</groupId>
    <artifactId>spring-cloud-starter-turbine</artifactId>
    </dependency>
    <dependency>
    <groupId>org.springframework.cloud</groupId>
    <artifactId>spring-cloud-netflix-turbine</artifactId>
    </dependency>
    <dependency>
    <groupId>org.springframework.boot</groupId>
    <artifactId>spring-boot-starter-actuator</artifactId>
    </dependency>
    </dependencies>
     <dependencyManagement>
      <dependencies>
       <dependency>
```

```
        <groupId>org.springframework.cloud</groupId>
        <artifactId>spring-cloud-dependencies</artifactId>
        <version>Camden.SR5</version>
        <type>pom</type>
        <scope>import</scope>
      </dependency>
    </dependencies>
  </dependencyManagement>
  <build>
    <plugins>
      <plugin>
        <groupId>org.springframework.boot</groupId>
        <artifactId>spring-boot-maven-plugin</artifactId>
      </plugin>
    </plugins>
  </build>
</project>
```

然后在入口类中加入@EnableTurbine开启Turbine的功能，并且加入@EnableDiscoveryClient注解，开启服务获取功能，代码如下：

```
@SpringBootApplication
@EnableTurbine
public class TurbineApplication {
  public static void main(String[] args) {
    new SpringApplicationBuilder(TurbineApplication.class).web(true).
run(args);
  }
}
```

最后在application.yml中加入一些配置，代码如下：

```
spring:
  application.name: microservice-hystrix-turbine
server:
  port: 9003
security.basic.enabled: false
turbine:
  aggregator:
    clusterConfig: default
  appConfig: hystrix,feign-hystrix
  clusterNameExpression: new String("default")
eureka:
  client:
```

```
    serviceUrl:
      defaultZone: http://localhost:7070/eureka/
```

进入Hystrix Dashboard页面，输入localhost:9003/turbine.stream，如图17.4所示。

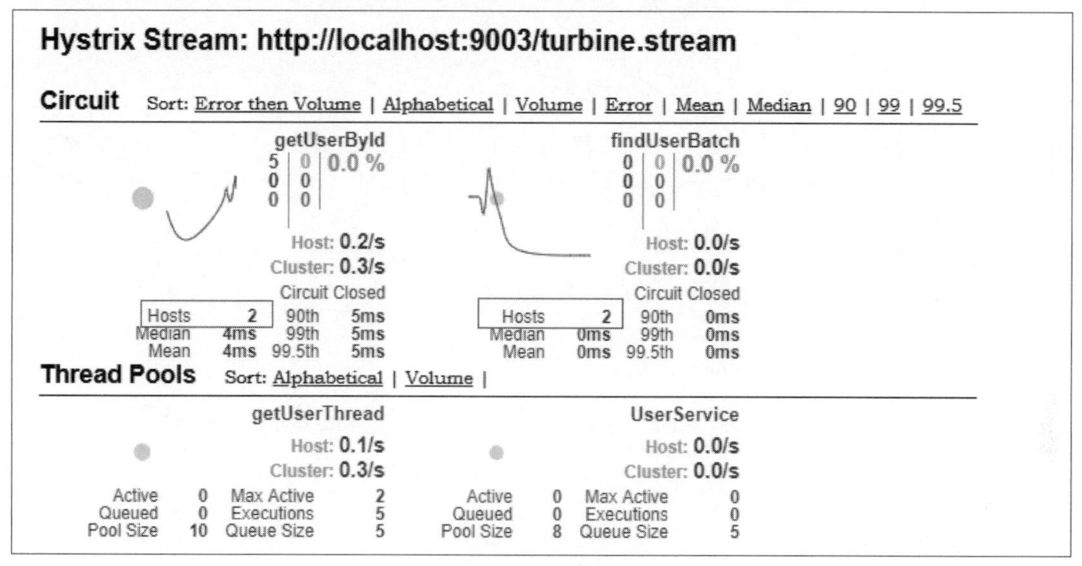

图17.4　监控图

17.5　JConsole JVM监控

从Java 5开始引入JConsole，监控Java应用程序性能和跟踪Java中的代码。JConsole是JDK自带监控工具，只找到JDK安装路径，打开bin文件夹，双击JConsole即可。

监控前的准备。将代码写入tomcat/bin/catalina.sh或java -jar启动参数：

```
#Tomcat 启动
CATALINA_OPTS=-Djava.awt.headless=true
 JAVA_OPTS="-Djava.rmi.server.hostname=192.168.0.1$JAVA_OPTS -Dprogram.
name=$PROGNAME -Dcom.sun.management.jmxremote.port=8533 -Dcom.sun.management.
jmxremote.authenticate=false -Dcom.sun.management.jmxremote.ssl=false"
#jar 包启动
nohup java-Djava.rmi.server.hostname=192.168.0.1$JAVA_OPTS -Dprogram.
name=$PROGNAME-Dcom.sun.management.jmxremote.port=8533 -Dcom.sun.management.
jmxremote.authenticate=false -Dcom.sun.management.jmxremote.ssl=false-jar ./
service-ms.jar > ./logs/service-ms.out 2>&1 &
```

新建连接，如图17.5所示。

JConsole：新建连接

新建连接

本地进程：

名称	PID
sun.tools.jconsole.JConsole	7324

远程进程：

用法：<hostname>:<port> 或 service:jmx:<protocol>:<sap>

用户名： 口令：

连接 取消

图 17.5 JConsole连接

这里只谈远程监控Linux Tomcat，根据用法输入：

```
192.168.0.1:8533
```

单击“连接”按钮进入监控台，如图 17.6 所示。

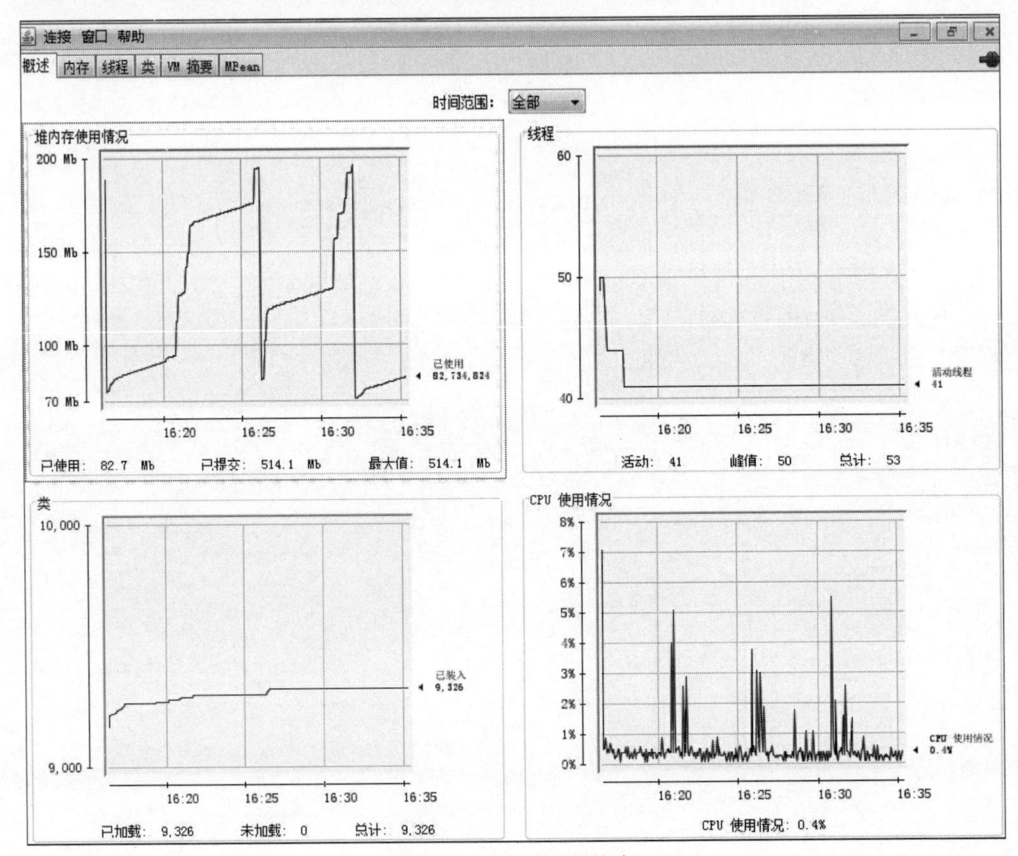

图 17.6 JConsole监控台

第18章　API文档

随着微服务架构的日益普及，服务与服务直接的对接也变得日益密切起来，REST风格也变得大势所趋。

REST风格的5个关键点。

- 资源（Resource）。
- 资源的表述（Representation）。
- 状态转移（State Transfer）。
- 统一接口（Uniform Interface）。
- 超文本驱动（Hypertext Driven）。

18.1　利用Swagger生成在线API

Swagger是为了描述一套标准的而且和语言无关的REST API的规范。对于外部调用者来说，只通过Swagger文档即可清楚Server端提供的服务，而无须阅读源码或接口文档说明。官网上有关于Swagger的丰富的资源，包括Swagger Editor、Swagger UI以及Swagger为各种开发语言提供的SDK。这些资源为REST API的服务提供者和服务调用者提供了极大的便利。

新建Spring Boot项目，引入依赖，代码如下：

```
    <projectxmlns="http://maven.apache.org/POM/4.0.0" xmlns:xsi="http://www.
w3.org/2001/XMLSchema-instance" xsi:schemaLocation="http://maven.apache.org/
POM/4.0.0 http://maven.apache.org/xsd/maven-4.0.0.xsd">
    <modelVersion>4.0.0</modelVersion>
    <parent>
    <groupId>com.hz</groupId>
    <artifactId>parent</artifactId>
    <version>0.0.1-SNAPSHOT</version>
    <relativePath>../parent/pom.xml</relativePath>
    </parent>
    <artifactId>demo-ws</artifactId>
    <packaging>jar</packaging>
     <properties>
       <project.build.sourceEncoding>UTF-8</project.build.sourceEncoding>
```

```
    <java.version>1.8</java.version>
  </properties>
其他 Spring Cloud 包请自行引用，这里只针对 Swagger 2
<!-- swagger2API -->
<dependency>
   <groupId>io.springfox</groupId>
   <artifactId>springfox-swagger2</artifactId>
   <version>2.8.0</version>
  </dependency>
  <dependency>
<groupId>io.springfox</groupId>
<artifactId>springfox-swagger-ui</artifactId>
<version>2.8.0</version>
</dependency>
 </dependencies>
</project>
```

说明：springfox-swagger2依然是依赖OSA（Open System Adminstrator），意指开源、开放的运维管理系统。规范文档，也就是一个描述API的JSON文件。这个组件的功能是帮助我们自动生成JSON文件，springfox-swagger-ui就是将这个JSON文件解析出来，用一种更友好的方式呈现出来。

Swagger配置及使用如下。

（1）配置Swagger 2，代码如下：

```
@Configuration
注意添加 @EnableSwagger2 注解
@EnableSwagger2
@EnableWebMvc
public class Swagger2 extends WebMvcConfigurerAdapter {
    自定义版本号注入
    @Value("${project.versionUrl}")
    private String versionUrl;
    添加静态资源管理，防止被 Spring Boot 拦截，造成无法查看 Swagger 页面
    @Override
    public void addResourceHandlers(ResourceHandlerRegistry registry) {
        registry.addResourceHandler("/**").addResourceLocations
("classpath:/static/");
        registry.addResourceHandler("doc.html")
        .addResourceLocations("classpath:/META-INF/resources/");
        registry.addResourceHandler("/webjars/**")
        .addResourceLocations("classpath:/META-INF/resources/webjars/");
        super.addResourceHandlers(registry);
```

```
    }

    @Bean
    public Docket controllerApi() {
        String versionStr = HttpClientUtil.httpGetRequest(versionUrl);
        String[] versionArray = versionStr.split("[\n]");
        String version = versionArray[versionArray.length-1];
        return new Docket(DocumentationType.SWAGGER_2)
        .apiInfo(new ApiInfoBuilder()
        .title("Spring Boot 中使用 Swagger 2 构建 RESTful API")
        .description("rest api 文档构建利器 ")
        .contact(new Contact("",null,null))
        .version(" 版本号 :" + version)
        .build())
        .select()
        定义 Swagger 扫描控制器路径，这里扫描 com.wonter.ws 包下所有被
        @Api(tags = " 用户管理 ",description = "operation about user") 标记的类
及被 @ApiOperation(value=" 获取角色信息 ", notes=" 根据 url 的 id 获取角色的详细信息 ") 标
记的方法
        .apis(RequestHandlerSelectors.basePackage("com.wonter.ws"))
        .paths(PathSelectors.any())
        .build();
    }
}
```

（2）编写启动类，代码如下：

```
@EnableDiscoveryClient
@SpringBootApplication
@Configuration
@EnableAutoConfiguration(exclude={DataSourceAutoConfiguration.class,
ThymeleafAutoConfiguration.class})
public class WsApplication {
    public static void main(String[] args) {
        new SpringApplicationBuilder(WsApplication.class).web(true).
run(args);
    }
}
```

（3）编写API，代码如下：

```
@Api(tags = " 用户管理 ",description = "operation about user")
@RestController
public class TestController {
```

```
        @Autowired
        private IBaseRoleInterface baseRoleInterface;
        @ApiOperation(value=" 获取角色信息 ", notes=" 根据 url 的 ID 获取角色的详细信息 ")
        @ApiImplicitParam(name = "id", value = " 角色 ID", required = true,
dataType = "Long", paramType = "query")
        @RequestMapping(value= "/query" ,method = {RequestMethod.
POST,RequestMethod.GET})
        public CommonResult<BaseRole>testQuery(@RequestParam Long id) {
            redis.set("id", id);
            System.out.println(redis.get("id"));
            return baseRoleInterface.queryRole(id);
        }
        @ApiOperation(value=" 获取角色 page", notes=" 根据 url 的 queryParams 获取角色
列表的详细信息 ")
        @RequestMapping(value="/queryForPage",method={RequestMethod.
POST,RequestMethod.GET})
        public CommonResult<PageEntity>queryForPage(@RequestBody
QueryParams<BaseRole> queryParams) {
            return baseRoleInterface.queryForPage(queryParams);
        }
        @ApiOperation(value=" 添加角色 ", notes=" 根据 post 参数信息添加角色 ")
        @RequestMapping(value = "/add" ,method = RequestMethod.POST)
        public CommonResult<BaseRole>add(Long[] menuIds,@RequestBody BaseRole
baseRole) {
            return baseRoleInterface.addRole(baseRole, menuIds);
        }
    }
```

（4）参数设置，代码如下：

```
    /**
     * @tableName p_role
     * @author wonter
     * @since [0.0.1]
     * @version [0.0.1,2018 年 11 月 11 日 ]
     */
    @ApiModel(value = "PRole")
    public class PRole extends BaseEntity {
        private static final long serialVersionUID = 1L;
        // 属于哪个站点下的角色
        @ApiModelProperty(value = " 属于哪个站点下的角色 ", required = false)
        private Long siteId;
```

```
    //父角色 id
    @ApiModelProperty(value = "父角色 id", required = false)
    private Long parentId;
    //角色名称
    @ApiModelProperty(value = "角色名称", required = false)
    private String name;
    //备注信息
    @ApiModelProperty(value = "备注信息", required = false)
    private String remarks;
    Get set 省略
}
```

（5）访问在线API文档，如图18.1所示。

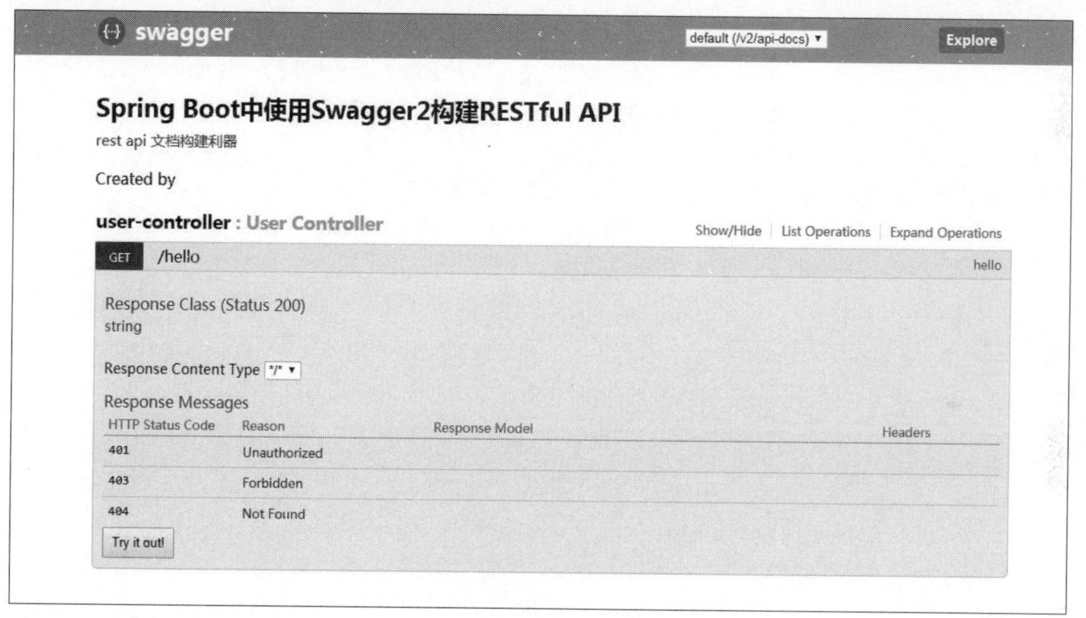

图18.1　在线API文档

通过上面的介绍，我们大概已经会使用Swagger 2了，但上面只介绍了一些简单常用的注解，下面系统总结一下。

@Api：描述类/接口的主要用途。

@ApiOperation：描述方法用途。

@ApiImplicitParam：描述方法的参数。

@ApiImplicitParams：描述方法的参数(Multi-Params)。

例如下面的代码：

```
    @ApiImplicitParam(name = "user", value = "用户详细实体 user", required =
true, dataType = "User")
```

@ApiParam：请求属性。

@ApiIgnore：忽略某类/方法/参数的文档。

注意：与@ApiModelProperty(hidden = true)不同，@ApiIgnore不能用在模型数据上。

@ApiResponse：响应配置。

@ApiResponse(code = 400, message = "无效的用户信息")。

注意：这只是在生成的Swagger文档上有效，不是实际客户端调用的。

@ApiResponses：响应集配置。

@ResponseHeader：响应头设置。

例如下面的代码：

```
@ResponseHeader(name=" head1" ,description=" response head conf" )
```

@ApiModelProperty：添加和操作模型属性的数据。

18.2 自定义Swagger UI风格

Swagger是一个RESTful风格接口的文档在线自动生成和测试的框架。Swagger原生UI（用户界面）简单却没有商用价值。下面介绍如何自定义Swagger UI风格。

(1) 新建Spring Boot项目，引入Swagger依赖，代码如下：

```
<projectxmlns="http://maven.apache.org/POM/4.0.0" xmlns:xsi="http://www.w3.org/2001/XMLSchema-instance" xsi:schemaLocation="http://maven.apache.org/POM/4.0.0 http://maven.apache.org/xsd/maven-4.0.0.xsd">
    <modelVersion>4.0.0</modelVersion>
    <parent>
    <groupId>com.hz</groupId>
    <artifactId>parent</artifactId>
    <version>0.0.1-SNAPSHOT</version>
    <relativePath>../parent/pom.xml</relativePath>
    </parent>
    <artifactId>demo-ws</artifactId>
    <packaging>jar</packaging>
     <properties>
      <project.build.sourceEncoding>UTF-8</project.build.sourceEncoding>
      <java.version>1.8</java.version>
     </properties>
     <dependencies>
    <!-- swagger2 API -->
    <dependency>
       <groupId>io.springfox</groupId>
```

```
      <artifactId>springfox-swagger2</artifactId>
      <version>2.8.0</version>
    </dependency>
  </dependencies>
  <dependencyManagement>
    <dependencies>
      <dependency>
        <groupId>org.springframework.cloud</groupId>
        <artifactId>spring-cloud-dependencies</artifactId>
        <version>Camden.SR5</version>
        <type>pom</type>
        <scope>import</scope>
      </dependency>
    </dependencies>
  </dependencyManagement>
  <build>
    <plugins>
      <plugin>
        <groupId>org.springframework.boot</groupId>
        <artifactId>spring-boot-maven-plugin</artifactId>
      </plugin>
      <plugin>
      <groupId>org.apache.maven.plugins</groupId>
      <artifactId>maven-surefire-plugin</artifactId>
      </plugin>
    </plugins>
  </build>
</project>
```

（2）配置Swagger 2，代码如下：

```
@Configuration
@EnableSwagger2
@EnableWebMvc
public class Swagger2 extends WebMvcConfigurerAdapter {
    @Value("${hz.project.versionUrl}")
    private String versionUrl;
    @Override
    public void addResourceHandlers(ResourceHandlerRegistry registry) {
        registry.addResourceHandler("/**").addResourceLocations("classpath:/
static/");
        registry.addResourceHandler("doc.html")
```

```
        .addResourceLocations("classpath:/META-INF/resources/");
        registry.addResourceHandler("/webjars/**")
        .addResourceLocations("classpath:/META-INF/resources/webjars/");
        super.addResourceHandlers(registry);
    }
  @Bean
     public Docket controllerApi() {
       String versionStr = HttpClientUtil.httpGetRequest(versionUrl);
       String[] versionArray = versionStr.split("[\n]");
       String version = versionArray[versionArray.length-1];
       return new Docket(DocumentationType.SWAGGER_2)
       .apiInfo(new ApiInfoBuilder()
                    .title("Spring Boot 中使用 Swagger 2 构建 RESTful API")
                    .description("rest api 文档构建利器 ")
        .contact(new Contact("",null,null))
                    .version(" 版本号 :" + version)
        .build())
        .select()
        .apis(RequestHandlerSelectors.basePackage("com.wonter.ws"))
        .paths(PathSelectors.any())
        .build();
     }
    public String getVersionUrl() {
       return versionUrl;
    }
    public void setVersionUrl(String versionUrl) {
       this.versionUrl = versionUrl;
    }
  }
```

(3) 编写启动类，代码如下：

```
  @EnableSwagger2
  @EnableDiscoveryClient
  @SpringBootApplication
  @EnableEurekaClient
  @Configuration
  @EnableAutoConfiguration(exclude={DataSourceAutoConfiguration.class,
ThymeleafAutoConfiguration.class})
  public class WsApplication {
      public static void main(String[] args) {
          new SpringApplicationBuilder(WsApplication.class).web(true).run(args);
```

```
    }
    @Bean
    public FilterRegistrationBean  filterRegistrationBean() {
        FilterRegistrationBean registrationBean = new FilterRegistrationBean();
        AccessFilter accessFilter = new AccessFilter();
    registrationBean.setFilter(accessFilter);
    List<String> urlPatterns = new ArrayList<String>();
    urlPatterns.add("/*");
    registrationBean.setUrlPatterns(urlPatterns);
    return registrationBean;
    }
}
```

（4）添加Swagger常用的Swagger注解，代码如下：

```
@Api
@ApiModel
@ApiModelProperty
@ApiOperation
@ApiParam
@ApiResponse
@ApiResponses
@ResponseHeader
```

（5）添加自定义UI。

解 压springfox-swagger-ui.jar到Swagger 2配 置/META-INF/resources/webjars。Swagger UI目录结构如图18.2所示。

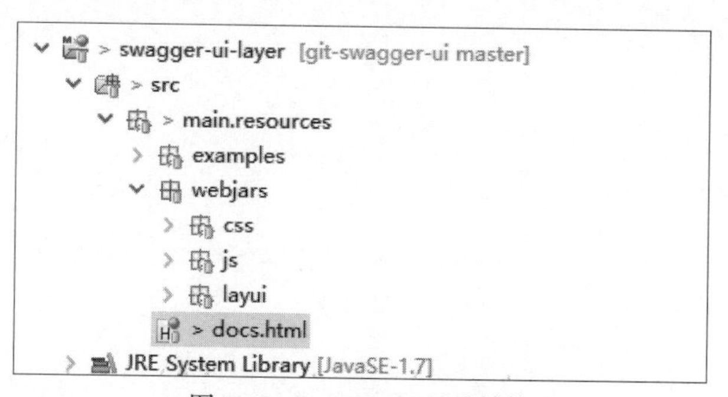

图18.2 Swagger UI目录结构

主要文件是docs.html，作用是解析JSON和渲染UI，通过ajax请求v2/api-docs，再解析JSON，代码如下：

```
$.ajax({
    url : "v2/api-docs",
    dataType : "json",
```

```
        type : "get",
        success : function(data) {
            //做什么事
            console.log(data);
        }
    });
```

为了页面方便渲染，Swagger还用到JsRender模板引擎。docs.html文件部分代码如下：

```
<!DOCTYPE html>
<html>
<head>
<meta charset="utf-8">
<title id="title">swagger-ui-layer</title>
<meta name="renderer" content="webkit">
<meta http-equiv="X-UA-Compatible" content="IE=edge,chrome=1">
<meta name="viewport"
        content="width=device-width, initial-scale=1, maximum-scale=1">
<meta name="format-detection" content="telephone=no">
<link rel="stylesheet" type="text/css"
        href="webjars/layui/css/layui.css">
<link rel="stylesheet" type="text/css" href="webjars/css/global.css">
<link rel="stylesheet" type="text/css" href="webjars/css/jquery.json-
viewer.css">
</head>
<body>
<script id="template" type="text/template">
<div class="layui-layout layui-layout-admin"
        style="border-bottom: solid 3px #1aa094;">
<div class="layui-header header ">
<div class="layui-main">
<div class="admin-login-box logo">
<span>{{:info.title}}<small class="version">{{:info.version}}</small>
</span>
</div>
</div>
</div>
<div class="layui-side layui-bg-black" id="admin-side">
<div class="layui-side-scroll" id="admin-navbar-side"
                lay-filter="side">
<ul class="layui-nav layui-nav-tree beg-navbar">
                    {{for tags itemVar="~tag"}}
```

```
                        {{if name != "basic-error-controller"}}
    <li class="layui-nav-item"><a href="javascript:;"><i class="fa fa-cogs"
aria-hidden="true"
    data-icon="fa-cogs"></i>
    <cite>{{:name}}</cite><span class="layui-nav-more"></span></a>
    <dl class="layui-nav-child">
                                {{!-- 获取 tags 下面对应的方法 --}}
                                {{props ~root.paths itemVar="~path"}}
                                {{!-- 具体方法 --}}
                                {{props prop}}
                                {{if prop.tags[0] == ~tag.name}}
    <dd title="{{:key}} {{:prop.description}}">
    <a href="javascript:;" name="a_path" path="{{:~path.key}}"
method="{{:key}}"
                                      operationId="{{:prop.operationId}}">
<i class="fa fa-navicon"
    data-icon="fa-navicon"></i><cite class="">{{:~path.key}}</cite><br><cite
                                          class="{{:key}}_font">{{:prop.
summary}}</cite></a>
    </dd>
                                {{/if}}
                                {{/props}}
                                {{/props}}
    </dl>
    </li>
                        {{/if}}
                        {{/for}}
    </ul>
    </div>
    </div>
    <div class="layui-body site-content" id="path-body"
               style="border-left: solid 2px #1AA094;">
              {{!-- body 内容 $ref = temp_body --}}
    </div>
           {{if info.license}}
    <div class="layui-footer footer">
    <div class="layui-main">
    <a href="{{:info.license.url}}" target="blank">{{:info.license.name}}</a>
</p>
    </div>
    </div>
```

```
        {{/if}}
</div>
</script>
<script id="temp_body_type" type="text/template">
<blockquote class="layui-elem-quote layui-quote-nm">{{:type}}</blockquote>
</script>
</body>
<script src="webjars/layui/layui.js"></script>
<script src="webjars/js/jquery.js"></script>
<script src="webjars/js/jsrender.min.js"></script>
<script src="webjars/js/jquery.json-viewer.js"></script>
<script src="webjars/js/docs.js"></script>
</html>
```

Swagger-UI的默认访问地址是http://${host}:${port}/docs.html，如图18.3所示。

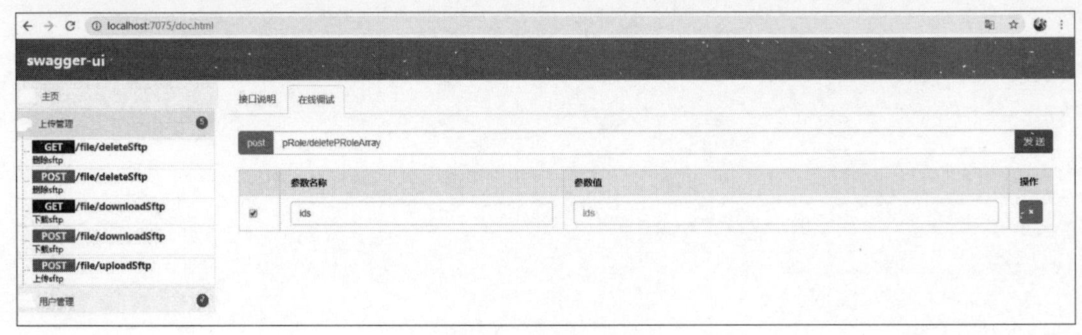

图18.3　Swagger-UI

第19章　持续集成

微服务为什么会谈到自动化部署？“互联网+”的需要。在信息越来越繁杂的互联网时代，公司运行的项目越来越多，项目相关服务繁多，服务之间存在复杂的依赖关系，运维与管理任务越来越繁重，手工交付需要花费很多的人力与时间，且安全性和时效性均无法保证。

随着企业对版本上线质量和速度的要求越来越高，敏捷开发、Devops的接受度越来越高。传统的交付方式因为项目之间缺少依赖、环境不一致、版本不一致、人为操作失误等情况，使得项目交付过程中问题不断，而互联网企业发展节奏快、版本发布频率高、上线出故障影响面广、影响度高，因而企业对于敏捷开发、持续集成、自动发布都有强烈的需求。

19.1　Jenkins持续集成

Jenkins只是一个平台，真正运作的都是插件。Jenkins什么插件都有，这就是Jenkins流行的原因。Hudson是Jenkins的前身，是基于Java开发的一种持续集成工具，用于监控程序重复的工作。Hudson后来被收购，成为商业版。后来创始人又写了一个Jenkins，功能上远远超过Hudson。

Maven是一个项目构建和管理的工具，提供了帮助管理构建、文档、报告、依赖、scms、发布、分发的方法，可以方便地编译代码、进行依赖管理、管理二进制库等。

Maven的好处在于，可以将项目过程规范化、自动化、高效化以及强大的可扩展性，利用Maven自身及其插件还可以获得代码检查报告、单元测试覆盖率，实现持续集成等。

1.Maven概念介绍

pom是指project object model。pom是一个xml，在Maven 2里为pom.xml，是Maven工作的基础。执行task或者goal时，Maven会去项目根目录下读取pom.xml获得需要的配置信息。pom文件中包含了项目的信息和Maven Build项目所需的配置。

Artifact大致说就是一个项目将要产生的文件，可以是jar文件、源文件、二进制文件、war文件，甚至pom文件。每个Artifact都由groupId:artifactId:version组成的标识符唯一识别。需要被使用(依赖)的Artifact都要放在仓库(见Repository)中。

Repositories是用来存储Artifact的。如果说项目产生的Artifact是一个个小工具，那么Repositories就是一个仓库，里面有我们自己创建的工具，也可以存储别人创建的工具，我们在项目中需要使用某种工具时，在pom中声明dependency，编译代码时就会根据dependency下载工具（Artifact），供自己使用。

Build Lifecycle是指一个项目build的过程。Maven的BuildLifecycle分为3种，分别为default（处理项目的部署）、clean（处理项目的清理）、site（处理项目的文档生成）。它们都包含不同的Lifecycle。BuildLifecycle是由phases构成的。

SVN是近年来崛起的非常优秀的版本管理工具。与CVS管理工具一样，SVN是一个固态的、跨平台的、开源的版本控制系统。SVN版本管理工具管理者随时间改变各种数据。这些数据放置在一个中央资料档案库repository中，这个档案库很像一个普通的文件服务器或者FTP服务器，但是与其他服务器不同的是，SVN会备份并记录每个文件每次的修改更新变动。这样我们就可以把任意一个时间点的档案恢复到想要的某一个旧的版本，当然也可以直接浏览指定的更新历史记录。

Maven的仓库只有两大类：本地仓库和远程仓库。远程仓库又分成了以下3种。

- 中央仓库。
- 私服。
- 其他公共库。

私服是一种特殊的远程仓库，它是架设在局域网内的仓库服务。私服代理广域网上的远程仓库，供局域网内的Maven用户使用。当Maven需要下载构件的时候，它从私服请求，如果私服上不存在该构件，则从外部的远程仓库下载，缓存在私服上后，再为Maven的下载请求提供服务。还可以把一些无法从外部仓库下载到的构件上传到私服上。

2.Nexus私服的特性

- 节省自己的外网带宽：减少重复请求造成的外网带宽消耗。
- 加速Maven构件：项目配置了很多外部远程仓库的时候，构建速度会大大降低。
- 部署第三方构件：有些构件无法从外部仓库获得的时候，可以把这些构件部署到内部仓库（私服）中，供内部Maven项目使用。
- 提高稳定性，增强控制：Internet不稳定的时候，Maven构件也会变得不稳定，一些私服软件还提供了其他的功能。
- 降低中央仓库的负荷：Maven中央仓库被请求的数量是巨大的，配置私服也可以大大降低中央仓库的压力。

因此，在实际的项目中通常使用私服间接访问中央仓库，项目通常不直接访问中央仓库，如图19.1所示。

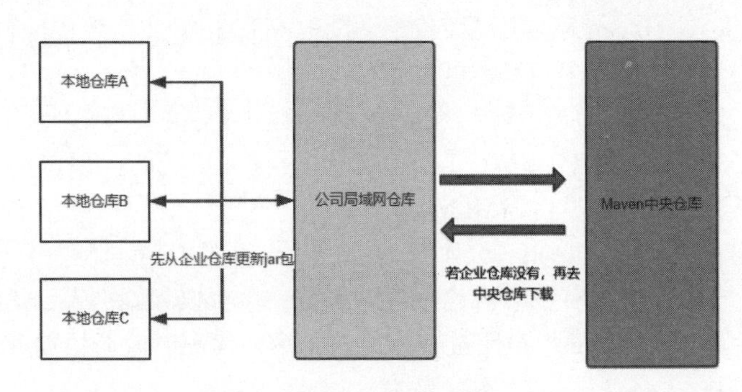

图19.1　私服更新

3.准备工作

（1）最新版本2.97只支持Java 1.8，需要将JDK版本设置为1.8。

（2）Tomcat最好也是8.0.x版本，如果使用8.5，可能会有问题。

（3）系统使用CentOS 7。

Jenkins安装：

Jenkins的安装方式有两种，一种是yum安装；另一种是使用war的方式进行安装（war就需要安装Tomcat）。RPM安装如图19.2所示。

RedHat Linux RPM packages for Jenkins
To use this repository, run the following command:
sudo wget -O /etc/yum.repos.d/jenkins.repo https://pkg.jenkins.io/redhat/jenkins.repo
sudo rpm --import https://pkg.jenkins.io/redhat/jenkins.io.key
If you've previously imported the key from Jenkins, the "rpm --import" will fail because you already have a key. Please ignore that and
You will need to explicitly install a Java runtime environment, because Oracle's Java RPMs are incorrect and fail to register as providing
OpenJDK JVM.
2.54 (2017-04) and newer: Java 8
1.612 (2015-05) and newer: Java 7
With that set up, the Jenkins package can be installed with:
yum install jenkins
See Wiki for more information, including how Jenkins is run and where the configuration is stored, etc.
Individual Package Downloads
If you need *.rpm for a specific version, use these.

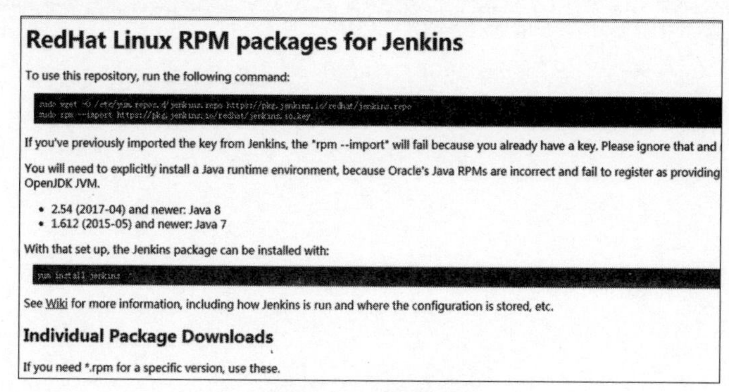

图19.2　RPM安装

官方文档为https://pkg.jenkins.io/redhat/，如果想使用war包的方式，可以直接下载war包，如图19.3所示。

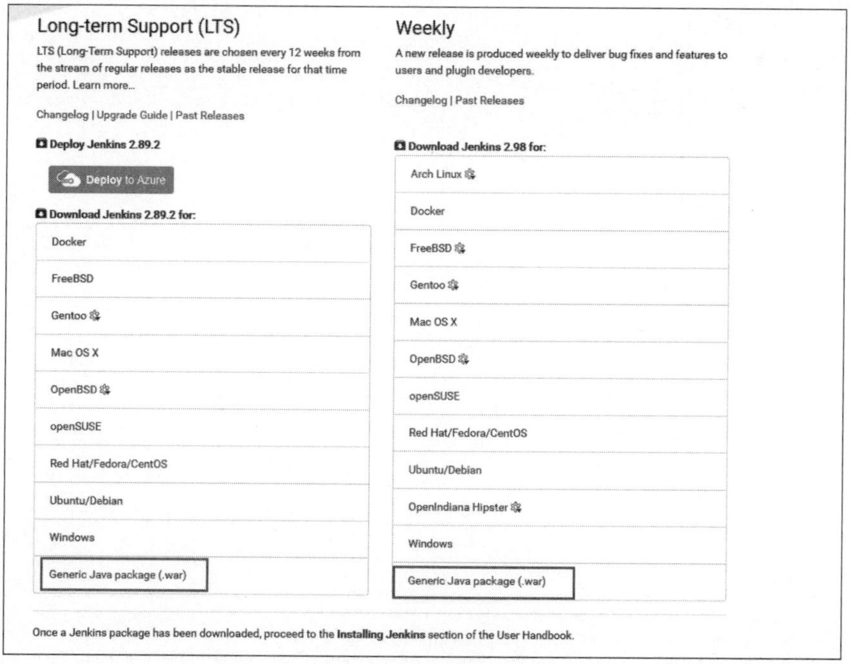

Long-term Support (LTS)
LTS (Long-Term Support) releases are chosen every 12 weeks from the stream of regular releases as the stable release for that time period. Learn more...
Changelog | Upgrade Guide | Past Releases
Deploy Jenkins 2.89.2
Deploy to Azure
Download Jenkins 2.89.2 for:
Docker
FreeBSD
Gentoo
Mac OS X
OpenBSD
openSUSE
Red Hat/Fedora/CentOS
Ubuntu/Debian
Windows
Generic Java package (.war)
Weekly
A new release is produced weekly to deliver bug fixes and features to users and plugin developers.
Changelog | Past Releases
Download Jenkins 2.98 for:
Arch Linux
Docker
FreeBSD
Gentoo
Mac OS X
OpenBSD
openSUSE
Red Hat/Fedora/CentOS
Ubuntu/Debian
OpenIndiana Hipster
Windows
Generic Java package (.war)
Once a Jenkins package has been downloaded, proceed to the Installing Jenkins section of the User Handbook.

图19.3　war包的安装

这里选择Tomcat启动Jenkins方式，代码如下：

```
wget http://mirrors.jenkins.io/war/latest/jenkins.war
cp jenkins.war /root/tomcat-8.0/webapps/ROOT/
Unzip /root/tomcat-8.0/webapps/ROOT/jenkins.war
/root/tomcat-8.0/bin/startup.sh
```

在浏览器中访问http://localhost:8080，Jenkins管理台如图19.4所示。

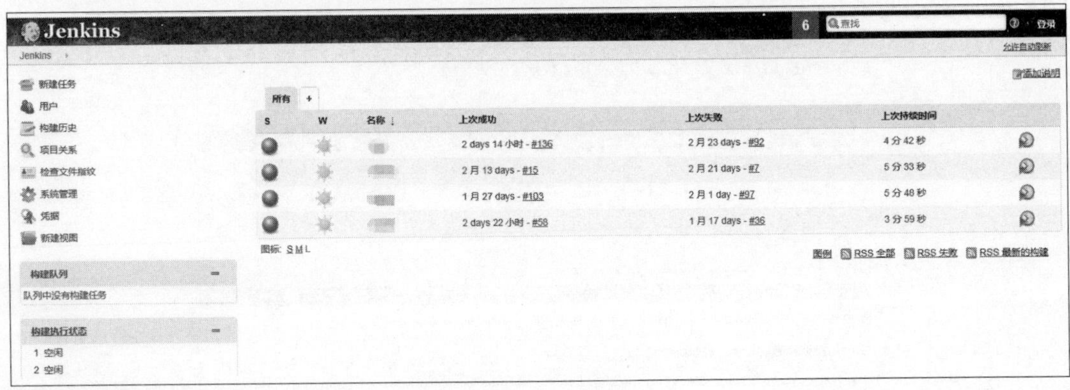

图 19.4　Jenkins管理台

配置JDK、Git、Maven等相关配置，如图19.5所示。

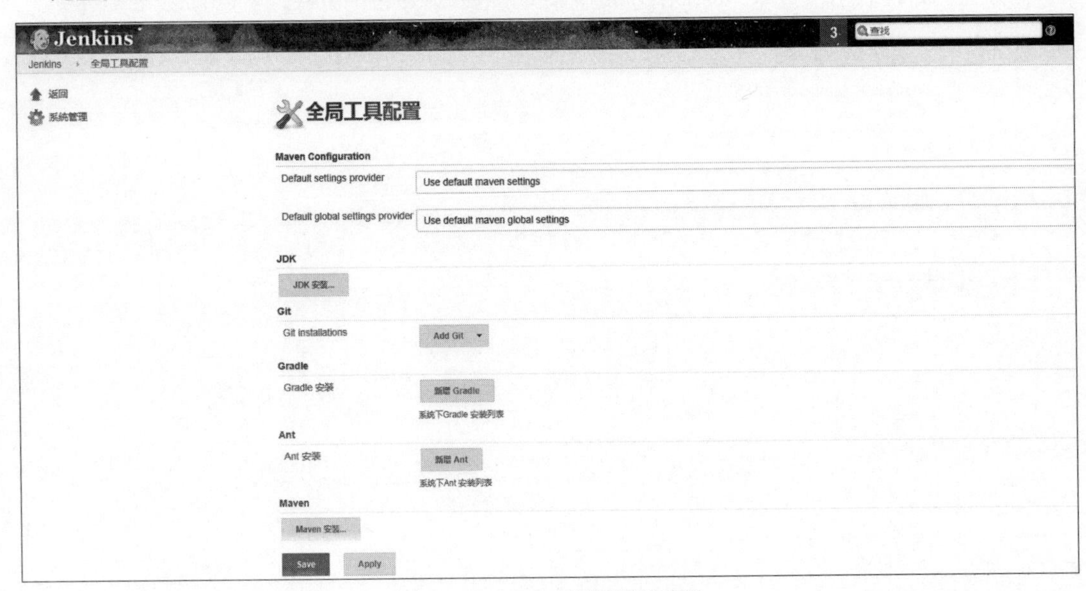

图 19.5　Jenkins系统配置页面

19.2 Docker

Docker是一个开发人员工具，用于打包应用程序及其运行时环境，因此任何人都可以在任何其他计算机上部署和运行它们，而不会遇到运行时环境冲突。它与虚拟机概念（虚拟化）非常相似，您可以在其中获取VM映像并在任何支持硬件上运行它。VM中的所有内部程序将按原始打包的方式运行。

VM和Docker镜像之间的区别在于Docker镜像不打包整个虚拟操作系统。它像开发人员机器中的其他进程一样使用OS资源，只有应用程序和它的运行时特定依赖项被打包（容器化）。

下载源：

```
#wget -P /etc/yum.repos.d/ https://download.docker.com/linux/centos/docker-ce.repo/
```

安装Docker社区版指定版本Docker version 18.03.0-ce（17以上），代码如下：

```
#yum list docker-ce --showduplicates
#yum install -y docker-ce-18.03.0.ce-1.el7.centos
```

修改Docker相关配置，代码如下：

```
#vi /etc/docker/daemon.json
{
# 配置 Docker 仓库
"insecure-registries": ["59.61.79.157:5000"],
# 配置 Docker 加速器
"registry-mirrors": ["https://xwx6wxd1.mirror.aliyuncs.com"]
}
```

重启Docker，代码如下：

```
#service docker start
```

设置开机启动，代码如下：

```
#systemctl enable docker
```

搜索公开容器镜像，代码如下：

```
docker search centos7.2
```

注意：Docker Search支持模糊搜索，但不要认为公开的容器就好，适合公司业务的容器还是需要自己搭建。

加载镜像容器，代码如下：

```
Docker pull chrisgeorge/centos7.2
```

试运行，代码如下：

```
Docker run -I -t chrisgeorge/centos7.2 /bin/bash
```

注意：这样就交互登录到预先设计好的容器里面了。

安装应用，代码如下：

```
yum install openssh-serve
# 需要修改 /etc/ssh/sshd_config 文件中的内容
PermitRootLogin yes
UsePAM no
ssh-keygen -q -N "" -t dsa -f /etc/ssh/ssh_host_dsa_key
ssh-keygen -q -N "" -t rsa -f /etc/ssh/ssh_host_rsa_key
mkdir /var/run/sshd
passwd 登录密码
/etc/init.d/sshd start
```

更新镜像，代码如下：

```
docker commit ID <name>
```

删除镜像，代码如下：

```
docker run -i -t chrisgeorge/centos7.2 /bin/bash
# docker rmi <neme>
```

启动，代码如下：

```
docker run -d -p 22 -p 8022:8000 --restart=alwayschrisgeorge/centos7.2 /
usr/sbin/sshd -D
```

注意：--restart=always自动重启(始终)。

将容器8000端口映射到Docker服务器8022端口，将容器22端口随机映射端口，代码如下：

```
[root@SERVER docker]# docker ps
CONTAINER ID  IMAGE  COMMAND  CREATED STATUS PORTS NAMES
0c65edbc3f3d wy "/usr/sbin/sshd -D"   22 minutes ago Up 22
minutes0.0.0.0:32769->22/tcp, 0.0.0.0:8022->8000/tcp   mad_poitras
```

备份镜像，代码如下：

```
docker save chrisgeorge/centos7.2>/root/docker-pmd.tar
```

还原镜像，代码如下：

```
docker load < /root/docker-pmd.tar
```

若想跑起来镜像，则必须每台机子都装有Docker。

19.3 Maven

Maven除以程序构建能力为特色外，还提供高级项目管理工具。由于Maven的默认构建规则有较高的可重用性，所以常用两三行Maven构件脚本就可以构建简单的项目。

环境搭建如下。

(1)下载新版Maven。

(2) Java环境的搭建。

(3)解压Maven压缩包到指定目录，如C:\maven-3.6.0。

(4)在系统变量里添加变量M2_HOME，变量值为C:\maven-3.6.0;PATH变量值末尾加上;%M2_HOME%\bin。

(5)增加默认执行Maven程序时的Java内存大小，在系统变量里添加MAVEN_OPTS，变量值为-Xms128M -Xmx512M。

1.Maven坐标

Maven jar依赖坐标参数如表19.1所示。

表19.1　Maven jar依赖坐标参数

坐　标	说　明
groupId	定义当前Maven项目隶属的实际项目；表示方式与Java包名的表示方式类似，通常与域名反向一一对应，如com.stozen.app
artifactId	该元素定义实际项目中的一个Maven项目(模块)，推荐做法是使用实际项目名称作为artifactId的前缀，如app-core
version	该元素定义Maven项目当前所处版本，如1.0.0或2.0.0-SNAPSHOT
packaging	该元素定义Maven项目的打包方式:jar或者war，默认是jar
classifier	该元素用来帮助定义构建输出的一些附属构件，javadoc和sources用得最多

依赖范围用来控制依赖于3种classpath：编译classpath、测试classpath、运行classpath，如表19.2所示。

表19.2　Maven 依赖范围

依 赖 范 围	说　明
compile	编译依赖范围。此为依赖范围默认选项，对于编译、测试、运行3种classpath都有效
test	测试依赖范围，只对于测试classpath有效
provided	已提供依赖范围。对于编译和测试项目的时候需要该依赖，但是在运行项目的时候，由于容器已经提供，就不需要Maven重复引用一遍
runtime	运行时依赖范围。对于测试和运行classpath有效。典型的例子是JDBC驱动实现，项目主代码的编译只需JDK提供的JDBC接口，只有在执行测试或者运行项目的时候才需要实现上述接口的具体JDBC驱动
system	系统依赖范围。依赖关系和provided依赖范围一致，但是使用system返回的依赖时必须通过systemPath元素显式地指定依赖文件的路径。由于此类依赖不是通过Maven仓库解析的，而且往往与本机系统绑定，可能造成构件的不可移植
import (Maven 2.0.9及以上)	导入依赖范围。该依赖不会对3种classpath产生实际的影响

下面为system依赖范围的实例。

```
<dependency>
<groupId>javax.sql</groupId>
<artifactId>jdbc-stdext</artifactId>
<version>2.0</version>
<scope>system</scope>
<systemPath>${java.home}/lib/rt.jar</systemPath>
</dependency>
```

2.Maven仓库

（1）Maven仓库的分类如图19.6所示。

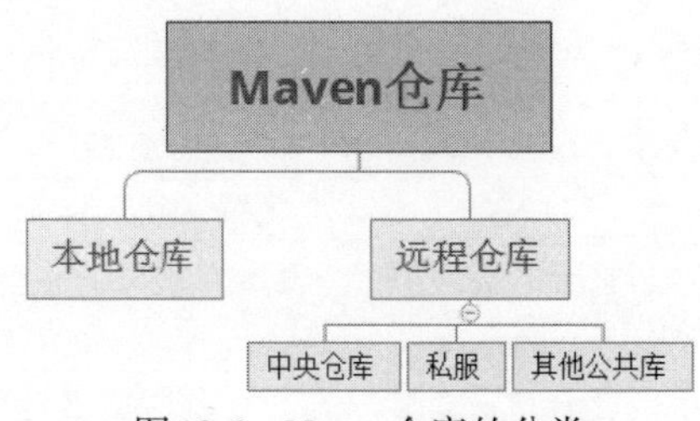

图19.6 Maven仓库的分类

（2）远程仓库的配置。代码如下：

```
<project>
  ...
<repositories>
<repository>
<id>jboss</id>
<name>JBoss Repository</name>
<url>http://repository.jboss.com/maven2/</url>
<releases>
<enabled>true</enabled>
</releases>
<snapshots>
<enabled>false</enabled>
</snapshots>
<layout>default</layout>
</repository>
</repositories>
</project>
```

（3）远程仓库的认证，需要在settings.xml文件里进行设置。代码如下：

```
<server>
 <id>apistor-nexus-releases</id>
 <username>admin</username>
```

```
<password>admin123</password>
</server>
<server>
 <id>apistor-nexus-snapshots</id>
 <username>admin</username>
 <password>admin123</password>
</server>
```

(4)部署至远程仓库。代码如下：

```
<distributionManagement>
<repository>
<id>apistor-nexus-releases</id>
<name/>
<url>
http://nexus.cto7.cn/nexus/content/repositories/releases/
</url>
</repository>
<snapshotRepository>
<id>cto7-nexus-snapshots</id>
<name>Nexus Snapshot Repository</name>
<url>
http://nexus.cto7.cn/nexus/content/repositories/snapshots/
</url>
</snapshotRepository>
</distributionManagement>
<repositories>
<repository>
<id>io.spring.repo.maven.release</id>
<url>http://repo.spring.io/release/</url>
<snapshots>
<enabled>false</enabled>
</snapshots>
</repository>
<repository>
<id>releases</id>
<name>cto7-nexus-releases</name>
<url>
http://nexus.cto7.cn/nexus/content/groups/public/
</url>
<snapshots>
<enabled>false</enabled>
```

```
</snapshots>
</repository>
<repository>
<id>snapshots</id>
<name>cto7-nexus-snapshots</name>
<url>
http://nexus.cto7.cn/nexus/content/repositories/snapshots/
</url>
<snapshots>
<enabled>true</enabled>
</snapshots>
</repository>
<repository>
<id>thirdparty</id>
<name>cto7-nexus-thirdparty</name>
<url>
http://nexus.cto7.cn/nexus/content/repositories/thirdparty/
</url>
</repository>
</repositories>
```

配置完成后，执行命令行mvn clean deploy。

(5)仓库镜像，需要在settings.xml文件里进行设置。代码如下：

```
<settings>
  ...
<mirrors>
<mirror>
<id>nexus-aliyun</id>
<mirrorOf>*</mirrorOf>
<name>Nexus aliyun</name>
<url>http://maven.aliyun.com/nexus/content/groups/public</url>
</mirror>
</mirrors>
  ...
</settings>
```

(6)可用的私服软件见表19.3。

表19.3　可用的私服软件

名　称	授权类型
Apache Archival	(open source)
JFrog Artifactory Open Source	(open source)

续表

名 称	授权类型
JFrog Artifactory Pro	(commercial)
Sonatype Nexus OSS	(open source)
Sonatype Nexus Pro	(commercial)

(7)本地仓库路径修改。

默认本地仓库路径为C:\Users\Administrator\.m2\repository；Maven配置文件路径为%M2_HOME%\conf\settings.xml；取消注释状态，并修改仓库路径。例如，<localRepository>C:\Users\Administrator\.m2\repository</localRepository>/；执行命令复制本地包到新的仓库路径mvn help:system；复制配置文件到仓库路径下：copy %M2_HOME%\conf\settings.xml C:\Users\Administrator\.m2\repository。

3.Maven生命周期

Maven拥有3套相互独立的生命周期，分别为clean、default和site。

clean生命周期如下。

- pre-clean：执行一些清理前需要完成的工作。
- clean：清理上次构建生成的文件。
- post-clean：执行一些清理后需要完成的工作。

default生命周期如下。

- validate。
- initialize。
- generate-sources。
- process-sources：处理项目主资源文件。
- generate-resources。
- process-resources。
- compile：编译项目的主源码。
- process-classes。
- generate-test-sources。
- process-test-sources：处理项目测试资源文件。
- generate-test-resources。
- process-test-resources。
- test-compile：编译项目的测试代码。
- process-test-classes。
- test：使用单元测试框架运行测试。
- prepare-package。
- package：接收编译好的代码，打包成可发布的格式，如JAR。
- pre-integration-test。

- post-integration-test。
- verify。
- install：将包安装到Maven本地仓库。
- deploy：将最终的包复制到远程仓库。

site生命周期如下。

- pre-site：执行一些在生成项目站点前需要完成的工作。
- site：生成项目站点文档。
- post-site：执行一些在生成项目站点后需要完成的工作。
- site-deploy：将生成的项目站点发布到服务器上。

Maven打包命令行与生命周期关系如表19.4所示。

表19.4　Maven打包命令行与生命周期关系

命令行	说明
$mvn clean	调用clean生命周期的pre-clean和clean阶段
$mvn test	调用default生命周期的validate到test的所有阶段
$mvn clean install	调用clean生命周期的pre-clean和clean阶段，以及default生命周期的validate到install的所有阶段
$mvn clean deploy site-deploy	调用clean生命周期的pre-clean和clean阶段，以及default生命周期的所有阶段，还有site生命周期的所有阶段

Maven命令打包插件与可执行jar包关系，如往jar包里添加默认启动类，一般生成jar包后，执行java -jar xxx.jar会返回如下信息：

```
xxx.jar 中没有主清单属性
```

解压jar包，并在包里查看META-INFO\MANIFEST.MF，没有发现入口类Main-Class: ×××，所以需要在pom.xml文件里添加maven-shade-plugin插件，并将其内容绑定到default生命周期的package阶段上。代码如下：

```
<build>
   ...
<plugins>
<plugin>
<groupId>org.apache.maven.plugins</groupId>
<artifactId>maven-shade-plugin</artifactId>
<version>1.2.1</version>
<executions>
<execution>
<phase>package</phase>
<goals>
<goal>shade</goal>
</goals>
```

```
    <configuration>
    <transformers>
    <transformer implementation="org.apache.maven.plugins.shade.resource.
ManifestResourceTransformer">
    <mainClass>com.stozen.app.HelloWorld</mainClass>
    </transformer>
    </transformers>
    </configuration>
    </execution>
    </executions>
    </plugin>
    </plugins>
      ...
    </build>
```

这样，在META-INFO\MANIFEST.MF里可以看到：

```
Main-Class: com.stozen.app.HelloWorld
```

19.4　Kubernetes

Kubernetes简称K8s，用8代替8个字符ubernete，是一个开源的、用于管理云平台中多台主机上的容器化的应用。Kubernetes的目标是让部署容器化的应用简单并且高效（powerful）。Kubernetes提供了应用部署、规划、更新、维护的一种机制。

下面介绍在CentOS 7环境安装Kubernetes及标准化配置。

1.防火墙

如果是测试环境，就关闭防火墙；如果是生产环境，就需要做详细的设置。关闭防火墙的方法如下。

- 查看当前防火墙的状态：systemctl status firewalld.service。
- 禁止开机启动：systemctl disable firewalld.service。
- 关闭防火墙：systemctl stop firewalld.service。

2.关闭SELinux

打开文件/etc/selinux/config，找到SELINUX=×××××并将其改为SELINUX=disabled；修改后需要重启机器；开启IPv4转发，打开文件/etc/sysctl.conf，检查是否有net.ipv4.ip_forward = x这样的配置；如果有，就保证x等于1；如果没有，就加一行net.ipv4.ip_forward = 1；修改并保存后，执行命令sysctl -p使配置生效；执行命令sysctl -algrep "ip_forward"，查看最新的配置，应该有如下内容：

```
net.ipv4.ip_forward = 1
net.ipv4.ip_forward_use_pmtu = 0
```

3.关闭Swap交换分区(自定义)

执行命令swapoff -a关闭Swap交换分区。

4.安装Rancher

```
docker run -d --restart always --name rancher-server -p 8080:8080 rancher/
server:v1.6.11-rc3 && docker logs -f rancher-server
```

启动容器后，在浏览器中访问ip:8080，进入Rancher。Rancher安装成功后，便开始Kubernetes的搭建工作。具体步骤如下。

(1)配置环境模板。打开环境配置，看到Default，单击“添加环境”按钮，如图19.7所示。

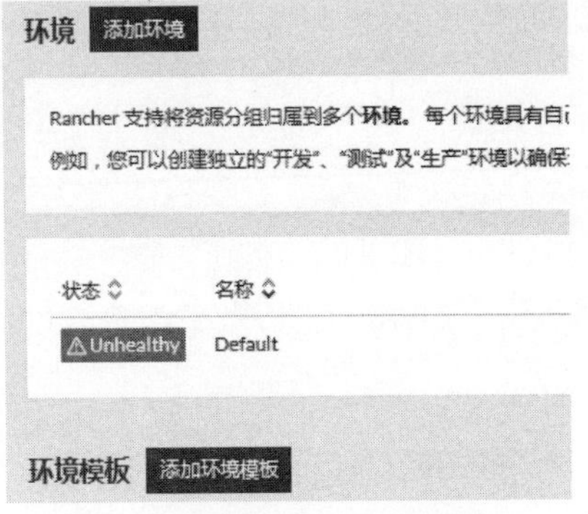

图19.7 Rancher添加环境模板

(2)添加环境模板，如图19.8所示。

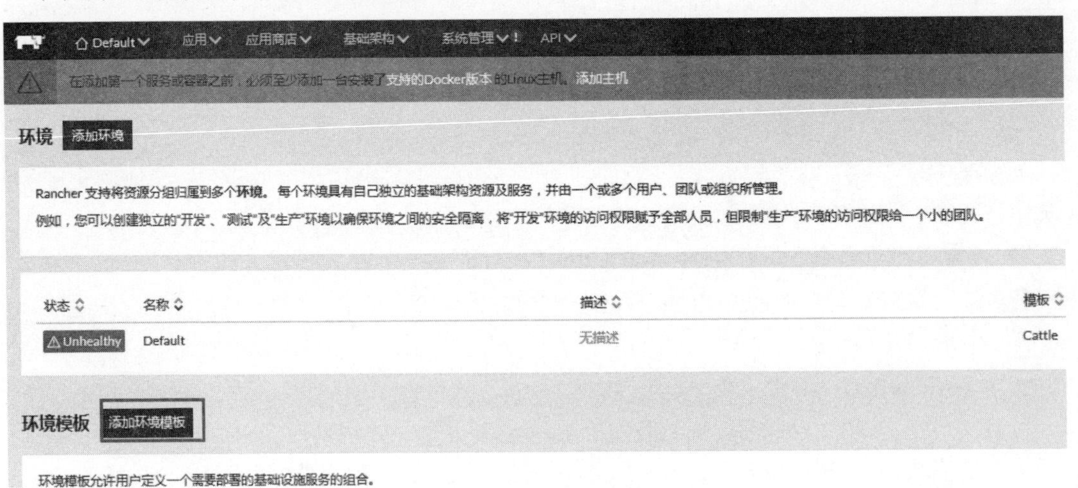

图19.8 添加环境模板

(3)输入项目名称，选择Kubernetes，单击“下一步”按钮，如图19.9所示。

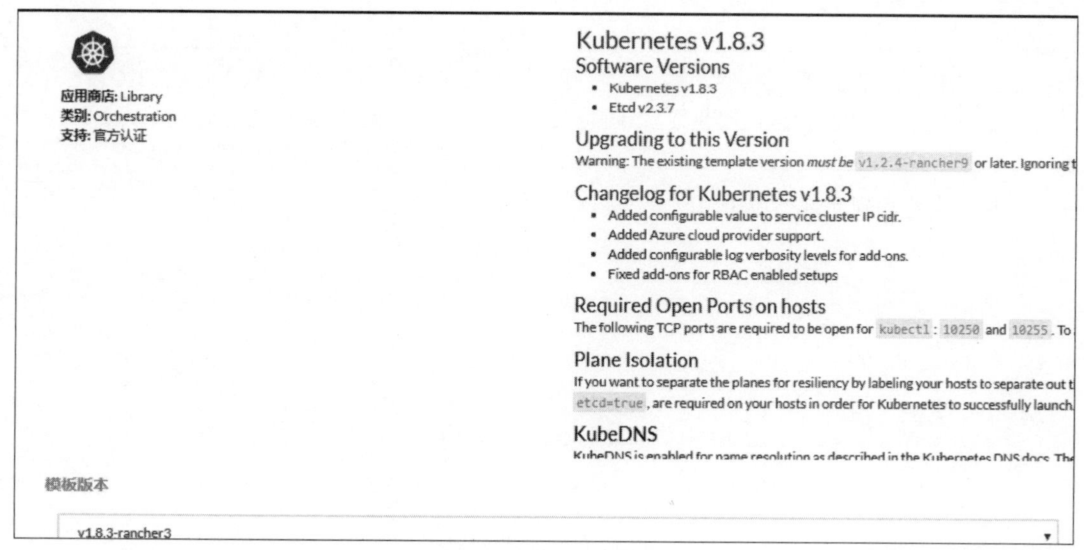

图 19.9　选择K8s版本

（4）输入K8s相关依赖配置，如图19.10所示。

Private Registry for Add-Ons and Pod Infra Container Image

registry.cn-shenzhen.aliyuncs.com

The registry to pull addon images and the optional pod infra container image. This should be set to the private registry from which the images for addon-services (i.e. helm, heapster, dashboard, dns) and the pod infra container image should be pulled. (Default: gcr.io).

Image namespace for Add-Ons and Pod Infra Container Image

rancher_cn

Image namespace for kubernetes-helm Image

rancher_cn

Image namespace for kubernetes-helm (Default: kubernetes-helm).

Sky DNS service scale

1

Enable Rancher Ingress Controller*

True　False

Deploy the Rancher ingress controller which automatically provisions Rancher load balancers in response to Kubernetes ingress creation events.

Fail on swap*

false

Kubelet will fail if swap is enabled on the host.

Enable Kubernetes Add-ons*

True　False

Setting this to 'false' will disable Dashboard, Helm, SkyDNS, and other Kubernetes add-on services. This is meant for advanced users who want to deploy custom versions of these add-ons.

Log versions level for Kubernetes Add-ons

2

Pod Infra Container Image

rancher_cn/pause-amd64:3.0

The image whose network/ipc namespaces containers in each pod will use. It uses kubelet default if left empty. Do not add the private registry to this field, update the 'Private Registry for Add-Ons and Pod Infra Container Image' field with the registry information.

Audit Logs

True　False

Enable Audit logs to stdout for the kube-apiserver

Service Cluster IP CIDR*

10.43.0.0/16

KubeDNS cluster IP*

10.43.0.10

图 19.10　K8s相关依赖配置

图19.10中4个方框填入的内容如表19.5所示。

表 19.5　K8s相关配置属性

名　称	值
Private Registry for Add–Ons and Pod Infra Container Image	registry.cn–shenzhen.aliyuncs.com
Image namespace for Add–Ons and Pod Infra Container Image	rancher_cn

续表

名　称	值
Image namespace for kubernetes-helm Image	rancher_cn
Pod Infra Container Image	rancher_cn/pause-amd64:3.0

（5）将页面拖动到底部，单击“设置”按钮，如图 19.11 所示。

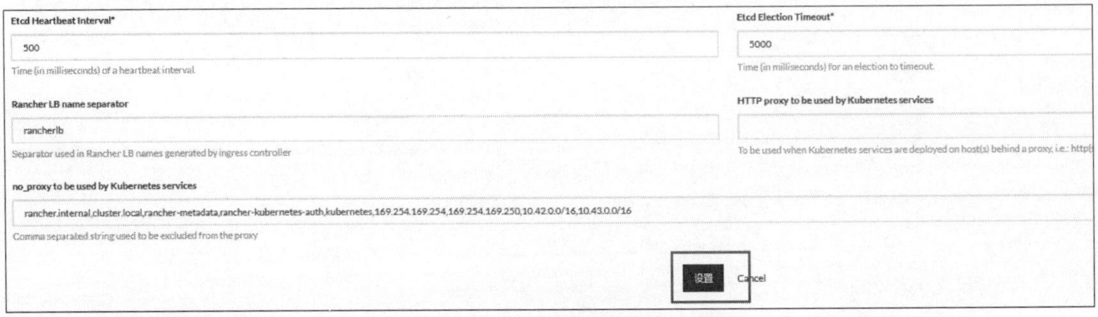

图 19.11　保存设置

（6）再将页面拖动到底部，单击“创建”按钮，如图 19.12 所示。

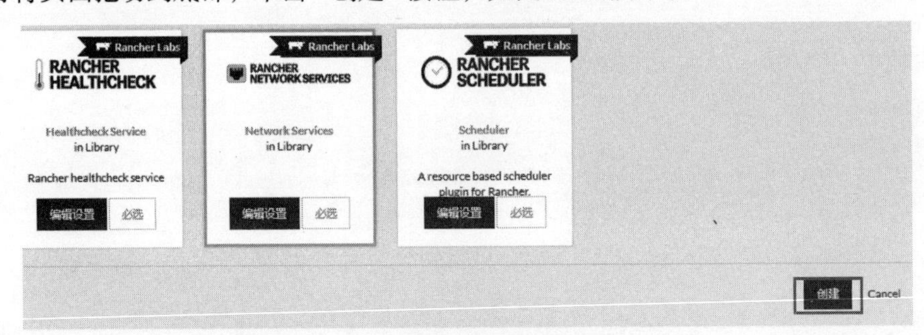

图 19.12　创建模板

这样就完成了环境模板的配置，这里的参数帮助Rancher寻找国内的镜像仓库，从而避免了无法从Google仓库下载镜像的问题。

创建Kubernetes master节点的步骤如下。

（1）单击“添加环境”按钮创建环境，如图 19.13 所示。

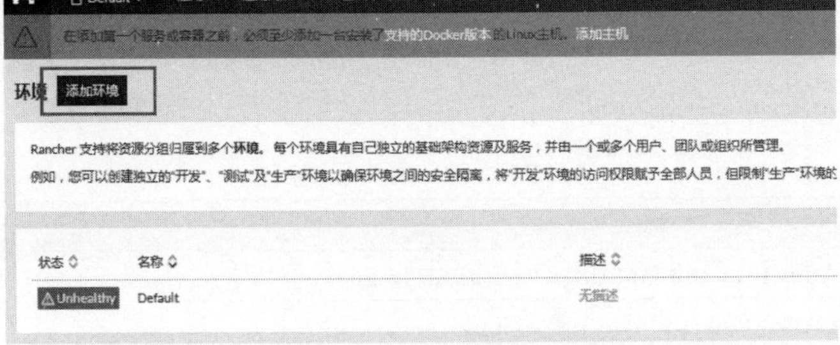

图 19.13　创建环境

（2）在创建环境的页面中输入新环境的名称master-k8s，选择刚才创建的环境模板，单击底部的“创建”按钮，如图19.14所示。

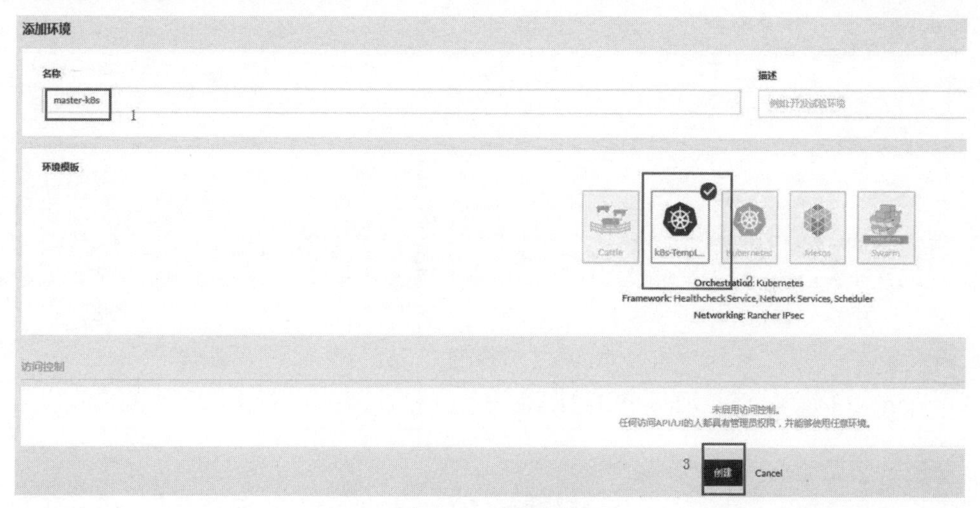

图19.14　创建模板

（3）如图19.15所示，在左上角位置选择刚刚创建的环境，可以看到当前环境已经搭建好了，正在等待节点的加入。

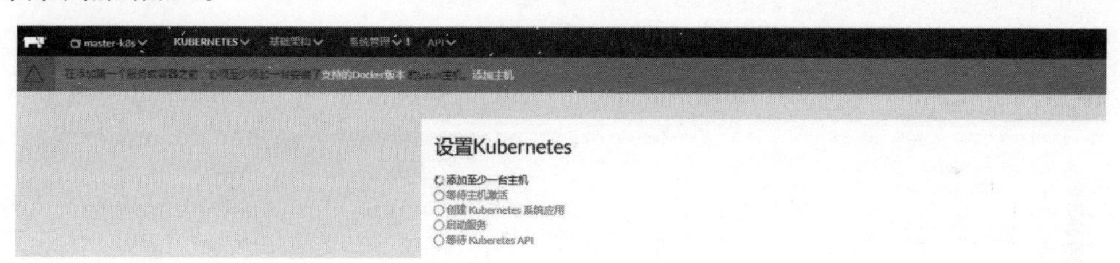

图19.15　设置Kubernetes

Kubernetes的master已经搭建完毕。

添加从服务节点的步骤如下。

（1）master机器的IP是192.168.0.19，所以在浏览器中打开地址192.168.0.19:8080，在左上角选择新增的环境，可以看到如图19.16所示的页面，单击方框中的“添加主机”按钮。

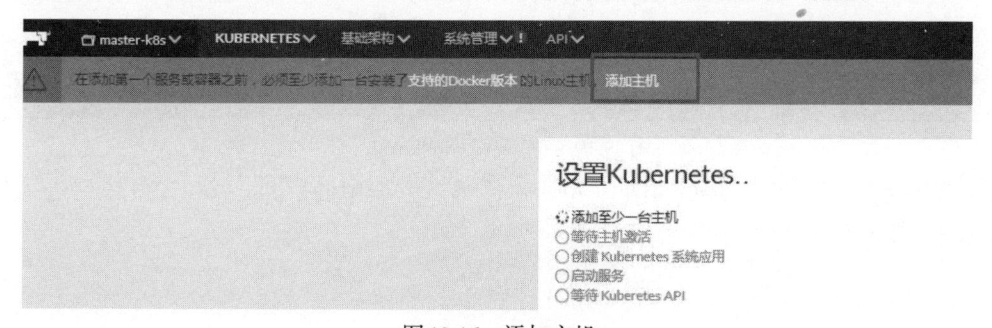

图19.16　添加主机

（2）在页面上确认方框中的IP地址是否为您的master机器对外暴露的地址（多网卡的机器要关注），确认无误后单击“保存”按钮，如图19.17所示。

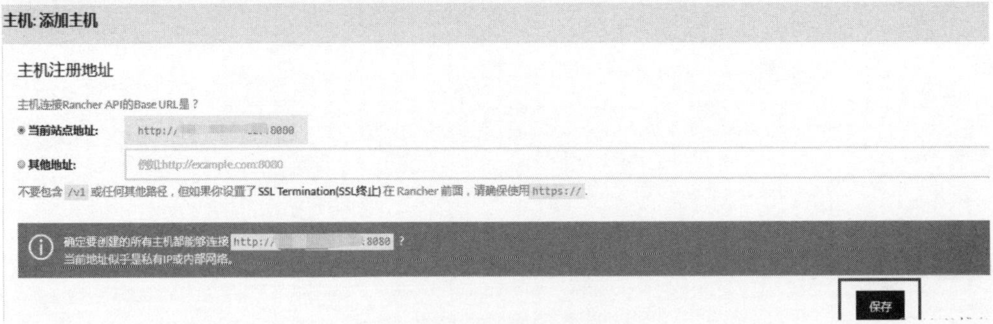

主机：添加主机

主机注册地址

主机连接Rancher API的Base URL是？

当前站点地址：http://　　　:8080

其他地址：例如:http://example.com:8080

不要包含 /v1 或任何其他路径，但如果你设置了 SSL Termination(SSL终止) 在 Rancher 前面，请确保使用 https:// 。

确定要创建的所有主机都能够连接 http://　　　:8080 ？
当前地址似乎是私有IP或内部网络。

保存

图19.17　保存主机信息

（3）复制节点docker命令，如图19.18所示。

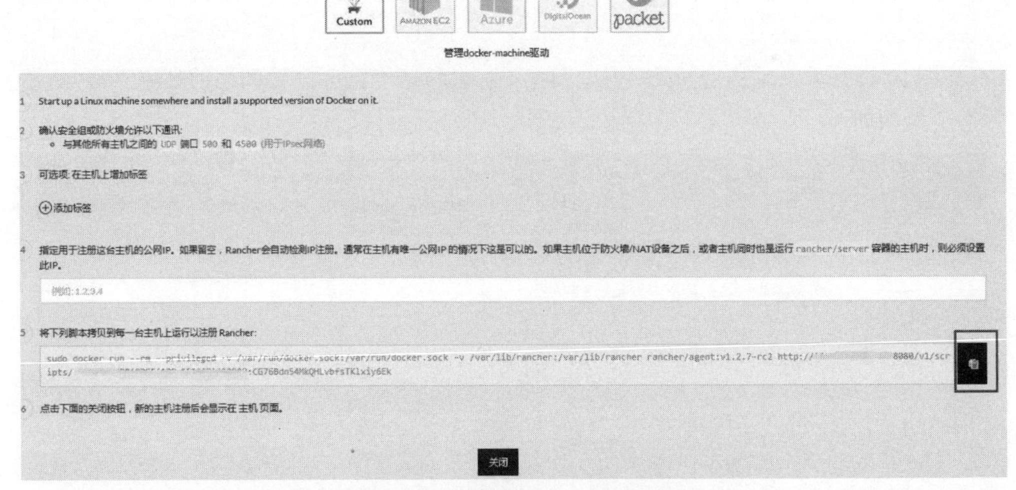

图19.18　复制节点docker命令

（4）远程登录Linux服务器，执行节点docker命令，如图19.19所示。

图19.19　执行节点docker命令

（5）节点加入成功后，页面如图19.20所示，单击方框中的Kubernetes UI按钮就进入K8s的dashboard，如图19.21所示。

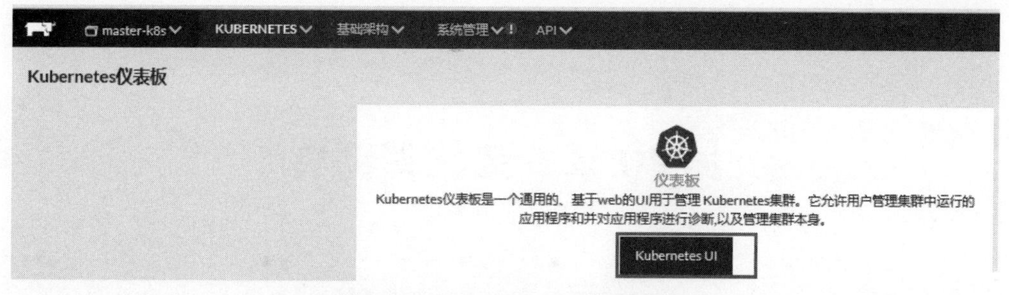

图 19.20　Kubernetes UI登录页面

图 19.21　Kubernetes仪表盘

第20章　金丝雀部署

每次部署到生产环境时，我们都会担心更改会影响用户体验。无论使用什么技术或策略进行部署，可能出错的事情都会出错，这是墨菲定律。

20.1　什么是金丝雀部署

下面从名称金丝雀部署的起源开始，这是一个古老的英国采矿实践。根据史密森尼学会的Kat Eschner的说法，这种做法包括使用“煤矿中的金丝雀检测一氧化碳和其他有毒气体，然后再伤害人类”。为了确保地雷对他们来说是安全的，矿工们首先发送金丝雀；如果金丝雀发生了不好的事情，就是矿工放弃矿井的警告。

当想发布一个新版本的应用程序时，使用一只金丝雀确保新的变化可以为更广泛的公众生存。这只是确定金丝雀将是谁的问题。为简单起见，一些组织认为金丝雀占流量的5%。因此，如果新更改出现问题，只有5%的用户会受到影响。还可以使用更多不同颜色和大小的金丝雀，以增加您对新变化的信心。

在确信新的更改很有用后，可以将更改推送给其他用户。现在可以摆脱金丝雀，因为它仅用于确保矿工(更广泛的受众)不会受到新变化的负面影响。

20.2　如何做金丝雀部署

如果想使用负载平衡器进行金丝雀部署，首先使用环形平衡器和DNS负载均衡器。负载均衡器A将获得95%的流量，负载均衡器B将获得剩余的5%的流量。我们将使用负载均衡器B进行金丝雀部署，这意味着首先需更新它背后的服务器。每个负载均衡器背后有多少服务器并不重要，重要的是流量在负载均衡器之间分配，而不是在服务器之间分配。

完成更新服务器后，监视并测试一段时间。如果不喜欢负载均衡器B中的结果，则可以回滚并完成发布。但是，如果新的更改很好，可以继续更新负载均衡器A后面的服务器。

下面来谈如何使用容器和Docker进行金丝雀部署。容器是用于打包应用程序代码及其依赖项的内容，因此可以轻松移动应用程序。

Docker是使容器受欢迎的公司。当有人谈论容器时，他们很可能会提到Docker创建的容器化技术。容器非常容易使用，需要拥有的是一个名为Dockerfile的文件，可以在其中定义构建应用程序的方式以及它所需的依赖项。此文件用于创建所谓的Docker镜像，该镜像稍后用于实例化容器。

由于使用Docker容器需要安装Docker守护程序，因此可以毫无顾虑地将应用程序移动到所有环境中。应用程序运行所需的一切都在构建的容器映像中，如图20.1所示。

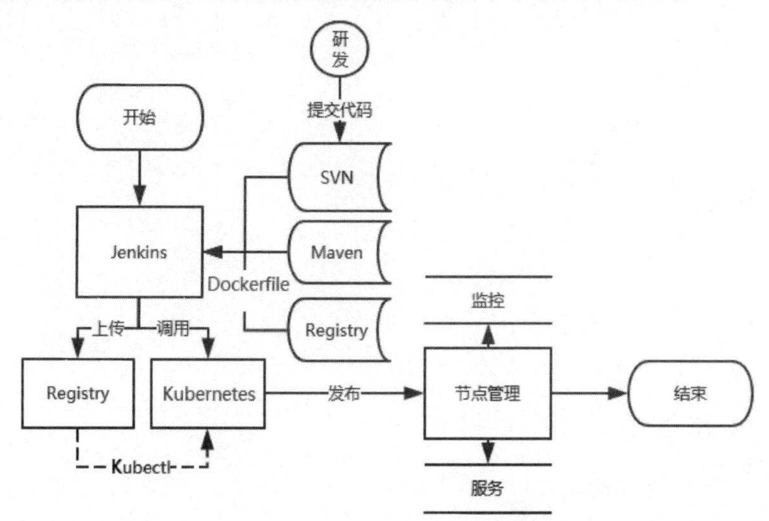

图20.1　Kubernetes+Docker部署

Dockerfile脚本的代码如下：

```
FROM wonter/centos:7.3
RUN yum install tar -y   # 安装 tar
RUN wget ftp://ip:port/jdk/jdk-1.8.tar -P /opt   # 下载 jdk 1.8 并指定放在 opt 下
RUN tar -xvf /opt/jdk-1.8.tar -C /opt   # 解压 tar 包
RUN rm -rf /opt/jdk-1.8.tar   # 删除 tar 包
ENV JAVA_HOME=/opt/jdk-1.8   # 配置环境变量
ENV PATH=$JAVA_HOME/bin:$PATH   # 配置环境变量
ENV CLASSPATH=.:$JAVA_HOME/lib/dt.jar:$JAVA_HOME/lib/tools.jar   # 配置环境变量
#RUN wget ftp://ip:port/eureka-server-1.0.0.jar -P /root   # 下载 eureka-server 并制定目录 root
CMD java -jar /root/eureka-server-1.0.0.jar   # 运行命令
```

业务构建，代码如下：

```
FROM wonter/jdk:1.8
RUN wget ftp://172.18.30.8/pub/bak/eureka-server-1.0.0.jar -P /root   # 下载
CMD java -jar /root/eureka-server-1.0.0.jar   # 运行命令
```

通过Shell实现Dockerfile生成镜像、打tag、push到镜像仓库，代码如下：

```
#!/bin/bash
docker build -t wonter/test /root/docker/
docker tag wonter/test IP:port/wonter/test:latest
docker push IP:port/wonter/test:latest
```

K8s脚本的代码如下：

```
apiVersion: extensions/v1beta1
kind: Deployment
metadata:
  name: ela
spec:
  replicas: 1
  template:
    metadata:
     labels:
       name: ela
    spec:
     containers:
     - name: ela
       image: IP:port/wonter/test:latest
       tty: true
       ports:
       - containerPort: 9200
       - containerPort: 8080
       volumeMounts:
       - name: ssl-certs
         mountPath: /eladata
     volumes:
     - name: ssl-certs
       hostPath:
       emptyDir: {}
---
apiVersion: v1
kind: Service
metadata:
  name: ela
  labels:
    name: ela
spec:
  type: NodePort
  ports:
  - port: 8080
    targetPort: 8080
  #  nodePort: 30001
    protocol: TCP
```

```
      name: elasql
    - port: 9200
      targetPort: 9200
      protocol: TCP
      name: elas
    selector:
name: ela
```

最后启动服务即可。

20.3　Docker私有仓库Registry

Docker Hub是一个用于管理公共镜像的好地方，可以在上面找到想要的镜像，也可以把自己的镜像推送上去。但是，有时我们的服务器无法访问互联网，或者不希望将自己的镜像放到公网中，那么就需要Docker Registry，它可以用来存储和管理自己的镜像。

1.安装Registry

很简单，只运行一个Registry容器即可（包括下载镜像和启动容器、服务）。代码如下：

```
docker run -d -p 5000:5000 -v /data/registry:/var/lib/registry --name
registry --restart=always registry
```

2.使用Registry

笔者看过其他博文，经常报的一个错误是：

```
unable to ping registry endpoint https://172.18.3.22:5000/v0/
v2 ping attempt failed with error: Get https://172.18.3.22:5000/v2/: http:
server gave HTTP response to HTTPS client
```

这是由于Registry为了安全性考虑，默认是需要HTTPS证书支持的，但可以通过一个简单的办法解决：修改/etc/docker/daemon.json文件。代码如下：

```
#vi /etc/docker/daemon.json
{
"insecure-registries": ["<ip>:5000"]
}
```

重新启动Docker，代码如下：

```
#systemctl restart docker
```

注：<ip>即Registry的机器IP地址，在安装Registry的节点和客户端需要访问私有Registry的节点都需要执行此步操作。

通过Docker tag重命名镜像，使之与Registry匹配。代码如下：

```
docker tag inits/nginx1.8 <ip>:5000/nginx1.8:latest
```

上传镜像到Registry，代码如下：

```
docker push <ip>:5000/nginx1.8:latest
```

查看Registry中的所有镜像信息。代码如下：

```
curl http://<ip>:5000/v2/_catalog
```

返回。代码如下：

```
{"repositories":["centos6.8","jenkins1.638","nginx","redis3.0",
"source2.0.3","zkdubbo"]}
```

其他Docker服务器下载镜像。代码如下：

```
docker pull <ip>:5000/nginx1.8:latest
```

删除镜像的代码如下：

```
# 删除
docker exec registry  rm -rf /var/lib/registry/docker/registry/v2/
repositories/< 镜像名 >
# 更新
docker exec registry bin/registry garbage-collect /etc/docker/registry/
config.yml
```

启动镜像的代码如下：

```
docker run -it <ip>:5000/nginx1.8:latest /bin/bash
```

至此，Spring Cloud微服务从研发到容器化部署（自动化）介绍完毕。

第21章　Spring Cloud实战

项目选用Spring Cloud微服务解决方案，框架的搭建基于Spring Boot，使用到的技术有Feign、Hystrix、Ribbon、Eureka、Cloud-Config、OAuth2.0、ES。

21.1　项目结构

项目结构如图21.1所示。

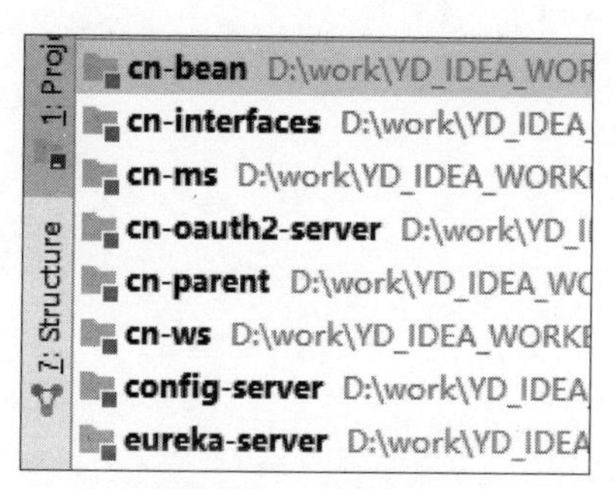

图21.1　项目结构

该项目创建了5个微服务应用，具体如下。

- eureka-server：微服务的注册中心。
- config-server：微服务配置中心。
- cn-oauth2-server：微服务鉴权中心。
- cn-ws为服务消费者，cn-ms为服务生产者，二者为业务微服务。

21.2　基础服务的搭建

项目基于版本为1.5.9的Spring Boot框架和版本为Camden.SR5的Spring Cloud 。

21.2.1　eureka-server微服务的注册中心

Maven坐标，代码如下：

```
<dependency>
```

```
    <groupId>org.springframework.cloud</groupId>
    <artifactId>spring-cloud-starter-eureka-server</artifactId>
  </dependency>
  <dependency>
    <groupId>org.springframework.boot</groupId>
    <artifactId>spring-boot-starter-security</artifactId>
  </dependency>
```

配置文件，如图21.2所示。

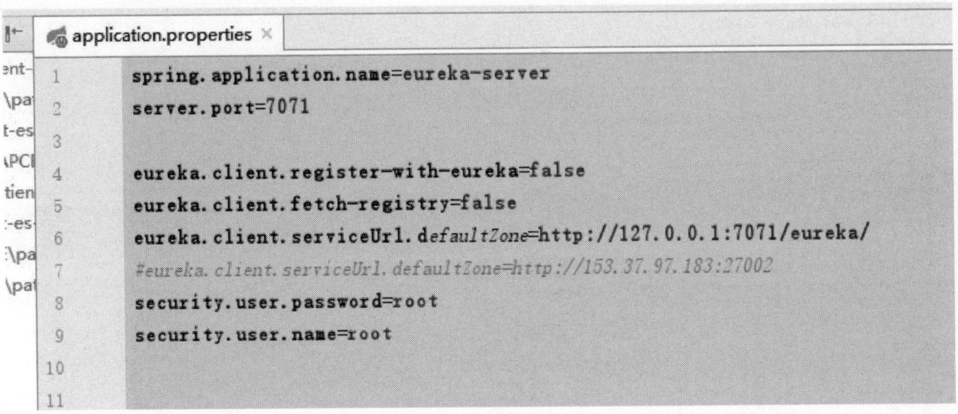

```
application.properties
1   spring.application.name=eureka-server
2   server.port=7071
3
4   eureka.client.register-with-eureka=false
5   eureka.client.fetch-registry=false
6   eureka.client.serviceUrl.defaultZone=http://127.0.0.1:7071/eureka/
7   #eureka.client.serviceUrl.defaultZone=http://153.37.97.183:27002
8   security.user.password=root
9   security.user.name=root
10
11
```

图21.2 配置文件

设置微服务名称及端口号，代码如下：

```
spring.application.name=eureka-server
server.port=7071
```

注意以下配置：表示是否将自己注册在EurekaServer上，默认为true。由于当前应用就是EurekaServer，所以设置为false。

```
eureka.client.register-with-eureka=false
```

表示是否从EurekaServer获取注册信息，默认为true。单节点不需要同步其他EurekaServer节点的数据。

```
eureka.client.fetch-registry=false
```

设置Eureka的地址，本机既可以设置为127.0.0.1，也可以设置为localhost。

```
eureka.client.serviceUrl.defaultZone=http://127.0.0.1:7071/eureka/
```

设置客户端注册账号密码凭证，代码如下：

```
security.user.password=root
security.user.name=root
```

项目启动main()函数，代码如下：

```
package com.cn;
```

```
import org.springframework.boot.autoconfigure.SpringBootApplication;
import org.springframework.boot.builder.SpringApplicationBuilder;
import org.springframework.cloud.netflix.eureka.server.EnableEurekaServer;
@EnableEurekaServer// 表示为注册中心服务端，只有加了该注解注册中心才能生效
@SpringBootApplication
public class EurekaServer {
    public static void main(String[] args) {
        new SpringApplicationBuilder(EurekaServer.class).web(true).run(args);
    }
}
```

注意：要加@EnableEurekaServer注解，表示该服务为微服务注册中心。

启动成功，访问该服务地址，如图21.3所示。

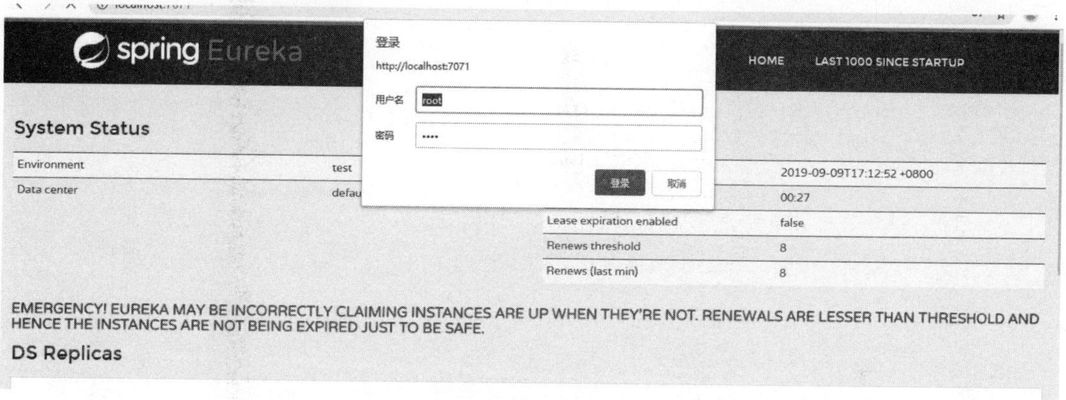

图21.3 登录Eureka

若是第一次访问，会要求输入用户名和密码，即图21.4中最后两行的配置。

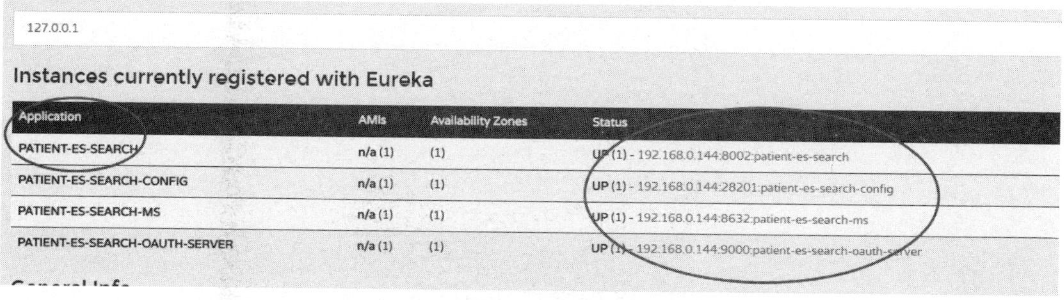

图21.4 服务状态

图21.4中的Application列为注册的微服务名称，即配置文件中的spring.application.name。

最后一列为客户端，eureka.instance.instance-id=${spring.cloud.client.ipAddress}:${server.port}:${spring.application.name}配置，即主机IP+服务端口+微服务名称。

21.2.2 config-server配置中心的搭建

Maven坐标，代码如下：

```
<dependency>
<groupId>org.springframework.cloud</groupId>
<artifactId>spring-cloud-starter-eureka</artifactId>
</dependency>
<dependency>
<groupId>org.springframework.cloud</groupId>
<artifactId>spring-cloud-config-server</artifactId>
</dependency>
```

配置文件，如图21.5所示。

```
1   spring.application.name=patient-es-search-config
2   server.port=28201
3   eureka.client.serviceUrl.defaultZone=http://root:root@localhost:7071/eureka
4   eureka.instance.prefer-ip-address=true
5   eureka.instance.instance-id=${spring.cloud.client.ipAddress}:${server.port}:${spring.application.name}
6
7
8   #如果这里要获取远程Git配置文件，那么开启——》加载远程Git配置文件
9   #如果要获取本地配置，那么开启－－－－－－－－》加载本地配置文件
10
11  #加载远程git配置文件
12  #spring.cloud.config.server.git.uri=http://opsr.cn:20080/liuli/hzConfig.git
13  #spring.cloud.config.server.git.searchPaths=dev
14  #spring.cloud.config.server.git.username=username
15  #spring.cloud.config.server.git.password=password
16
17  #加载本地配置文件
18  spring.profiles.active=native
19  #加载resources目录下的config文件夹下 所有配置文件，多个文件夹可“，”隔开
20  spring.cloud.config.server.native.search-locations=classpath:/config
```

图21.5 配置文件

加载配置信息，这里提供两种配置，具体如下。

(1) 远程Git仓库配置(要求项目能访问外围)。

(2) 本地项目配置(内网)。

```
# 如果这里要获取远程 Git 配置文件，那么开启“加载远程 Git 配置文件”
# 如果要获取本地配置，那么开启“加载本地配置文件”
#spring.cloud.config.server.git.uri=http://opsr.cn:20080/liuli/hzConfig.git
#spring.cloud.config.server.git.searchPaths=dev
#spring.cloud.config.server.git.username=username
#spring.cloud.config.server.git.password=password
# 加载本地配置文件
```

```
spring.profiles.active=native
# 加载 resources 目录下的 config 文件夹下所有配置文件，多个文件夹可用“，”隔开
spring.cloud.config.server.native.search-locations=classpath:/config
```

项目启动配置，如图21.6所示。

```
1   package com.cn;
2
3   import org.springframework.boot.autoconfigure.SpringBootApplication;
4   import org.springframework.boot.builder.SpringApplicationBuilder;
5   import org.springframework.cloud.client.discovery.EnableDiscoveryClient;
6   import org.springframework.cloud.config.server.EnableConfigServer;
7
8   @EnableDiscoveryClient
9   @EnableConfigServer
10  @SpringBootApplication
11  public class ConfigApplication {
12
13      public static void main(String[] args) {
14          new SpringApplicationBuilder(ConfigApplication.class).web(true).run(args);
15      }
16
17  }
```

图21.6　项目启动配置

注意以下配置。

@EnableDiscoveryClient表示注册中心客户端，不加无法注册。

@EnableConfigServer表示配置中心服务端，只有加了该注解，配置中心才能生效。

21.2.3　OAuth2.0鉴权中心(采用密码认证模式)

Maven坐标，代码如下：

```
<dependency>
<groupId>org.springframework.security.oauth</groupId>
<artifactId>spring-security-oauth2</artifactId>
</dependency>
<dependency>
<groupId>org.springframework.cloud</groupId>
<artifactId>spring-cloud-starter-eureka</artifactId>
</dependency>
<dependency>
<groupId>org.springframework.security</groupId>
<artifactId>spring-security-web</artifactId>
</dependency>
<dependency>
<groupId>org.springframework.security</groupId>
```

```
<artifactId>spring-security-config</artifactId>
</dependency>
<!—
数据库层配置
-->
<dependency>
<groupId>mysql</groupId>
<artifactId>mysql-connector-java</artifactId>
</dependency>
<dependency>
<groupId>org.springframework.boot</groupId>
<artifactId>spring-boot-starter-data-jpa</artifactId>
</dependency>
```

配置文件目录，如图21.7所示。

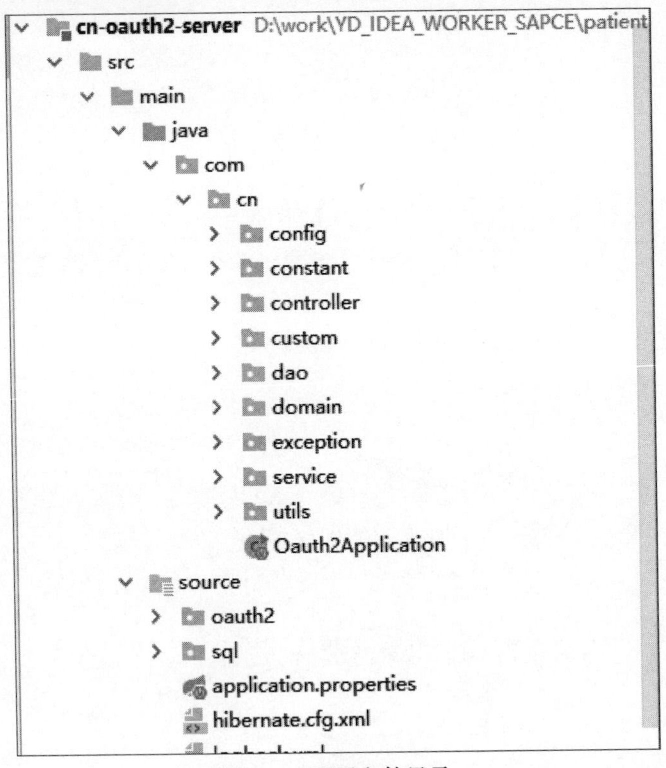

图21.7 配置文件目录

sql文件夹下的脚本为OAuth持久化需要的表结构。项目启动会自动执行该脚本，创建表，如图21.8所示。

```
1   spring.application.name=patient-es-search-oauth-server
2   server.port=9000
3   eureka.instance.prefer-ip-address=true
4   eureka.instance.statusPageUrlPath=/doc.html
5   eureka.client.serviceUrl.defaultZone=http://root:root@localhost:7071/eureka
6   eureka.instance.instance-id=${spring.cloud.client.ipAddress}:${server.port}:${spring.application.name}
7   spring.datasource.url=jdbc:mysql://IP:PORT/intelligent_medicine?useUnicode=true&characterEncoding=gbk&zeroDateTimeBehavior=conver
8   spring.datasource.username=root
9   spring.datasource.password=root
10  spring.datasource.driver-class-name=com.mysql.jdbc.Driver
11
```

图21.8　配置文件

注意配置数据库连接、注册中心。

启动类，如图21.9所示。

```
@SpringBootApplication
@EnableDiscoveryClient
public class Oauth2Application {

    public static void main(String[] args) {

        SpringApplication.run(Oauth2Application.class, args);
    }

}
```

图21.9　启动类

启动成功后会在数据库生成数据库表，如图21.10所示。

```
oauth_access_token
oauth_approvals
oauth_client_details
oauth_client_token
oauth_code
oauth_refresh_token
```

图21.10　数据库表

自定义用户认证，代码如下：

```
package com.cn.config;
import org.springframework.beans.factory.annotation.Autowired;
import org.springframework.context.annotation.Bean;
import org.springframework.context.annotation.Configuration;
import org.springframework.context.annotation.Primary;
import org.springframework.security.authentication.AuthenticationManager;
import org.springframework.security.core.userdetails.UserDetailsService;
import org.springframework.security.oauth2.config.annotation.configurers.
ClientDetailsServiceConfigurer;
import org.springframework.security.oauth2.config.annotation.web.configuration.
```

```
    AuthorizationServerConfigurerAdapter;
    import org.springframework.security.oauth2.config.annotation.web.
configuration.
    EnableAuthorizationServer;
    import org.springframework.security.oauth2.config.annotation.web.configurers.
    AuthorizationServerEndpointsConfigurer;
    import org.springframework.security.oauth2.config.annotation.web.configurers.
    AuthorizationServerSecurityConfigurer;
    import org.springframework.security.oauth2.provider.OAuth2RequestFactory;
    import org.springframework.security.oauth2.provider.approval.ApprovalStore;
    import org.springframework.security.oauth2.provider.approval.
JdbcApprovalStore;
    import org.springframework.security.oauth2.provider.approval.
UserApprovalHandler;
    import org.springframework.security.oauth2.provider.client.
JdbcClientDetailsService;
    import org.springframework.security.oauth2.provider.code.
AuthorizationCodeServices;
    import org.springframework.security.oauth2.provider.code.
JdbcAuthorizationCodeServices;
    import org.springframework.security.oauth2.provider.error.
OAuth2AccessDeniedHandler;
    import org.springframework.security.oauth2.provider.error.
OAuth2AuthenticationEntryPoint;
    import org.springframework.security.oauth2.provider.error.
WebResponseExceptionTranslator;
    import org.springframework.security.oauth2.provider.request.
DefaultOAuth2RequestFactory;
    import org.springframework.security.oauth2.provider.token.
DefaultTokenServices;
    import org.springframework.security.oauth2.provider.token.TokenStore;
    import org.springframework.security.oauth2.provider.token.store.
JdbcTokenStore;
    import javax.sql.DataSource;
    //数据源认证配置
    @Configuration
    @EnableAuthorizationServer
    public class AuthorizationServerConfig extends
AuthorizationServerConfigurerAdapter {
        //自定义全局异常处理
        @Autowired
```

```java
    private WebResponseExceptionTranslator webResponseExceptionTranslator;
    @Autowired
    private DataSource dataSource;
    @Autowired
    private AuthenticationManager authenticationManager;
    @Autowired
    private UserDetailsService userDetailsService;
    //注入数据源，配置认证中心数据持久化到数据库中
    @Bean
    public JdbcClientDetailsService clientDetailsService() {
        return new JdbcClientDetailsService(dataSource);
    }
    @Bean
    public TokenStore tokenStore() {
        return new JdbcTokenStore(dataSource);
    }
    @Bean
    public ApprovalStore approvalStore() {
        return new JdbcApprovalStore(dataSource);
    }
    @Bean
    public AuthorizationCodeServices authorizationCodeServices() {
        return new JdbcAuthorizationCodeServices(dataSource);
    }
    @Bean
    public OAuth2AccessDeniedHandler oauth2AccessDeniedHandler() {
        return new OAuth2AccessDeniedHandler();
    }
    @Bean
    public OAuth2AuthenticationEntryPoint oauth2AuthenticationEntryPoint() {
        return new OAuth2AuthenticationEntryPoint();
    }
    @Bean
    public OAuth2RequestFactory oAuth2RequestFactory() {
        return new DefaultOAuth2RequestFactory(clientDetailsService());
    }
    @Bean
    public UserApprovalHandler userApprovalHandler() {
        return new BataApprovalHandler(clientDetailsService(), approvalStore(),
oAuth2RequestFactory());
    }
```

```
        @Override
        public void configure(ClientDetailsServiceConfigurer clients) throws
Exception {
    clients.withClientDetails(clientDetailsService());
        }
        @Override
        public void configure(AuthorizationServerSecurityConfigurer security)
throws Exception {
    security.accessDeniedHandler(oauth2AccessDeniedHandler());
    security.authenticationEntryPoint(oauth2AuthenticationEntryPoint());
    security.allowFormAuthenticationForClients();
        }
        @Override
        public void configure(AuthorizationServerEndpointsConfigurer endpoints)
throws Exception{
            //自定义持久化登录用户信息查找类
    endpoints.userDetailsService(userDetailsService);
    endpoints.userApprovalHandler(userApprovalHandler());
    endpoints.approvalStore(approvalStore());
    endpoints.authorizationCodeServices(authorizationCodeServices());
    endpoints.authenticationManager(authenticationManager);
    endpoints.tokenStore(tokenStore());
    endpoints.exceptionTranslator(webResponseExceptionTranslator);
        }
    }
```

自定义认证中心资源保护类，如图21.11所示。

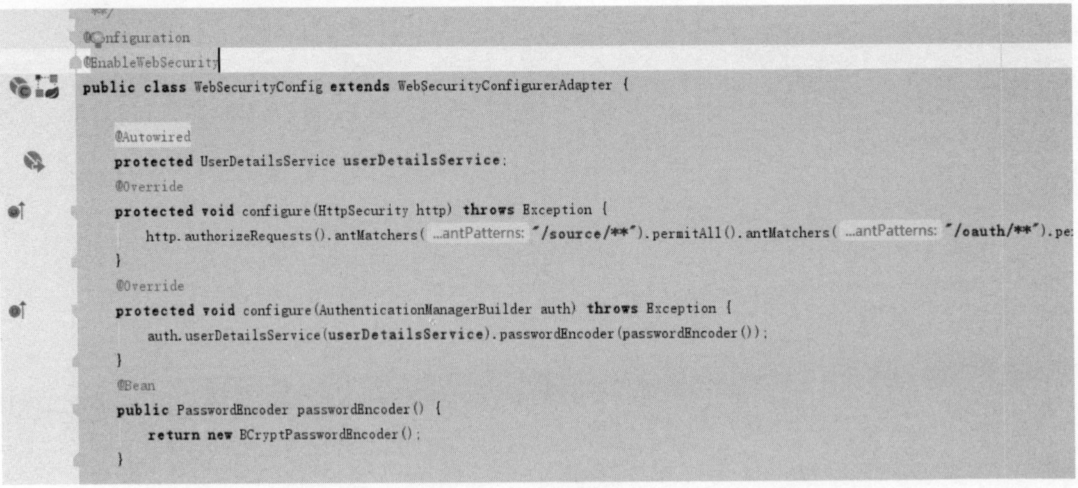

```
@Configuration
@EnableWebSecurity
public class WebSecurityConfig extends WebSecurityConfigurerAdapter {

    @Autowired
    protected UserDetailsService userDetailsService;
    @Override
    protected void configure(HttpSecurity http) throws Exception {
        http.authorizeRequests().antMatchers( ...antPatterns: "/source/**").permitAll().antMatchers( ...antPatterns: "/oauth/**").pe
    }
    @Override
    protected void configure(AuthenticationManagerBuilder auth) throws Exception {
        auth.userDetailsService(userDetailsService).passwordEncoder(passwordEncoder());
    }
    @Bean
    public PasswordEncoder passwordEncoder() {
        return new BCryptPasswordEncoder();
    }
```

图21.11 资源保护类

自定义持久化登录用户信息查找类，代码如下：

```
package com.cn.service.Impl;
import com.cn.constant.SysConstant;
import com.cn.domain.Authority;
import com.cn.domain.BaseUser;
import com.cn.service.IBaseUserService;
import org.springframework.beans.factory.annotation.Autowired;
import org.springframework.security.access.AccessDeniedException;
import org.springframework.security.core.userdetails.User;
import org.springframework.security.core.userdetails.UserDetails;
import org.springframework.security.core.userdetails.UserDetailsService;
import org.springframework.stereotype.Service;
import java.util.Date;
import java.util.LinkedList;
import java.util.List;
@Service
//需要实现 oauth 用户信息类 UserDetailsService，重写 loadUserByUsername() 方法，从
而实现自定义用户信息校验查找
public class UserDetailsServiceImpl implements UserDetailsService {
@Autowired
//注入自定义服务
    private IBaseUserService iBaseUserService;
    @Override
public UserDetails loadUserByUsername(String username) {
//这里可以进行业务操作，如根据用户名称查找用户，判断用户是否存在、是否被禁用。可以抛出异常
        BaseUser baseUser = iBaseUserService.findByAccount(username);
        if (baseUser == null) {
            throw new AccessDeniedException(SysConstant.ACCOUNT_NOT_EXIST);
        }
        if (username.contains("@")) {
            BaseUser parentUser = iBaseUserService.findByAccount(username.
split("[@]")[0]);
            baseUser.setIsCheck(parentUser.getIsCheck());
            baseUser.setIsAdmin(parentUser.getIsAdmin());
            baseUser.setIsDel(parentUser.getIsDel());
        }
        if (SysConstant.ACCOUNT_IS_DELETED_FLAG.equals(baseUser.getIsDel())) {
            throw new AccessDeniedException(SysConstant.ACCOUNT_IS_DELETED);
        }
        if (SysConstant.NOT_CHECH.equals(baseUser.getIsCheck())) {
```

```
                throw new AccessDeniedException(SysConstant.ACCOUNT_NOT_PASS_
CHECK);
            }
            String password = baseUser.getPassword();
            List<Authority> authorities = new LinkedList<>();
            if (SysConstant.ADMIN.equals(baseUser.getIsAdmin())) {
    authorities.add(new Authority(1L, "ROLE_ADMIN"));
            }
    authorities.add(new Authority(2L, "ROLE_USER"));
```

持久层，如图21.12所示。

```
6
7   public interface BaseUserDao extends JpaRepository<BaseUser,Long> {
8
9       BaseUser findByAccount(String account);
10
11      BaseUser findByUnionid(String unionid);
12
13  }
```

图21.12　持久层

Interface层，如图21.13所示。

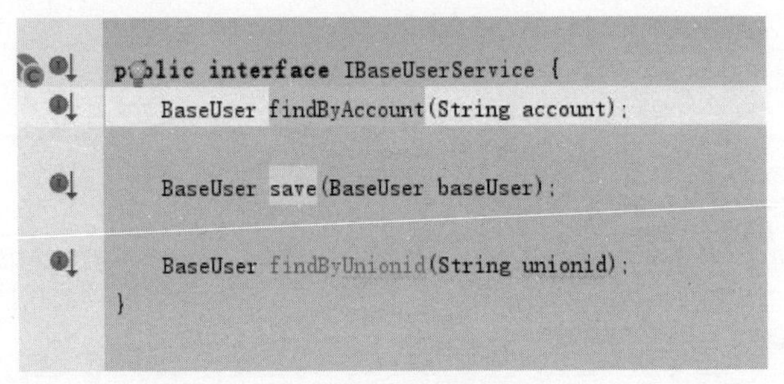

public interface IBaseUserService {
BaseUser findByAccount(String account);
BaseUser save(BaseUser baseUser);
BaseUser findByUnionid(String unionid);
}

图21.13　Interface层

Interface实现类，如图21.14所示。

```
@Service
public class BaseUserImpl implements IBaseUserService {

    @Autowired
    private BaseUserDao baseUserDao;

    @Override
    public BaseUser findByAccount(String account) {
        return baseUserDao.findByAccount(account);
    }
```

图21.14　Interface实现类

自定义登录校验，继承AuthenticationProvider类实现其中的校验方法。

如图21.14中的红圈为自定义密码校验，以及密码错误异常抛出处理。注意，图中的PasswordEncoder密码认证类必须和图21.15配置的密码认证类相同，否则这里的密码校验永远不通过。

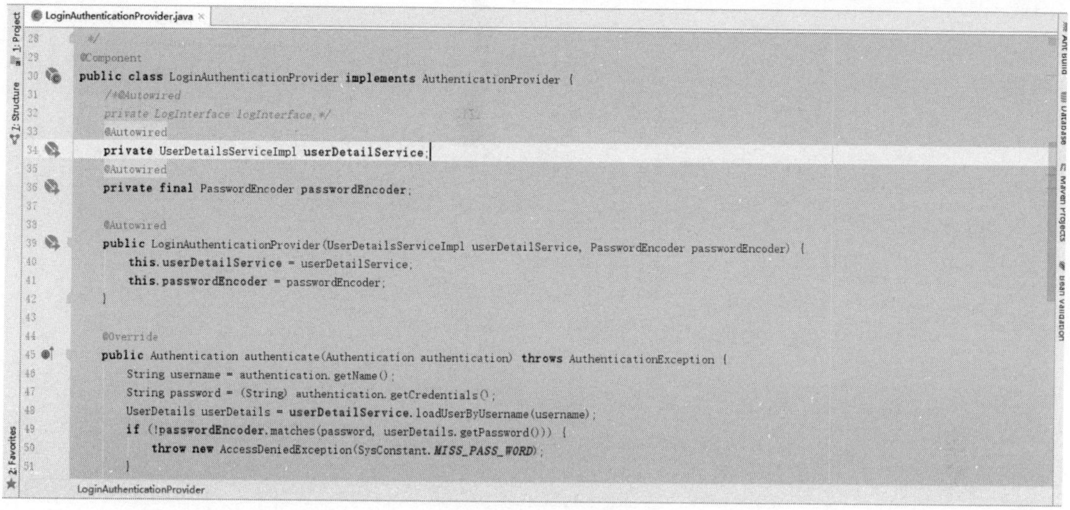

```
LoginAuthenticationProvider.java
28     */
29    @Component
30    public class LoginAuthenticationProvider implements AuthenticationProvider {
31        /*@Autowired
32        private LogInterface logInterface;*/
33        @Autowired
34        private UserDetailsServiceImpl userDetailService;
35        @Autowired
36        private final PasswordEncoder passwordEncoder;
37
38        @Autowired
39        public LoginAuthenticationProvider(UserDetailsServiceImpl userDetailService, PasswordEncoder passwordEncoder) {
40            this.userDetailService = userDetailService;
41            this.passwordEncoder = passwordEncoder;
42        }
43
44        @Override
45        public Authentication authenticate(Authentication authentication) throws AuthenticationException {
46            String username = authentication.getName();
47            String password = (String) authentication.getCredentials();
48            UserDetails userDetails = userDetailService.loadUserByUsername(username);
49            if (!passwordEncoder.matches(password, userDetails.getPassword())) {
50                throw new AccessDeniedException(SysConstant.MISS_PASS_WORD);
51            }
LoginAuthenticationProvider
```

图21.15　相关配置

自定义异常处理类，处理账号、密码错误、用户锁定。代码如下：

```
package com.cn.exception;
import org.springframework.http.HttpHeaders;
import org.springframework.http.HttpStatus;
import org.springframework.http.ResponseEntity;
import org.springframework.security.access.AccessDeniedException;
import org.springframework.security.core.AuthenticationException;
import org.springframework.security.oauth2.common.DefaultThrowableAnalyzer;
import org.springframework.security.oauth2.common.exceptions.
InsufficientScopeException;
import org.springframework.security.oauth2.common.exceptions.
OAuth2Exception;
import org.springframework.security.oauth2.provider.error.
WebResponseExceptionTranslator;
import org.springframework.security.web.util.ThrowableAnalyzer;
import org.springframework.stereotype.Component;
import org.springframework.web.HttpRequestMethodNotSupportedException;
/**
 * 描述：资源服务器异常自定义捕获 <br>
 * 创建人：<br>
 * 创建时间：<br>
 * 参数：<br>
 * 返回值：<br>
```

```
    * 异常：<br>
    **/
   @Component
   Public class  UserOAuth2WebResponseExceptionTranslator implements 
WebResponseExceptionTranslator {
       private ThrowableAnalyzer throwableAnalyzer = new 
DefaultThrowableAnalyzer();
       @Override
       public ResponseEntity<OAuth2Exception>translate(Exception e) throws 
Exception {
   Throwable[] causeChain = this.throwableAnalyzer.determineCauseChain(e);
           Exception  ase =(OAuth2Exception) this.throwableAnalyzer.
getFirstThrowableOfType(OAuth2Exception.class, causeChain);
           if (ase != null) {
               return this.handleOAuth2Exception((OAuth2Exception) ase);
           }
           //身份验证相关异常
           ase=(AuthenticationException) this.throwableAnalyzer.
getFirstThrowableOfType(AuthenticationException.class, causeChain);
           if (ase != null) {
               return this.handleOAuth2Exception(new UnauthorizedException(e.
getMessage(), e));
           }
           //异常链中包含拒绝访问异常
           ase =(AccessDeniedException) this.throwableAnalyzer.
getFirstThrowableOfType(AccessDeniedException.class, causeChain);
           if (ase instanceof AccessDeniedException) {
               return this.handleOAuth2Exception(new ForbiddenException(ase.
getMessage(), ase));
           }
           //异常链中包含 Http() 方法请求异常
           ase=(HttpRequestMethodNotSupportedExcept
ion) this.throwableAnalyzer.getFirstThrowableOfType
(HttpRequestMethodNotSupportedException.class, causeChain);
           if (ase instanceof HttpRequestMethodNotSupportedException) {
               return this.handleOAuth2Exception(new MethodNotAllowed(ase.
getMessage(), ase));
           }
           Return this.handleOAuth2Exception(new 
ServerErrorException(HttpStatus.INTERNAL_SERVER_ERROR.getReasonPhrase(), e));
       }
```

```
        private ResponseEntity<OAuth2Exception> handleOAuth2Exception
(OAuth2Exception e) {
            int status = e.getHttpErrorCode();
            HttpHeaders headers = new HttpHeaders();
    headers.set("Cache-Control", "no-store");
    headers.set("Pragma", "no-cache");
            if (status == HttpStatus.UNAUTHORIZED.value()||
    e instanceof InsufficientScopeException) {
    headers.set("WWW-Authenticate", String.format("%s %s", "Bearer",
e.getSummary()));
            }
            UserOAuth2Exception exception = new UserOAuth2Exception(e.
getMessage(), e);
            ResponseEntity<OAuth2Exception> response = new
ResponseEntity(exception, headers, HttpStatus.valueOf(status));
            return response;
        }
        private static class MethodNotAllowed extends OAuth2Exception {
            public MethodNotAllowed(String msg, Throwable t) {
                super(msg, t);
            }
            @Override
            public String getOAuth2ErrorCode() {
                return "method_not_allowed";
            }
            @Override
            public int getHttpErrorCode() {
                return 405;
            }
        }
        private static class UnauthorizedException extends OAuth2Exception {
            public UnauthorizedException(String msg, Throwable t) {
                super(msg, t);
            }
            @Override
            public String getOAuth2ErrorCode() {
                return "unauthorized";
            }
            @Override
            public int getHttpErrorCode() {
                return 401;
```

```
        }
    }
    private static class ServerErrorException extends OAuth2Exception {
        public ServerErrorException(String msg, Throwable t) {
            super(msg, t);
        }
        @Override
        public String getOAuth2ErrorCode() {
            return "server_error";
        }
        @Override
        public int getHttpErrorCode() {
            return 500;
        }
    }
    private static class ForbiddenException extends OAuth2Exception {
        public ForbiddenException(String msg, Throwable t) {
            super(msg, t);
        }
        @Override
        public String getOAuth2ErrorCode() {
            return "access_denied";
        }
        @Override
        public int getHttpErrorCode() {
            return 403;
        }
    }
}
package com.cn.exception;
import com.cn.constant.SysConstant;
import com.cn.utils.OauOptCode;
import com.cn.utils.OauResultCode;
import com.cn.utils.ResultModel;
import com.fasterxml.jackson.core.JsonGenerator;
import com.fasterxml.jackson.databind.SerializerProvider;
import com.fasterxml.jackson.databind.ser.std.StdSerializer;
import org.springframework.web.util.HtmlUtils;
import java.io.IOException;
/**
 * 描述：序列化异常类 <br>
```

```
    * 创建人: <br>
    * 创建时间: <br>
    * 参数: <br>
    * 返回值: <br>
    * 异常: <br>
    **/
   public class UserOAuth2ExceptionSerializer extends StdSerializer<UserOAuth2
Exception> {

       protected UserOAuth2ExceptionSerializer() {
   super(UserOAuth2Exception.class);
       }
```

最后登录异常序列化，返回的数据格式如下：

```
   @Override
   public void serialize(UserOAuth2Exception e, JsonGenerator generator,
   SerializerProvider serializerProvider) throws IOException {
       generator.writeStartArray();
       String message = e.getMessage();
       if (message != null) {
           message = HtmlUtils.htmlEscape(message);
       }
       ResultModel<String> model = new ResultModel<>();
       model.setOperate(OauOptCode.REQUEST_OAUTH_SERVER);
       model.setModule("OAUTH_AUTHENTICATION");
       if (SysConstant.MISS_PASS_WORD.equals(message)) {
           model.setResult(OauResultCode.ERROR_PASSWORD);
       } else if (SysConstant.ACCOUNT_NOT_EXIST.equals(message)) {
           model.setResult(OauResultCode.NOT_EXIST_ACCOUNT);
       } else if (SysConstant.ACCOUNT_IS_DELETED.equals(message)) {
           model.setResult(OauResultCode.HAVA_DELETED_ACCOUNT);
       } else if (SysConstant.ACCOUNT_NOT_PASS_CHECK.equals(message)) {
           model.setResult(OauResultCode.ACCOUNT_NOT_PASS_CHECK);
       } else {
           model.setResult(OauResultCode.NO_PERMISSION_TO_ACCESS_DATA);
       }
       model.setExceptionMsg(e.getMessage());
       generator.writeObject(model);
       generator.writeEndArray();
       }
   }
```

```
package com.cn.exception;

import com.fasterxml.jackson.databind.annotation.JsonSerialize;
import org.springframework.security.oauth2.common.exceptions.
OAuth2Exception;

/**
 * 描述：自定义异常处理类型继承自 OAuth2Exception <br>
 * 创建人：<br>
 * 创建时间：<br>
 * 参数：<br>
 * 返回值：<br>
 * 异常：<br>
 **/
@JsonSerialize(using = UserOAuth2ExceptionSerializer.class)
public class UserOAuth2Exception extends OAuth2Exception {
    private Integer status = 400;
    public UserOAuth2Exception(String message, Throwable t) {
        super(message, t);
        status = ((OAuth2Exception)t).getHttpErrorCode();
    }
    public UserOAuth2Exception(String message) {
        super(message);
    }
    @Override
    public int getHttpErrorCode() {
        return status;
    }
}
package com.cn.exception;
import com.alibaba.fastjson.JSON;
import com.cn.utils.OauOptCode;
import com.cn.utils.OauResultCode;
import com.cn.utils.ResultModel;
import org.slf4j.Logger;
import org.slf4j.LoggerFactory;
import org.springframework.http.MediaType;
import org.springframework.security.core.AuthenticationException;
import org.springframework.security.web.AuthenticationEntryPoint;
import org.springframework.stereotype.Component;
import javax.servlet.ServletException;
```

```
    import javax.servlet.http.HttpServletRequest;
    import javax.servlet.http.HttpServletResponse;
    import java.io.IOException;
    /**
     * 描述：自定义异常处理
     * 创建人： <br>
     * 创建时间： <br>
     */
    @Component
    public class OauthCustomAuthenticationEntryPoint implements
    AuthenticationEntryPoint {
        privateLoggerlogger = LoggerFactory.getLogger(OauthCustomAuthentication
EntryPoint.class);
        @Override
        public void commence(HttpServletRequest request, HttpServletResponse
response, AuthenticationException e) throws IOException, ServletException {
            logger.error("认证异常------------->{}", e.toString());
            ResultModel<String> model = new ResultModel<>();
            model.setExceptionMsg(e.toString());
            model.setModule("OAUTH_AUTHENTICATION");
            model.setOperate(OauOptCode.REQUEST_OAUTH_SERVER);
            model.setResult(OauResultCode.INVALID_TOKEN);
            response.setStatus(HttpServletResponse.SC_UNAUTHORIZED);
            response.setContentType(MediaType.APPLICATION_JSON_UTF8_VALUE);
            response.getWriter().print(JSON.toJSONString(model));
        }
    }
    package com.cn.exception;
    import com.alibaba.fastjson.JSON;
    import com.cn.utils.OauOptCode;
    import com.cn.utils.OauResultCode;
    import com.cn.utils.ResultModel;
    import org.slf4j.Logger;
    import org.slf4j.LoggerFactory;
    import org.springframework.http.HttpStatus;
    import org.springframework.security.access.AccessDeniedException;
    import org.springframework.security.web.access.AccessDeniedHandler;
    import org.springframework.stereotype.Component;
    import javax.servlet.http.HttpServletRequest;
    import javax.servlet.http.HttpServletResponse;
    /**
```

```
 * 描述： 权限不足类 <br>
 * 创建人： <br>
 * 创建时间： <br>
 */
@Component("customAccessDeniedHandler")
public class CustomAccessDeniedHandler implements AccessDeniedHandler {
    private Logger logger = LoggerFactory.getLogger
(CustomAccessDeniedHandler.class);
    @Override
    public void handle(HttpServletRequest request, HttpServletResponse
response, AccessDeniedException ex) {
        logger.error("权限认证异常------------->{}", ex.toString());
        response.setStatus(HttpStatus.OK.value());
        response.setHeader("Content-Type", "application/json;charset=UTF-8");
        ResultModel<String> model = new ResultModel<>();
        model.setExceptionMsg(ex.toString());
        model.setModule("OAUTH_AUTHENTICATION");
        model.setOperate(OauOptCode.REQUEST_OAUTH_SERVER);
        model.setResult(OauResultCode.NO_PERMISSION_TO_ACCESS_DATA);
        try {
            response.getWriter().write(JSON.toJSONString(model));
        } catch (Exception e) {
            e.printStackTrace();
        }
    }
}
```

启动项目，访问http://IP:port/oauth/token?grant_type=password&scope=read%20write&client_id=CouponSystem&client_secret=1314526&username=你的账号&password=你的密码。

登录成功，如图21.16所示。

```
1 {
2     "access_token": "8344a48f-97af-4317-a54a-d30f08b7e275",
3     "token_type": "bearer",
4     "expires_in": 43199,
5     "scope": "read write"
6 }
```

图21.16 登录成功

21.2.4 ms(生产者服务搭建)持久层采用MyBatis

配置注册中心、中心地址，这里采用Swagger实现在线API预览测试。此外，该服务部署在内网，不允许外网访问，因此这里没有配置鉴权中心。

这里以ES搜索引擎的搜索为例。代码如下：

```
spring.application.name=patient-es-search-ms
server.port=8632
eureka.client.serviceUrl.defaultZone=http://root:root@localhost:7071/eureka
eureka.instance.prefer-ip-address=true
eureka.instance.instance-id=${spring.cloud.client.ipAddress}:${server.
port}:${spring.application.name}
eureka.instance.statusPageUrlPath=/doc.html
# 加载本地仓库文件会加载 http://127.0.0.1:28201 配置中心信息并获取 ${spring.cloud.
config.name}-${spring.profiles.active}.properties yml 配置文件内容
spring.cloud.config.uri=http://127.0.0.1:28201
spring.profiles.active=dev
spring.cloud.config.name=config
spring.cloud.config.discovery.enabled=true
spring.cloud.config.failFast=true
logging.level.com.cn=debug
mybatis.configuration.log-impl=org.apache.ibatis.logging.stdout.StdOutImpl
#Swagger 组件
project.versionUrl=v1
swagger.title=智慧医疗 ms  API
swagger.description=智慧医疗 Demo 项目
swagger.contact=mcz
swagger.basePackage=com.cn
```

Maven配置，ES版本7.1.1。代码如下：

```
<project xmlns="http://maven.apache.org/POM/4.0.0"
xmlns:xsi="http://www.w3.org/2001/XMLSchema-instance"
xsi:schemaLocation="http://maven.apache.org/POM/4.0.0 http://maven.apache.
org/xsd/maven-4.0.0.xsd">
<modelVersion>4.0.0</modelVersion>
<artifactId>cn-ms</artifactId>
<version>0.0.1</version>
<parent>
<groupId>com.cn</groupId>
<artifactId>cn-parent</artifactId>
<version>0.0.1-SNAPSHOT</version>
<relativePath>../cn-parent/pom.xml</relativePath>
</parent>
<dependencies>
<dependency>
```

```
<groupId>com.cn</groupId>
<artifactId>cn-bean</artifactId>
<version>0.0.1</version>
</dependency>
<dependency>
<groupId>com.cn</groupId>
<artifactId>cn-interfaces</artifactId>
<version>0.0.1</version>
</dependency>
<dependency>
<groupId>org.elasticsearch</groupId>
<artifactId>elasticsearch</artifactId>
<version>7.1.1</version>
</dependency>
<dependency>
<groupId>com.cn</groupId>
<artifactId>cn-elasticsearch</artifactId>
<version>${es.version}</version>
<exclusions>
<exclusion>
<groupId>org.elasticsearch</groupId>
<artifactId>elasticsearch</artifactId>
</exclusion>
</exclusions>
</dependency>
<dependency>
<groupId>org.springframework.cloud</groupId>
<artifactId>spring-cloud-starter-eureka</artifactId>
</dependency>
<!-- Spring Cloud Config Client -->
<dependency>
<groupId>org.springframework.cloud</groupId>
<artifactId>spring-cloud-config-client</artifactId>
</dependency>
<dependency>
<groupId>org.springframework.cloud</groupId>
<artifactId>spring-cloud-starter-config</artifactId>
</dependency>
</dependencies>
<build>
<resources>
```

```
<resource>
<directory>src/main/java</directory>
<includes>
<include>**/*.xml</include>
<include>**/*.ftl</include>
</includes>
<filtering>true</filtering>
</resource>
<resource>
<directory>src/main/resources</directory>
</resource>
</resources>
<plugins>
<plugin>
<groupId>org.springframework.boot</groupId>
<artifactId>spring-boot-maven-plugin</artifactId>
</plugin>
<plugin>
<groupId>org.apache.maven.plugins</groupId>
<artifactId>maven-compiler-plugin</artifactId>
<configuration>
<source>${jdk.version}</source>
<target>${jdk.version}</target>
</configuration>
</plugin>
</plugins>
</build>
</project>
```

ES连接配置，代码如下：

```
package com.cn.es.config;
import java.io.IOException;
import org.apache.http.HttpHost;
import org.elasticsearch.client.RestClient;
import org.elasticsearch.client.RestClientBuilder;
import org.elasticsearch.client.RestHighLevelClient;
import org.elasticsearch.client.RestClientBuilder.HttpClientConfigCallback;
import org.elasticsearch.client.RestClientBuilder.RequestConfigCallback;
import org.slf4j.Logger;
import org.slf4j.LoggerFactory;
public class ESClientSpringFactory {
```

```
        private static Logger logger = LoggerFactory.
getLogger(ESClientSpringFactory.class);
    //配置连接数据、并发数、连接超时等
     private static int CONNECT_TIMEOUT_MILLIS = 1000;
        private static int SOCKET_TIMEOUT_MILLIS = 30000;
        private static int CONNECTION_REQUEST_TIMEOUT_MILLIS = 500;
        private static int MAX_CONN_PER_ROUTE = 60;
        private static int MAX_CONN_TOTAL = 90;
        private static HttpHost[] HTTP_HOST;
        private RestClientBuilder builder;
        private RestClient restClient;
        private RestHighLevelClient restHighLevelClient;
        private static ESClientSpringFactory esClientSpringFactory = new
ESClientSpringFactory();
        public ESClientSpringFactory() {
        }
    public static ESClientSpringFactory build(HttpHost[] hosts, Integer
maxConnectNum,
    Integer maxConnectPerRoute) {
            HTTP_HOST = hosts;
            MAX_CONN_TOTAL = maxConnectNum.intValue();
            MAX_CONN_PER_ROUTE = maxConnectPerRoute.intValue();
            return esClientSpringFactory;
        }
    public static ESClientSpringFactory build(HttpHost[] hosts, Integer
connectTimeOut,
    Integer socketTimeOut, Integer connectionRequestTime, Integer
maxConnectNum,
    Integer maxConnectPerRoute) {
            HTTP_HOST = hosts;
            CONNECT_TIMEOUT_MILLIS = connectTimeOut.intValue();
            SOCKET_TIMEOUT_MILLIS = socketTimeOut.intValue();
            CONNECTION_REQUEST_TIMEOUT_MILLIS = connectionRequestTime.intValue();
            MAX_CONN_TOTAL = maxConnectNum.intValue();
            MAX_CONN_PER_ROUTE = maxConnectPerRoute.intValue();
            return esClientSpringFactory;
        }
        public void init() {
            this.builder = RestClient.builder(HTTP_HOST);
            this.setConnectTimeOutConfig();
            this.setMutiConnectConfig();
```

```
            this.restClient = this.builder.build();
            this.restHighLevelClient = new RestHighLevelClient(this.builder);
        }
        public void setConnectTimeOutConfig() {
            this.builder.setRequestConfigCallback((requestConfigBuilder) -> {
                requestConfigBuilder.setConnectTimeout(CONNECT_TIMEOUT_MILLIS);
                requestConfigBuilder.setSocketTimeout(SOCKET_TIMEOUT_MILLIS);
                requestConfigBuilder.setConnectionRequestTimeout(CONNECTION_
REQUEST_TIMEOUT_
    MILLIS);
                return requestConfigBuilder;
            });
        }
        public void setMutiConnectConfig() {
            this.builder.setHttpClientConfigCallback((httpClientBuilder) -> {
                httpClientBuilder.setMaxConnTotal(MAX_CONN_TOTAL);
                httpClientBuilder.setMaxConnPerRoute(MAX_CONN_PER_ROUTE);
                return httpClientBuilder;
            });
        }
        public RestClient getClient() {
            return this.restClient;
        }
        public RestHighLevelClient getRhlClient() {
            return this.restHighLevelClient;
        }
        public void close() {
            if (this.restClient != null) {
                try {
                    this.restClient.close();
                } catch (IOException var2) {
                    var2.printStackTrace();
                }
            }
        }
    }
```

ES节点连接配置，代码如下：

```
package com.cn.es.config;
import org.apache.http.HttpHost;
```

```
import org.elasticsearch.client.RestClient;
import org.elasticsearch.client.RestHighLevelClient;
import org.slf4j.Logger;
import org.slf4j.LoggerFactory;
import org.springframework.beans.factory.annotation.Value;
import org.springframework.context.annotation.Bean;
import org.springframework.context.annotation.Configuration;
@Configuration
public class EsSourceConfig {
    private static Logger logger = LoggerFactory.getLogger(EsSourceConfig.
class);
//多个节点用英文号“,”隔开，如192.168.0.30:2000, 192.168.3.42:9512
    @Value("${elasticsearch.cluster-nodes}")
    private String clusterNodes;
    private Integer connectNum = Integer.valueOf(90);
    private Integer connectPerRoute = Integer.valueOf(60);
    public EsSourceConfig() {
    }
    @Bean
    public HttpHost[] httpHost() {
        String[] hoststr = this.clusterNodes.split(",");
        HttpHost[] httphost = new HttpHost[hoststr.length];
        for(int i = 0; i < hoststr.length; ++i) {
        httphost[i]=newHttpHost(hoststr[i].split(":")[0],Integer.parseInt(hoststr[i].
split(":")[1]), "http");
    }
        return httphost;
    }
    @Bean(
        initMethod = "init",
        destroyMethod = "close"
    )
    public ESClientSpringFactory getFactory() {
        return ESClientSpringFactory.build(this.httpHost(),this.connectNum,this.
connectPerRoute);
    }
    @Bean
    public RestClient getRestClient() {
        return this.getFactory().getClient();
    }
    @Bean
```

```
    public RestHighLevelClient getRHLClient() {
        return this.getFactory().getRhlClient();
    }
}
```

定义业务接口，代码如下：

```
package com.cn.es;
import com.cn.base.beans.vo.CommonResult;
import com.cn.base.beans.vo.PageEntity;
import com.cn.beans.vo.BCXX;
import com.cn.beans.vo.BcXXVo;
import com.cn.beans.vo.QueryVo;
import com.cn.beans.vo.ZDXX;
import java.util.List;
public interface PatientEsInterface {
    //病程信息检索
    CommonResult<PageEntity<BCXX>>searchByContent(QueryVo queryVo);
}
```

业务接口实现类，注意内部注入ES hightLeve客户端，通过此类可以对ES进行CURD等操作。代码如下：

```
package com.cn.service;
import com.alibaba.fastjson.JSONObject;
import com.cn.base.beans.vo.CommonResult;
import com.cn.base.beans.vo.Page;
import com.cn.base.beans.vo.PageEntity;
import com.cn.beans.code.EsBcxxOpt;
import com.cn.beans.vo.*;
import com.cn.common.beans.constant.DemoResult;
import com.cn.common.beans.constant.ResultCode;
import com.cn.constant.SystemConstant;
import com.cn.es.PatientEsInterface;
import com.cn.utils.DateUtil18;
import org.apache.commons.lang3.StringUtils;
import org.elasticsearch.action.admin.indices.analyze.AnalyzeRequest;
import org.elasticsearch.action.admin.indices.analyze.AnalyzeResponse;
import org.elasticsearch.action.search.SearchRequest;
import org.elasticsearch.action.search.SearchResponse;
import org.elasticsearch.client.RequestOptions;
import org.elasticsearch.client.RestHighLevelClient;
import org.elasticsearch.common.text.Text;
import org.elasticsearch.index.query.*;
```

```
import org.elasticsearch.search.SearchHit;
import org.elasticsearch.search.builder.SearchSourceBuilder;
import org.elasticsearch.search.fetch.subphase.highlight.HighlightBuilder;
import org.elasticsearch.search.fetch.subphase.highlight.HighlightField;
import org.elasticsearch.search.sort.SortBuilder;
import org.elasticsearch.search.sort.SortBuilders;
import org.elasticsearch.search.sort.SortOrder;
import org.springframework.beans.factory.annotation.Autowired;
import org.springframework.stereotype.Service;

import java.util.*;
import java.util.stream.Collectors;
import static org.elasticsearch.index.query.QueryBuilders.matchQuery;
/**
 * 描述：<br>
 * 创建人：<br>
 * 创建时间 :2019/9/4 16:02  <br>
 */
@Service
public class PatientService implements PatientEsInterface {
    @Autowired
    private RestHighLevelClient client;
    /**
     * 描述：病程信息检索 <br>
     * 创建人：   <br>
     * 创建时间：9:13 2019/9/5  <br>
     * 参数：[queryVo]  <br>
     * 返回值：com.cn.util.CommonResult<com.cn.util.PageEntity<com.cn.vo.
BCXX>><br>
     * 异常： <br>
     **/
    @Override
    public CommonResult<PageEntity<BCXX>>searchByContent(QueryVo queryVo) {
        CommonResult<PageEntity<BCXX>> model = new DemoResult<>();
        PageEntity<BCXX> pageEntity = new PageEntity<>();
        Page page = new Page();
        model.setResult(ResultCode.SUCCESS);
        model.setOperate(EsBcxxOpt.GET_BCXX_MSG);
        List<BCXX> bcxxes = new ArrayList<>();
        SearchRequest searchRequest = new SearchRequest(SystemConstant.
BCJL_INDEX);
```

```
            SearchSourceBuilder sourceBuilder = new SearchSourceBuilder();
            BoolQueryBuilder boolQueryBuilder = QueryBuilders.boolQuery();
            Integer pageSize = queryVo.getPageSize();
            Integer pageNo = queryVo.getPageNo();
            int totalCount = 0;
            String content = queryVo.getContent();
            if (StringUtils.isNotBlank(content)) {
                MatchQueryBuilder contentMatch = matchQuery("content", content);
                boolQueryBuilder.must(contentMatch);
                sourceBuilder.from((pageNo - 1) * pageSize).size(pageSize).
query(boolQueryBuilder);
                sourceBuilder.highlighter(searchHigh("content"));
            }
            sourceBuilder.trackTotalHits(true);
            searchRequest.source(sourceBuilder);
            try {
                SearchResponse searchResponse=client.search(searchRequest,
RequestOptions.DEFAULT);
                if (searchResponse!=null&&searchResponse.getHits()!=null&&
searchResponse.getHits().getTotalHits().value > 0) {
                    totalCount = (int) searchResponse.getHits().getTotalHits().value;
                    BCXX bcxx;
                    for (SearchHit hits : searchResponse.getHits()) {
                        bcxx = new BCXX();
                        JSONObject jsonObject = JSONObject.parseObject(hits.
getSourceAsString());
                      StringBuffer fragments = getHightFieldTxt(hits, "content");
                        if (fragments.length() > 0) {
                            bcxx.setContent(fragments.toString());
                            bcxx.setCreateTime(jsonObject.getDate("create_time"));
                            bcxx.setJzxh(jsonObject.getLong("jzxh"));
                            bcxx.setCreateBy(jsonObject.getLong("create_by"));
                            bcxx.setUpdateBy(jsonObject.getLong("update_by"));
                            bcxx.setUpdateTime(jsonObject.getDate("update_time"));
                            bcxx.setScore(hits.getScore());
                            bcxxes.add(bcxx);
                        }
                    }
                }
            } catch (Exception e) {
               model.setExceptionMsg(e.getCause() != null ? e.getCause().
```

```
                toString() : e.toString());
                model.setResult(ResultCode.ERROR);
            }
            pageEntity.setList(bcxxes);
            page.setTotalCount(totalCount);
            page.setPageNow(pageNo);
            page.setPageSize(pageSize);
            pageEntity.setPage(page);
            model.setData(pageEntity);
            return model;
        }
    }
```

控制层调用，代码如下：

```
package com.cn.ms;
import com.alibaba.fastjson.JSONObject;
import com.cn.base.beans.vo.CommonResult;
import com.cn.base.beans.vo.Page;
import com.cn.base.beans.vo.PageEntity;
import com.cn.beans.code.EsBcxxOpt;
import com.cn.beans.vo.BCXX;
import com.cn.beans.vo.BcXXVo;
import com.cn.beans.vo.QueryVo;
import com.cn.beans.vo.ZDXX;
import com.cn.common.beans.constant.DemoResult;
import com.cn.common.beans.constant.ResultCode;
import com.cn.constant.SystemConstant;
import com.cn.es.PatientEsInterface;
import com.cn.service.PatientService;
import io.swagger.annotations.Api;
import io.swagger.annotations.ApiImplicitParam;
import io.swagger.annotations.ApiImplicitParams;
import io.swagger.annotations.ApiOperation;
import org.apache.commons.lang3.StringUtils;
import org.springframework.beans.factory.annotation.Autowired;
import org.springframework.web.bind.annotation.*;
import java.util.ArrayList;
import java.util.List;
import static org.elasticsearch.index.query.QueryBuilders.
functionScoreQuery;
/**
```

```
 * 描述 : 医疗数据检索 <br>
 * 创建人 : <br>
 * 创建时间 :2019/7/27 21:52  <br>
 */
@Api(tags = "医疗数据检索", description = "实验")
@CrossOrigin
@RestController
@RequestMapping("PatientBcxxController")
public class PatientBcxxController {
    @Autowired
    private PatientEsInterface patientEsInterface;
    @ApiOperation(value = "病程信息检索", notes = "病程信息检索")
    @RequestMapping(value = "/searchByContent", method = RequestMethod.POST)
    public CommonResult<PageEntity<BCXX>>searchByContent(@RequestBody
    QueryVo queryVo) {
        return patientEsInterface.searchByContent(queryVo);
    }
}
```

启动类，代码如下：

```
package com.cn;
import org.springframework.boot.SpringApplication;
import org.springframework.boot.autoconfigure.SpringBootApplication;
import org.springframework.cloud.client.discovery.EnableDiscoveryClient;
@EnableDiscoveryClient
@SpringBootApplication
public class MSApplication {
    public static void main(String[] args) {
        SpringApplication.run(MSApplication.class, args);
    }
}
```

启动成功后到注册中心查看该服务是否注册成功，发现服务治理页面存在该服务，且服务正常在线（Status状态为UP），如图21.17所示。

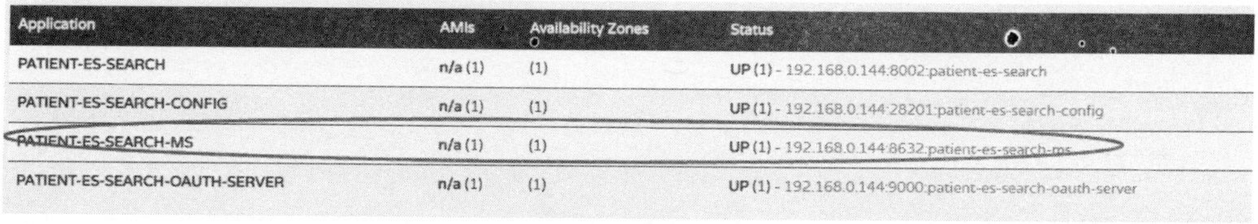

Application	AMIs	Availability Zones	Status
PATIENT-ES-SEARCH	n/a (1)	(1)	UP (1) - 192.168.0.144:8002:patient-es-search
PATIENT-ES-SEARCH-CONFIG	n/a (1)	(1)	UP (1) - 192.168.0.144:28201:patient-es-search-config
PATIENT-ES-SEARCH-MS	n/a (1)	(1)	UP (1) - 192.168.0.144:8632:patient-es-search-ms
PATIENT-ES-SEARCH-OAUTH-SERVER	n/a (1)	(1)	UP (1) - 192.168.0.144:9000:patient-es-search-oauth-server

图21.17　服务状态

此时单击该服务IP：端口（绿色文字）跳转到该服务Swagger页面，如图21.18所示。

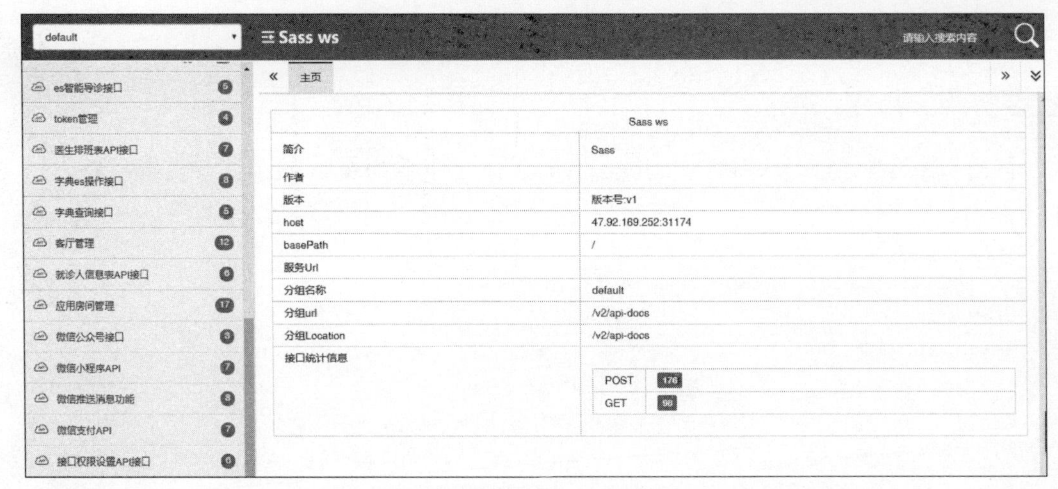

图21.18　Swagger页面

测试如图21.19所示的接口，设置请求参数。

图21.19　请求参数

获取请求结果，如图21.20所示。

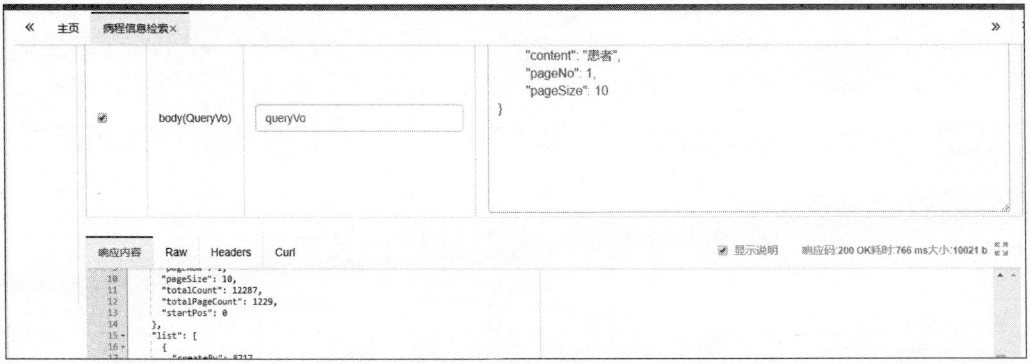

主页　病程信息检索×

body(QueryVo)　queryVo

```
"content": "患者",
"pageNo": 1,
"pageSize": 10
}
```

响应内容　Raw　Headers　Curl　显示说明　响应码:200 OK耗时:766 ms大小:10021 b

```
10      "pageSize": 10,
11      "totalCount": 12287,
12      "totalPageCount": 1229,
13      "startPos": 0
14    },
15    "list": [
16      {
```

图21.20　请求结果

至此，ms业务开发成功。

21.2.5 ws(服务消费者)业务开发

此服务用到注册中心、配置中心、鉴权中心、负载均衡、熔断、Feign伪客户端。该服务消费上述ms基础服务，对外暴露接口，因此需要鉴权中心。这一点和ms有很大不同。

Maven坐标，代码如下：

```
<?xml version="1.0" encoding="UTF-8"?>
<projectxmlns="http://maven.apache.org/POM/4.0.0" xmlns:xsi="http://www.
w3.org/2001/XMLSchema-instance"
xsi:schemaLocation="http://maven.apache.org/POM/4.0.0 http://maven.apache.
org/xsd/maven-4.0.0.xsd">
<modelVersion>4.0.0</modelVersion>
<parent>
<groupId>com.cn</groupId>
<artifactId>cn-parent</artifactId>
<version>0.0.1-SNAPSHOT</version>
<relativePath>../cn-parent/pom.xml</relativePath>
</parent>
<artifactId>cn-ws</artifactId>
<packaging>jar</packaging>
<properties>
<project.build.sourceEncoding>UTF-8</project.build.sourceEncoding>
<java.version>1.8</java.version>
<skipTests>true</skipTests>
</properties>
<dependencies>
<dependency>
<groupId>com.cn</groupId>
<artifactId>cn-bean</artifactId>
<version>0.0.1</version>
</dependency>
<dependency>
<groupId>org.springframework.cloud</groupId>
<artifactId>spring-cloud-starter-eureka</artifactId>
</dependency>
<!-- Spring Cloud Config Client -->
<dependency>
<groupId>org.springframework.cloud</groupId>
<artifactId>spring-cloud-config-client</artifactId>
```

```
</dependency>
<!-- 整合 Hystrix -->
<dependency>
<groupId>org.springframework.cloud</groupId>
<artifactId>spring-cloud-starter-hystrix</artifactId>
</dependency>
<!-- 整合 Feign-->
<dependency>
<groupId>org.springframework.cloud</groupId>
<artifactId>spring-cloud-starter-feign</artifactId>
</dependency>
<!-- 整合 Ribbon -->
<dependency>
<groupId>org.springframework.cloud</groupId>
<artifactId>spring-cloud-starter-ribbon</artifactId>
</dependency>
<dependency>
<groupId>org.springframework.boot</groupId>
<artifactId>spring-boot-starter-actuator</artifactId>
</dependency>
<dependency>
<groupId>org.springframework.cloud</groupId>
<artifactId>spring-cloud-starter-config</artifactId>
</dependency>

<!--OAuth2.0 授权开始 -->
<dependency>
<groupId>org.springframework.security</groupId>
<artifactId>spring-security-web</artifactId>
</dependency>
<dependency>
<groupId>org.springframework.cloud</groupId>
<artifactId>spring-cloud-starter-security</artifactId>
</dependency>
<dependency>
<groupId>org.springframework.cloud</groupId>
<artifactId>spring-cloud-starter-oauth2</artifactId>
</dependency>
<!--OAuth2.0 授权结束 -->
</dependencies>
<build>
```

```
<plugins>
<plugin>
<groupId>org.springframework.boot</groupId>
<artifactId>spring-boot-maven-plugin</artifactId>
</plugin>
<plugin>
<groupId>org.apache.maven.plugins</groupId>
<artifactId>maven-surefire-plugin</artifactId>
</plugin>
<plugin>
<groupId>org.apache.maven.plugins</groupId>
<artifactId>maven-compiler-plugin</artifactId>
<configuration>
<source>${java.version}</source>
<target>${java.version}</target>
</configuration>
</plugin>
</plugins>
</build>
</project>
```

配置文件，代码如下：

```
spring.application.name=patient-es-search
urmpwsId=patient-es-search-ms
server.port=8002
eureka.instance.prefer-ip-address=true
eureka.instance.statusPageUrlPath=/doc.html
eureka.client.serviceUrl.defaultZone=http://root:root@localhost:7071/eureka
eureka.instance.instance-id=${spring.cloud.client.ipAddress}:${server.
port}:${spring.application.name}
spring.cloud.config.uri=http://127.0.0.1:28201
spring.profiles.active=dev
spring.cloud.config.name=config
spring.cloud.config.discovery.enabled=true
spring.cloud.config.failFast=true
//熔断超时配置为6s
hystrix.command.default.execution.isolation.thread.
timeoutInMilliseconds=6000
//负载均衡配置
ribbon.eureka.enabled=true
ribbon.OkToRetryOnAllOperations=false
```

```
//负载超时配置
ribbon.ReadTimeout=3000
//负载连接超时配置
ribbon.ConnectTimeout=2000
//负载最大重试次数配置
ribbon.MaxAutoRetries=0
//负载其他服务节点重试次数
ribbon.MaxAutoRetriesNextServer=1
//鉴权中心配置
security.oauth2.resource.id=urmp-web
security.oauth2.resource.user-info-uri=http://127.0.0.1:30113/user
security.oauth2.resource.prefer-token-info=false
logging.level.org.springframework.security=error
oauth.server=http://127.0.0.1:30113
//swagger配置
project.versionUrl=v1
swagger.title=医疗检索项目 WS
swagger.description=以患者为中心的检索项目
swagger.contact=mcz
swagger.basePackage=com.cn
```

启动类，代码如下：

```
package com.cn;
import org.springframework.boot.SpringApplication;
import org.springframework.boot.autoconfigure.SpringBootApplication;
import org.springframework.boot.web.servlet.FilterRegistrationBean;
import org.springframework.boot.web.servlet.ServletComponentScan;
import org.springframework.cloud.client.discovery.EnableDiscoveryClient;
import org.springframework.cloud.netflix.feign.EnableFeignClients;
import org.springframework.context.annotation.Bean;
import java.util.ArrayList;
import java.util.List;
@SpringBootApplication
@ServletComponentScan
@EnableDiscoveryClient
//打开Feign注解
@EnableFeignClients
public class WsWebApplication {
    public static void main(String[] args) {
SpringApplication.run(WsWebApplication.class, args);
    }
```

```
}
```

注意: 加上@EnableFeignClients注解表示开启Feign伪客户端功能。

定义消费ms服务名称以及接口路由，代码如下：

```
package com.cn.consumerinterface;
import com.cn.beans.vo.QueryVo;
import com.cn.hyxtrix.PatientEsHystrix;
import org.springframework.cloud.netflix.feign.FeignClient;
import org.springframework.web.bind.annotation.RequestBody;
import org.springframework.web.bind.annotation.RequestMapping;
import org.springframework.web.bind.annotation.RequestMethod;
import org.springframework.web.bind.annotation.RequestParam;
@FeignClient(name = "patient-es-search-ms", path = "PatientBcxxController",
fallbackFactory = PatientEsHystrix.class)
public interface PatientEsInterface {
    /**
     * 描述：病程信息检索 <br/>
     * 创建人： <br/>
     * 创建时间： 2019/9/9 16:33<br/>
     * 入参 :QueryVo queryVo<br/>
     * 出参 :CommonResult<PageEntity<BCXX>>
     */
    @RequestMapping(value = "/searchByContent", method = RequestMethod.
POST)
    String searchByContent(@RequestBody QueryVo queryVo);

}
```

注意: 类上注解表明该接口为Feign管理类。其参数如下。

（1）name为消费ms服务的spring.application.name值。

（2）path为ms业务类路由。

熔断类，注意要加Component注解，代码如下：

```
package com.cn.hyxtrix;
import com.cn.beans.vo.QueryVo;
import com.cn.consumerinterface.PatientEsInterface;
import com.cn.urmpws.util.ConsumerResponseUtil;
import feign.hystrix.FallbackFactory;
import org.springframework.stereotype.Component;
@Component
public class PatientEsHystrix implements FallbackFactory<PatientEsInterface>{
    @Override
```

```
    public PatientEsInterface create(Throwable throwable) {
        return new PatientEsInterface() {
            @Override
            public String searchByContent(QueryVo queryVo) {
                return ConsumerResponseUtil.fallbackResultJson(throwable.
getCause()!=null?throwable.getCause().toString():throwable.toString(),null);
            }
        };
    }
}
```

消费接口服务实现类，代码如下：

```
package com.cn.service;
import com.cn.beans.vo.BCXX;
import com.cn.beans.vo.BcXXVo;
import com.cn.beans.vo.QueryVo;
import com.cn.beans.vo.ZDXX;
import com.cn.consumerinterface.PatientEsInterface;
import com.cn.urmpws.util.ConsumerResponseUtil;
import com.cn.urmpws.util.ProduceResultModel;
import com.cn.urmpws.util.ProduceResultPageEntity;
import org.springframework.beans.factory.annotation.Autowired;
import org.springframework.stereotype.Service;
import java.util.List;
/**
 * 描述：<br>
 * 创建人：<br>
 * 创建时间：2019/9/4 16:02  <br>
 */
@Service
public class PatientService {
    @Autowired
    private PatientEsInterface patientEsInterface;
    /**
     * 描述：病程信息检索<br>
     * 创建人：<br>
     * 创建时间：9:13 2019/9/5  <br>
     * 参数：[queryVo]  <br>
     *返回值：com.cn.util.ProduceResultModel<com.cn.util.ProduceResultPageEntity<com.
cn.vo.BCXX>><br>
     * 异常：  <br>
```

```
        **/
            public ProduceResultModel<ProduceResultPageEntity<BCXX>>
            searchByContent(QueryVo queryVo) {
                String str = patientEsInterface.searchByContent(queryVo);
                ProduceResultModel<ProduceResultPageEntity<BCXX>>model=
ConsumerResponseUtil.analysisCommonResultPageEntity(str, BCXX.class);
                return model;
        }
    }
```

控制层暴露API，代码如下：

```
package com.cn.controller.examples;
import com.alibaba.fastjson.JSONObject;
import com.cn.base.beans.vo.Page;
import com.cn.beans.vo.BCXX;
import com.cn.beans.vo.BcXXVo;
import com.cn.beans.vo.QueryVo;
import com.cn.beans.vo.ZDXX;
import com.cn.constant.SystemConstant;
import com.cn.service.PatientService;
import com.cn.urmpws.util.ProduceResultModel;
import com.cn.urmpws.util.ProduceResultPageEntity;
import io.swagger.annotations.Api;
import io.swagger.annotations.ApiImplicitParam;
import io.swagger.annotations.ApiImplicitParams;
import io.swagger.annotations.ApiOperation;
import org.apache.commons.lang3.StringUtils;
import org.springframework.beans.factory.annotation.Autowired;
import org.springframework.web.bind.annotation.*;
import java.util.ArrayList;
import java.util.List;
/**
 * 描述：医疗数据检索<br>
 * 创建人：<br>
 * 创建时间:2019/7/27 21:52  <br>
 */
@Api(tags = "医疗数据检索", description = "实验")
@CrossOrigin
@RestController
@RequestMapping("PatientBcxxController")
public class PatientBcxxController {
```

```
        @Autowired
        private PatientService patientService;
        @ApiOperation(value = "病程信息检索", notes = "病程信息检索")
        @RequestMapping(value = "/searchByContent", method = RequestMethod.POST)
        PublicProduceResultModel<ProduceResultPageEntity<BCXX>>
searchByContent(@RequestBody QueryVo queryVo) {
            return patientService.searchByContent(queryVo);
        }
    }
```

启动该项目，同样到注册中心查找该服务状态、访问在线API，如图21.21和图21.22所示。

Instances currently registered with Eureka

Application	AMIs	Availability Zones	Status
PATIENT-ES-SEARCH	n/a (1)	(1)	UP (1) - 192.168.0.144:8002:patient-es-search
PATIENT-ES-SEARCH-CONFIG	n/a (1)	(1)	UP (1) - 192.168.0.144:28201:patient-es-search-config
PATIENT-ES-SEARCH-MS	n/a (1)	(1)	UP (1) - 192.168.0.144:8632:patient-es-search-ms
PATIENT-ES-SEARCH-OAUTH-SERVER	n/a (1)	(1)	UP (1) - 192.168.0.144:9000:patient-es-search-oauth-server

图21.21　查看注册中心管理客户端注册

图21.22　访问项目Swagger接口

测试接口，获取Token凭证，如图21.23所示。

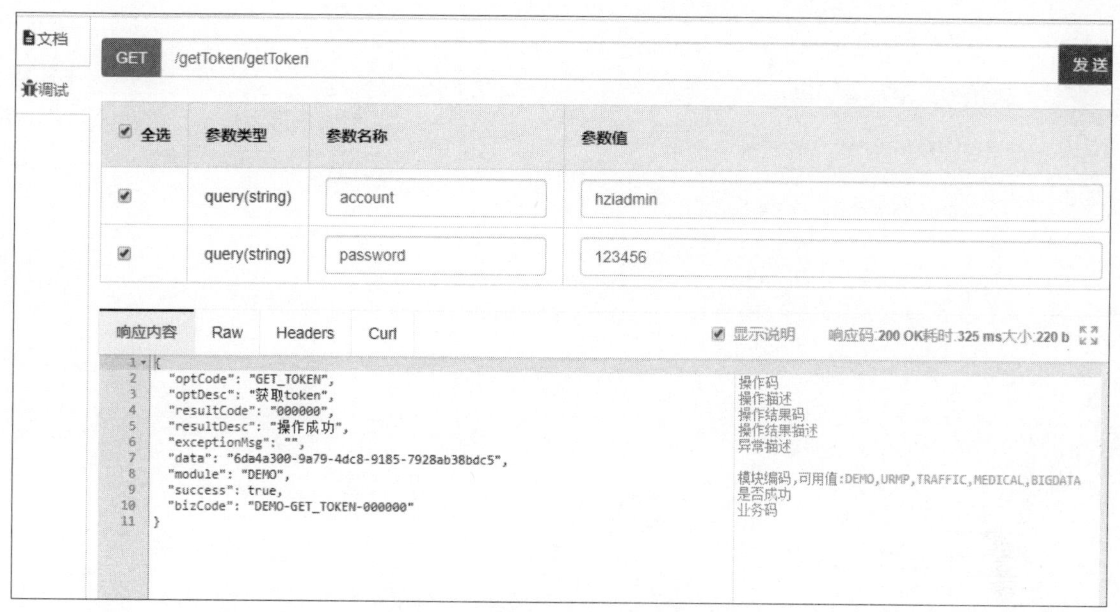

图21.23 请求鉴权登录接口获取Token

设置全局Token鉴权参数，如图21.24所示。

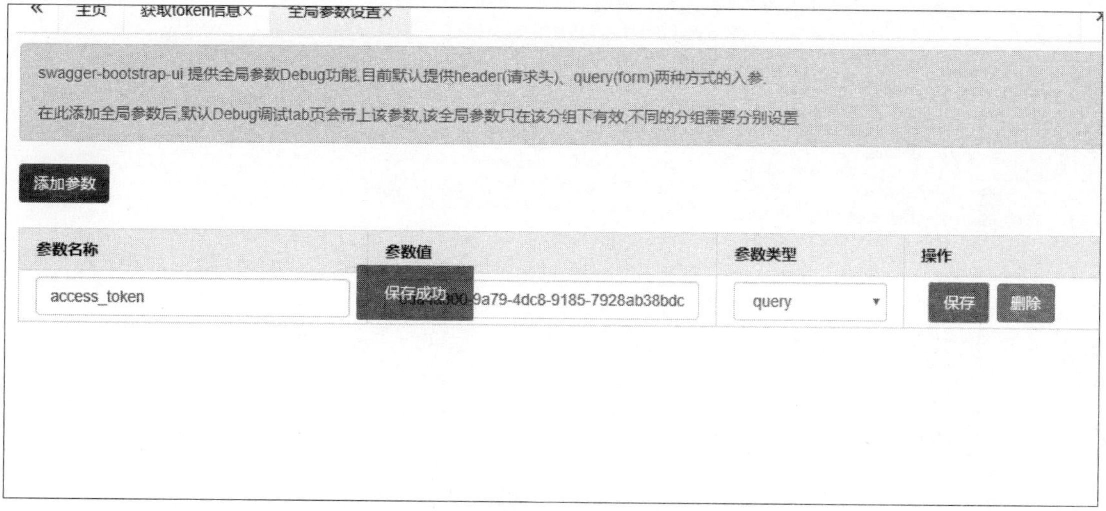

swagger-bootstrap-ui 提供全局参数Debug功能,目前默认提供header(请求头)、query(form)两种方式的入参.

在此添加全局参数后,默认Debug调试tab页会带上该参数,该全局参数只在该分组下有效,不同的分组需要分别设置

添加参数

参数名称	参数值	参数类型	操作
access_token	...9a79-4dc8-9185-7928ab38bdc	query	保存 删除

保存成功

图21.24 设置全局Token鉴权参数

正式访问接口，接口请求参数如图21.25所示。

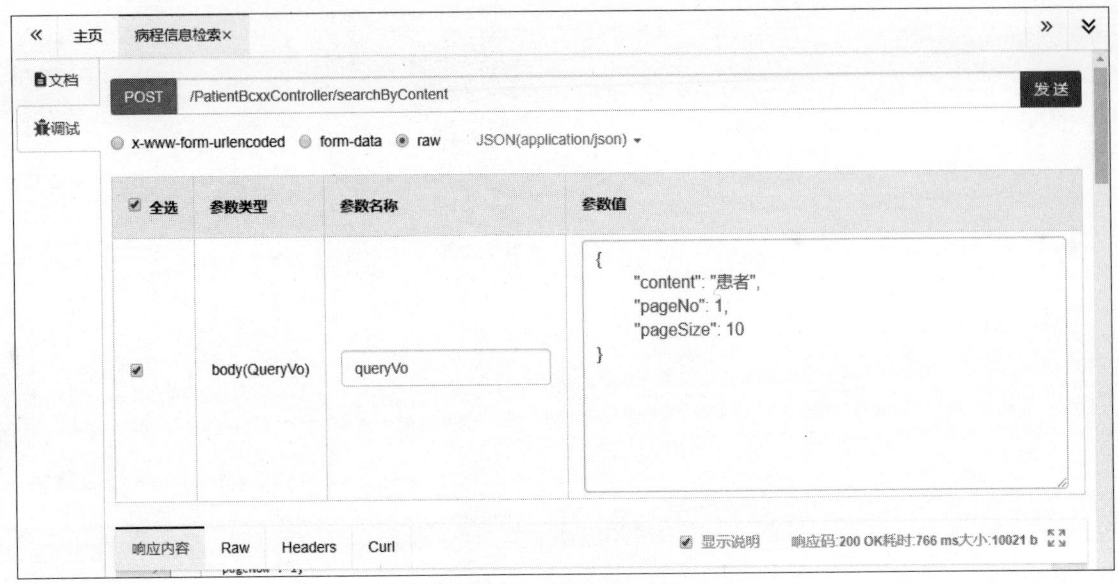

图21.25 接口请求参数

获取返回结果，如图21.26所示。

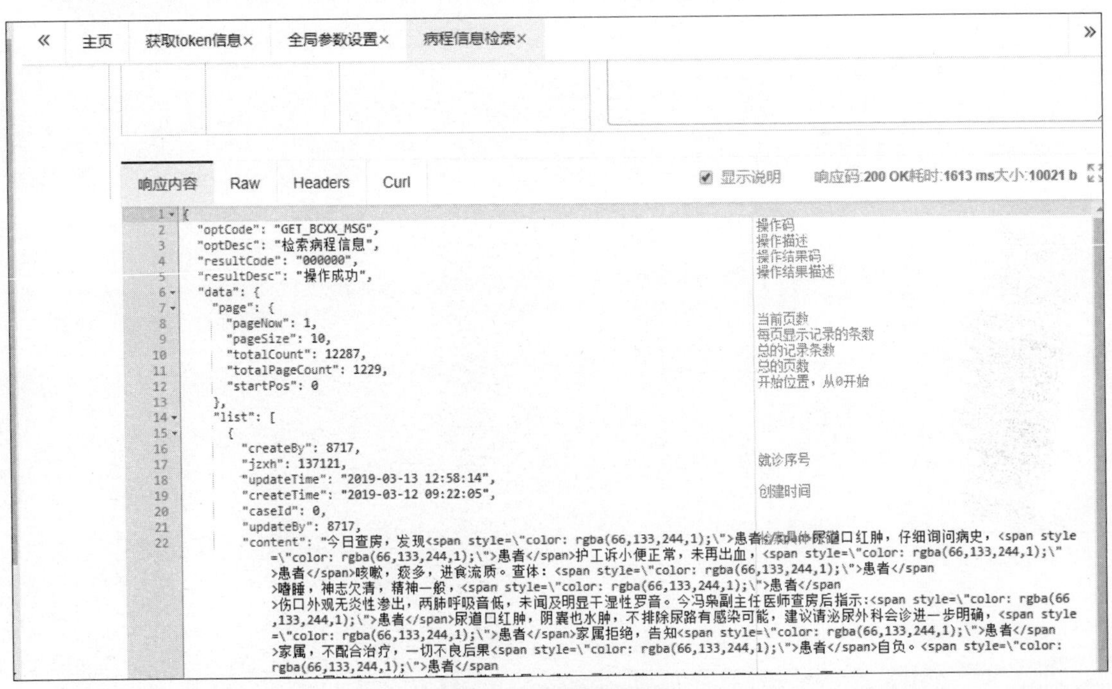

图21.26 获取返回结果

至此，一个完整的例子开发完成。